现代食品深加工技术丛书

骨源食品加工技术

主　编　张春晖

副主编　王金枝　贾　伟　张德权　刘雪凌

科学出版社

北　京

内 容 简 介

本书系统介绍了现代加工条件下可食性动物骨的结构组成、营养组成、加工利用技术、加工装备及相关产品的生产与应用。其中营养组成、功能成分分离技术、骨加工衍生化技术、骨肽制备及分离技术、骨加工联产技术等紧密结合生产实践，贴近现代科学技术前沿。对于可食性动物骨加工装备，详细介绍了前处理设备、热压抽提设备、浓缩设备、骨汤调配与反应加工设备、喷粉与干燥设备、骨源食品生产辅助设备，辅以骨素加工与生产线设计，为骨源食品的加工技术提供了系统的、操作性强的配套装备资料。对骨素及其衍生化产品生产工艺、骨素在食品中应用实例做了重点阐述，对骨肽、骨多糖、骨粉、骨泥、骨蛋白等产品也进行了介绍。

本书资料翔实，结构清晰，具有较强的实用性，可为骨副产物加工企业技术人员、科研人员、大专院校师生，以及广大骨源食品和食品添加剂消费者提供技术参考。

图书在版编目(CIP)数据

骨源食品加工技术/张春晖主编. —北京：科学出版社，2015.7
（现代食品深加工技术丛书）
ISBN 978-7-03-044837-8

Ⅰ.①骨…　Ⅱ.①张…　Ⅲ.①食品加工　Ⅳ.①TS2

中国版本图书馆 CIP 数据核字（2015）第 124432 号

责任编辑：贾　超　高　微 / 责任校对：张小霞
责任印制：赵　博 / 封面设计：东方人华

科学出版社 出版
北京东黄城根北街 16 号
邮政编码：100717
http://www.sciencep.com
北京佳信达欣艺术印刷有限公司 印刷
科学出版社发行　各地新华书店经销
*
2015 年 7 月第　一　版　开本：720×1000　1/16
2015 年 7 月第一次印刷　印张：17 3/4
字数：350 000

定价：98.00 元

（如有印装质量问题，我社负责调换）

“现代食品深加工技术丛书”

编写委员会

主　编　孙宝国

副主编　金征宇

编　委（以姓氏汉语拼音为序）

毕金峰　曹雁平　程云辉　段长青　哈益明
江连洲　孔保华　励建荣　林　洪　林亲录
刘新旗　陆启玉　马美湖　木泰华　单　杨
王　静　王　强　王　硕　王凤忠　魏益民
谢明勇　徐　岩　杨贞耐　叶兴乾　张　泓
张　敏　张　慜　张　偲　张春晖　张德权
张丽萍　张名位　赵谋明　周光宏　周素梅

秘　书　贾　超

联系方式

电话：010-6400 1695
邮箱：jiachao@mail.sciencep.com

本书编委会

主　编　张春晖　中国农业科学院农产品加工研究所

副主编　王金枝　中国农业科学院农产品加工研究所

贾　伟　中国农业科学院农产品加工研究所

张德权　中国农业科学院农产品加工研究所

刘雪凌　燕京理工学院

编　委（以姓氏汉语拼音为序）

陈旭华　中国农业科学院农产品加工研究所

杜桂红　鹤壁普乐泰生物科技有限公司

郭耿瑞　河南众品食业股份有限公司

胡　礼　中国农业科学院农产品加工研究所

胡海川　日照职业技术学院

金　凤　山东悦一生物科技有限公司

景晓亮　雏鹰农牧集团股份有限公司

李　侠　中国农业科学院农产品加工研究所

刘真理　白象食品集团股份有限公司

莫海珍　河南科技学院

孙红梅　中国农业科学院农产品加工研究所

丛 书 序

食品加工是指直接以农、林、牧、渔业产品为原料进行的谷物磨制、食用油提取、制糖、屠宰及肉类加工、水产品加工、蔬菜加工、水果加工和坚果加工等。食品深加工其实就是食品原料进一步加工，改变了食材的初始状态，例如，把肉做成罐头等。现在我国有机农业尚处于初级阶段，产品单调、初级产品多，而在发达国家，80%都是加工产品和精深加工产品。所以，这也是未来一个很好的发展方向。随着人民生活水平的提高、科学技术的不断进步，功能性的深加工食品将成为我国居民消费的热点，其需求量大、市场前景广阔。

改革开放 30 多年来，我国食品产业总产值以年均 10%以上的递增速度持续快速发展，已经成为国民经济中十分重要的独立产业体系，成为集农业、制造业、现代物流服务业于一体的增长最快、最具活力的国民经济支柱产业，成为我国国民经济发展极具潜力的新的经济增长点。2012 年，我国规模以上食品工业企业 33 692 家，占同期全部工业企业的 10.1%，食品工业总产值达到 8.96 万亿元，同比增长 21.7%，占工业总产值的 9.8%。预计 2015 年食品工业总产值将突破 12.3 万亿元。随着社会经济的发展和人民生活水平的提高，食品产业在保持持续上扬势头的同时，仍将有很大的发展潜力。

民以食为天。食品产业是关系到国民营养与健康的民生产业。随着国民经济的发展和人民生活水平的提高，人民对食品工业提出了更高的要求，食品加工的范围和深度不断扩展，其所利用的科学技术也越来越先进。现代食品已朝着方便、营养、健康、美味、实惠的方向发展，传统食品现代化、普通食品功能化是食品工业发展的大趋势。新型食品产业又是高技术产业。近些年，具有高技术、高附加值特点的食品精深加工发展尤为迅猛。国内食品加工起步晚、中小企业多、技术相对落后，导致产品在市场上的竞争力弱，特组织了国内外食品加工领域的专家、教授，编著了“现代食品深加工技术丛书”。

本套丛书由多部专著组成，不仅包括传统的肉品深加工、稻谷深加工、水产品深加工、禽蛋深加工、乳品深加工、水果深加工、蔬菜深加工，还包含了新型食材及其副产物的深加工、功能性成分的分离提取，以及现代食品综合加工利用新技术等。

各部专著的作者由国内工作在食品加工、研究第一线的专家担任。所有作者都根据市场的需求，详细论述食品工程中最前沿的相关技术与理念。不求面面俱到，但求精深、透彻，将国际上前沿、先进的理论与技术实践呈现给读者，同时还附有便于读者进一步查阅信息的参考文献。每一部对于大学、科研机构的学生或研究者来说都是重要的参考。希望能拓宽食品加工领域科研人员和企业技术人员的思路，推进食品技术创新和产品质量提升，提高我国食品的市场竞争力。

中国工程院院士

2014 年 3 月

前　言

我国肉类产业持续发展，每年生产 1200 多万吨畜禽屠宰骨副产物，其中约含有 165 万吨动物蛋白。按目前我国人均日消耗 75 g 蛋白质计，足够满足 7000 万人对蛋白质的年需求。对可食性动物骨进行综合加工利用，是目前屠宰产业亟待解决的共性问题。利用可食性动物骨开发新型骨源食品，已经形成新的产业增长点。骨源食品是指以可食性动物骨为主要原料，生产的食品及食品配（辅）料。主要包括骨素、骨粉、骨泥、骨蛋白，此外还包括骨多糖及骨油产品等。近 10 年来，我国肉品工业、餐饮业、调理食品和方便食品产业的快速发展，推进了厨房社会化，极大促进了市场对骨源产品的需求。随着我国经济社会的发展和生活节奏的加快，人们对安全、营养、天然、美味、方便的骨源食品需求日益增加。

本书分为骨源食品加工理论与技术、加工装备及生产应用三篇。第一篇由王金枝、李侠、胡海川、胡礼负责编写，重点介绍骨营养成分及结合机制、可食性动物骨结构、骨营养与功能成分分离技术、骨加工衍生化技术及骨加工联产技术等；第二篇由贾伟、张德权、莫海珍、孙红梅负责编写，主要介绍骨加工前处理设备、热压抽提设备、浓缩设备、骨汤调配与反应加工设备、喷粉与干燥设备、骨素加工厂及生产线设计等内容；第三篇由刘雪凌、陈旭华、金凤、景晓亮、杜桂红、刘真理、郭耿瑞负责编写，主要介绍骨素及其衍生化产品生产、骨源呈味料、骨多糖、骨粉、骨泥、骨油、骨胶原蛋白开发等。全书由张春晖负责章节架构与统稿工作。

本书是国内较为系统地介绍骨源食品加工方面的专著。著者基于 10 余年来的研究与生产实践，结合国内外最新的研究成果，突出理论与生产实际相结合，努力体现工艺与装备的科学性与经济实用性，反映近年来骨源食品工艺革新的成就。相信本书对推动我国骨源食品的技术进步与生产应用，推动骨源食品产业模式的建立具有一定的理论与应用价值。

本书涉及的研究内容及其出版得到国家农业科技创新工程、国家自然科学基金、农业部农业技术试验示范项目、国家科技合作与交流等项目的资助，在此表示衷心的感谢。

尽管全体著者在写作过程中付出很大努力，但疏漏与不妥之处在所难免，敬请读者批评指正。

张春晖

2015 年 1 月

目　　录

第一篇　加工理论与技术

第二篇 加工装备

第三篇　生产应用

第一篇　加工理论与技术

第 1 章　动物骨的生理功能与结构组成

1.1　骨的生理功能

骨骼具有运动、支持和保护躯体、制造红细胞和白细胞、储藏矿物质等功能。骨骼结构复杂，质轻而坚韧。骨骼矿物质化的骨骼组织，内部呈蜂巢状立体结构，此外骨骼还包括骨髓、骨膜、神经、血管和软骨等成分。骨与骨之间通常由关节和韧带相连接。

动物鲜骨中所含的营养成分，自古就有“补精髓、壮筋骨、延年益寿”的记载。古籍《寿世真元》认为：骨髓“专补虚损，活血荣筋，润泽肌肤，返老还童”。脊椎动物骨中含有人体所需的多种营养物质，有促进儿童大脑发育、健脑增智之功效的卵磷脂；有滋润皮肤、美容养颜、防衰老的骨胶原蛋白、黏多糖等。骨中蛋白质、脂肪的含量与等量鲜肉相似，钙、磷、铁、锌等矿质元素含量高于鲜肉中的含量，且比例适宜，便于人体吸收。因此，开发骨源食品前景广阔。

1.2　骨 的 结 构

1.2.1　骨骼的构成

脊椎动物骨主要由骨质、骨髓和骨膜三部分构成，里面有丰富的血管和神经组织。长骨的两端是呈窝状的骨松质，中部是致密坚硬的骨密质，骨中央是骨髓腔，骨髓腔及骨松质的缝隙里是骨髓。骨膜是覆盖在骨表面的结缔组织膜，里面有丰富的血管和神经，起营养骨质的作用(图 1.1)；同时，骨膜内还有成骨细胞，能增生骨层，使受损的骨组织愈合和再生。骨的化学构成主要包括有机物和无机物两部分。有机物主要是蛋白质，使骨具有一定的韧度，而无机物主要是钙质和磷质，使骨具有一定的硬度。动物骨就是由若干比例的有机物以及无机物组成，所以骨既有韧度又有硬度。

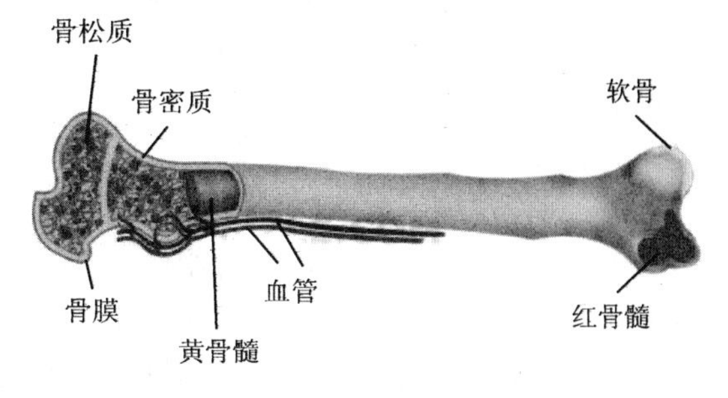

图 1.1　动物骨的结构

1.2.2　骨组织

骨组织的有机间质包括骨胶原纤维和无定形基质，约占骨干质量的35%，为骨提供必需的稳定性和可塑性。无定形基质主要包括糖蛋白、蛋白多糖、非胶原骨蛋白、脂质、柠檬酸和酶等。胶原纤维是骨间质的有形成分，为骨提供强度和结构的组成。胶原纤维由平行排列的、直径为 300～1300 Å 的胶原原纤维组成，为钙盐沉积结晶的基质。胶原原纤维由相同直径的原胶原分子按定向排列组成，分子之间通过共价键交联。非胶原骨蛋白是指在有机骨间质内除胶原纤维、糖蛋白和蛋白多糖等蛋白质以外，还存在少量的蛋白质，包括骨钙素、骨黏连蛋白和骨桥蛋白等。骨组织的无机间质主要是钙盐，包括羟基磷灰石结晶和无定形的磷酸钙，其分子结构与自然界存在的羟基磷灰石相似，基本分子式为 $Ca(PO_4)_6(OH)_2$。动物体中 99%的钙和 85%的磷聚集于骨中。这些骨无机物不仅只是骨的重要的结构成分，在维持无机物内环境稳定方面也起着极为重要的作用。

骨组织主要分为皮质骨和松质骨。皮质骨或称密质骨，是由矿化组织形成，质地坚硬致密，由多层骨板构成，约占动物体骨含量的 75%，主要存在于长骨骨干及其他类型骨的表层。皮质骨内分布有血管和神经的通道，其组织构成是板层骨沿着骨长轴紧密排列，长骨干则是由环状骨板形成内环骨板和外环骨板及位于其间的哈佛骨板及间骨板构成。皮质骨的紧密和厚度使其在机械应力下能够支撑机体的结构刚度。松质骨又称骨小梁，呈疏松多孔的海绵状，由许多片状、针状骨小梁相互连接成网状立体结构，孔内含有骨髓。松质骨存在于椎骨、肋骨、盆骨及长骨骨骺内部，约占动物体骨含量的 25%。骨小梁形态不规则，起支持造血组织的作用，见图 1.2。

1.2.3　骨组织中的细胞

骨组织中现已发现 5 种细胞：骨原细胞、成骨细胞、破骨细胞、骨细胞和骨衬细胞。这些细胞在骨的形成、生长、吸收、再造和塑造过程中起着极为重要的作用。骨组织不断进行着由骨吸收和骨形成组成的骨重建活动，成骨细胞及破骨细胞是主要参与的功能细胞。

1.2.4　软骨

软骨是一种特殊形式的结缔组织，主要由软骨细胞和细胞外基组成。细胞外基含有水、胶原、蛋白多糖、结构糖蛋白、少量脂肪和无机盐类。胶原排列组成网架结构，赋予软骨一定的形状和硬度，蛋白多糖和水使得软骨富有弹性。

研究表明，随着年龄增长，软骨胶原分子通过非酶性糖基化反应 [美拉德(Maillard)反应] 胶原交联增加：非酶性糖基化产物随年龄增长呈线性增加。生物力学试验证实，软骨瞬时变形能力与非酶性糖基化产物水平呈负相关(非酶性糖基化产物导致胶原纤维变僵硬、脆性增加)。细胞外基中胶原纤维直径随年龄增长而增大，较大直径的胶原纤维缺乏柔韧性，硬度增大，同时软骨水含量下降。另外，连接蛋白随年龄增长水解增加，软骨素的硫酸化模式发生改变，6-硫酸软骨素含量升高，伴有 4-硫酸软骨素含量下降。双糖素和修饰素往往同时存在于成年动物的软骨中，随着年龄增长，双糖素含量保持相对稳定，而修饰素浓度升高。软骨中富含生长因子，主要有胰岛素样生长因子-Ⅰ、转化生长因子和碱性成纤维细胞生长因子等。

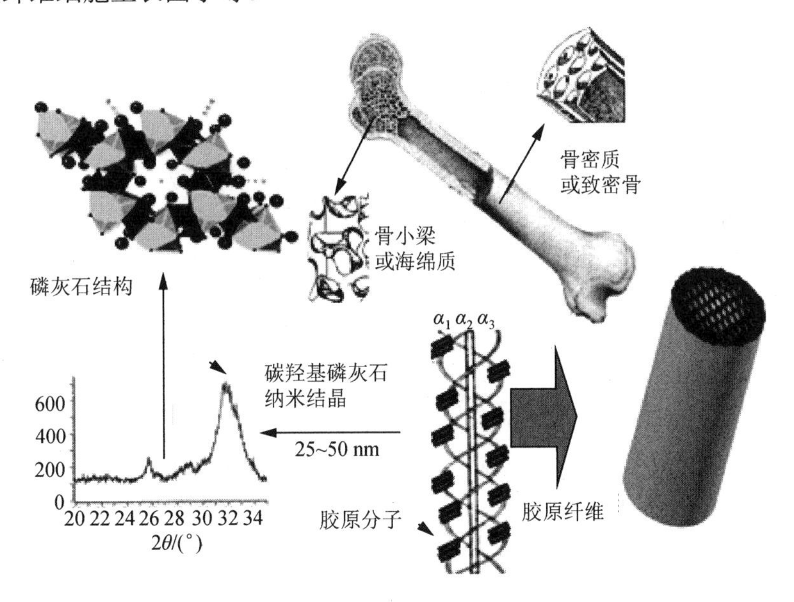

图 1.2　动物骨的组织结构

1.2.5　骨胶原蛋白

1. 胶原蛋白概述

胶原蛋白是动物体内的一种组织结构蛋白，占动物体总蛋白含量的 35%～45%。胶原蛋白是细胞外基质中最主要的纤维状蛋白质，是机体结缔组织和间质组织的主要纤维组成成分，也是细胞骨架的重要组分。胶原蛋白广泛存在于皮肤、肌腱、骨头及韧带等实质器官中，使组织器官具有一定的结构以及机械力学性质，有保护机体、支撑器官的作用。

2. 胶原蛋白的分类

尽管不同类型的胶原蛋白分子在结构上存在许多差异，但胶原蛋白家族的所有成员都具有共同的特征：肽链是由重复的氨基酸片段$(G\text{-}X\text{-}Y)_n$构成。其中，G为甘氨酸(Gly)，X和Y代表其他氨基酸，通常为脯氨酸和羟脯氨酸。G约占胶原蛋白氨基酸含量的30%，羟脯氨酸的含量影响分子内氢键的形成，对分子三螺旋构型的稳定十分重要。其中，Ⅱ型、Ⅲ型等胶原蛋白是由3条相同的肽链组成的同三聚体；而Ⅰ型、Ⅸ型和Ⅴ型胶原蛋白是由两种或三种不同的肽链构成的异三聚体。三螺旋结构对胶原蛋白来说是最显著的特征，也是成纤维胶原的最重要组成，在三螺旋区域两侧的非胶原结构域对胶原分子的结构组成和功能特性也发挥着重要的作用，见图1.3。

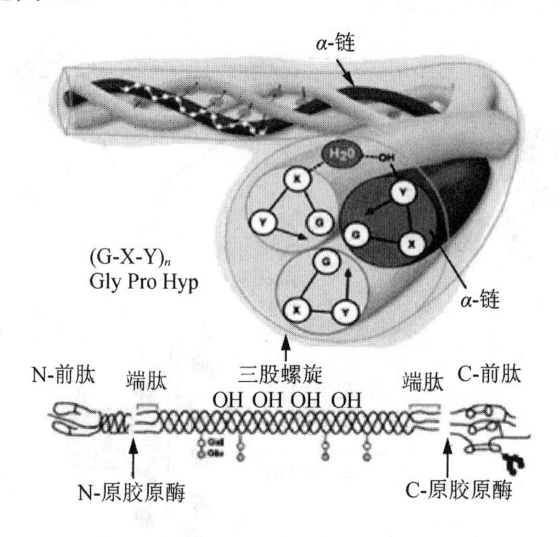

图1.3　胶原蛋白分子结构

在众多不同类型的胶原蛋白分子中，Ⅰ型胶原是分布最广泛、含量最高的胶原蛋白。Ⅰ型胶原蛋白约占骨有机组分的90%，也是肌腱、皮肤、韧带及许多间质结缔组织的主要组分。Ⅰ型胶原蛋白也可称为原胶原，是由2条相同的α_1-链与α_2-链构成的异三聚体，可分为三个部分：氨基末端、三螺旋结构域、羧基末端。Ⅰ型胶原分子长约300 nm，直径约1.5 nm。每条α-链约95%的部分是卷曲的三螺旋结构。X射线衍射结果表明，三螺旋结构域互相缠绕成左手超螺旋构型。Ⅰ型胶原通常与其他类型的胶原分子共同参与组织的形成，如与Ⅲ型胶原共存于皮肤中，或与Ⅴ型胶原共存于骨骼、肌腱等组织中。骨骼中胶原蛋白所形成的胶原纤维提供高强度的保护作用，拉断直径1 mm的胶原纤维，需10～40 kg重的力。Ⅱ型和Ⅺ型胶原主要分布在关节软骨，Ⅱ型胶原含有3条相同的α-链，这种α-链与骨骼、皮肤及肌腱中所含胶原的α-链结构相似。Ⅲ型胶原在胚胎组织中的含量较高，在皮肤中的含量较少。Ⅴ型胶原存在于某些平滑肌间隙和血管组织中，常与Ⅰ型、Ⅲ型胶原并存。Ⅺ型胶原与Ⅱ型胶原共存于软骨组织中，与软骨的钙化有关。这几类胶原蛋白的扭转稳定性和抗拉强度对这些组织器官的稳定和完整至关重要。胶原蛋白有极高的张力强度，与具有抗压能力的羟基磷灰石结合，使骨骼具备了很高的负载能力。

3. 胶原蛋白的提取方法

胶原蛋白主要是细胞外间质成分，在机体内主要与蛋白多糖、糖蛋白等结合起来作为不溶性生物大分子存在。依据提取介质的不同，胶原蛋白的制备方法可采用酸法提取、碱法提取、中性盐提取、酶法提取及水抽提等。

酸法提取主要是利用低浓度的酸处理，引起胶原纤维的膨胀和溶解，将未交联的胶原分子和含有酰胺交联键的胶原纤维溶解出来。低温条件下对胶原蛋白采用酸法处理能够较好地保留胶原蛋白的天然三螺旋结构，所提取的产品可称为酸溶性胶原蛋白。

碱法提取工艺步骤简单，成本低廉，但其应用并不广泛，主要是因为胶原蛋白在碱性条件下肽链容易断裂，如果水解程度加剧，则会造成氨基酸的消旋现象，降低产品营养性和安全性。

中性盐提取主要是利用胶原蛋白在一定浓度盐溶液(如氯化钠、氯化钾、柠檬酸盐等)中的溶解性对蛋白质进行提取，但盐溶液可能降低胶原蛋白的稳定性，无法提取天然结构的胶原蛋白。

酶法提取是在酸法制备的基础上，添加特定的蛋白酶(如胃蛋白酶)以增进胶原蛋白非螺旋区端肽键降解，从而提高胶原蛋白得率。胃蛋白酶作用于蛋白端肽区，使具有三螺旋结构的蛋白质释放，并溶解于低离子浓度酸溶液中，所得产品称为胃蛋白酶溶性胶原蛋白。此法可用于制备各种类型的胶原蛋白，可作为生物医学材料。

相对于酸法与酶法提取，水抽提、碱法提取及中性盐提取均会不同程度地破坏胶原蛋白的天然结构。由于胶原蛋白溶解度随水温升高而提高，故可用热水抽提对其进行提取。热水抽提破坏了胶原蛋白分子间和分子内的氢键和共价交联，并水解胶原初级结构中的部分酰胺键，胶原蛋白三螺旋结构被破坏转化为无规则卷曲状态，所得到的热水抽提胶原蛋白具有较高的溶解性，也是工业上制取明胶的主要方法。

4. 胶原蛋白的理化性质研究

1) 胶原蛋白的氨基酸组成和热稳定性

不同种属的动物，其体内胶原蛋白的氨基酸组成存在差异。特别是胶原蛋白肽链中的脯氨酸和羟脯氨酸含量对胶原主链的刚性及形成氢键起重要作用。因此，脯氨酸和羟脯氨酸含量也决定了胶原蛋白的热稳定性。通常，哺乳类动物胶原蛋白中脯氨酸和羟脯氨酸含量比水产鱼类的要高。

2）胶原蛋白的凝胶特性

胶原蛋白凝胶的形成，是胶原蛋白分子之间及胶原蛋白与溶剂之间相互作用的结果。蛋白质分子结构变形、伸展有序地排列，形成三维网状结构。通常水生动物胶原蛋白的脯氨酸和羟脯氨酸含量低于陆生哺乳动物胶原蛋白，凝胶强度较差，凝胶点和溶胶点相对较低。

3）胶原蛋白其他功能性质

胶原蛋白的其他功能性质主要包括胶原蛋白与水相互作用所衍生出的吸水性、润湿性、黏合性、持水性、溶解性、溶胀性和黏度等特性，蛋白质分子之间相互作用所衍生的如沉淀性、凝胶性等特性，蛋白质的表面性质所衍生出的表面张力、发泡性与乳化性等性质。这些功能性质之间能够相互影响。蛋白质的功能性质取决于蛋白质分子的组成和结构特征，同时也受到温度、pH、压力、电解质浓度等因素的影响。

1.3 骨的营养组成

骨骼是家畜胴体的重要组成部分。牛骨的质量约占牛体的 20.5%，猪骨占 12.9%，羊骨占 24.3%，鱼骨占全鱼质量的 15%～20%。畜骨是由坚硬的骨板表层和海绵状的骨小梁组成，含有骨素、骨油、无机盐和水分等。骨的用途极为广泛，可加工成骨油、骨胶、骨粉、即食骨质(髓)、骨泥、骨肥等。

1.3.1 畜禽骨的营养组成

畜禽鲜骨所含营养物质非常丰富。在骨的化学成分中，水分含量为 62%～66%，胶原蛋白含量占总蛋白质含量的 35%～45%，无机物质含量为 20%(主要是钙和磷)。畜禽骨的主要营养成分见表 1.1。

表 1.1 畜禽骨营养成分组成表

名称	蛋白质/%	脂肪/%	灰分/%	水分/%	钙/%
鸡骨	16.3	14.2	3.1	65.6	1.0
牛骨	11.5	8.0	15.4	65.1	5.4
猪骨	12.0	9.6	11.0	62.7	3.1
羊骨	11.7	9.2	11.9	64.2	3.4

畜禽品种不同，其骨的营养组成成分也有差别。表 1.2 列出了我国大量生产的猪骨和鸡骨营养组成。

表 1.2　鸡、猪骨泥营养成分比较(mg/100 g)

成分	鸡	猪	成分	鸡	猪
水	79.7	65.73	钙	1666.2	3950
蛋白质	7.68	10.36	铁	7.53	5.97
脂肪	8.87	13.44	锌	2.1	5.46
灰分	3.8	9.73	铜	1.36	0.22

1. 蛋白质

新鲜的畜骨含有 11%～15%的蛋白质，其中 40%～45%为骨胶原蛋白及软骨素。胶原蛋白对机体和脏器起着支持、补强、结合及形成间隔等作用。有研究表明，摄取一定量的胶原蛋白有加强皮层细胞代谢和延缓衰老的作用，而且骨胶原蛋白是较为全价的可溶性蛋白，生物效价高，是一种优质的蛋白源。骨中含有构成蛋白质的所有氨基酸，含有 8 种人体必需氨基酸，且氨基酸比例均衡，属于优质蛋白质。

2. 脂肪

畜骨中脂肪含量高，是重要的动物脂肪源。骨中含有的脂肪酸比例较为合理，饱和脂肪酸主要有棕榈酸和硬脂酸，不饱和脂肪酸主要有油酸和亚油酸。饱和与不饱和脂肪酸的含量比例接近 1：1，便于人体吸收利用。此外，骨中还含有微量的豆蔻酸(14：0)、豆蔻油酸(14：1)、棕榈油酸(16：1)、亚麻酸(18：3)等不饱和脂肪酸。

3. 矿物质

畜骨中含有丰富的矿物质，如钙、磷、铁、锌、铜、镁、钠、钾等的盐类。其中钙、磷含量很高，分别为 19.3%和 9.39%，是人体吸收钙、磷的最佳比例。畜骨中的铁含量丰富，其含量约为同种肉类的 3 倍。钙在动物体生命维持和物质代谢方面发挥着极为重要的作用。在骨骼中，钙的存在形式主要是羟基磷灰石结晶[$Ca_{10}(PO_4)_6(OH)_2$]，其构成骨骼的无机组成部分，并与骨骼中的其他有机成分如胶原蛋白、弹性蛋白、黏多糖等共同结合形成骨组织。动物体 60%～65%的镁存在于骨骼中。

4. 其他营养成分

鲜骨中还含有多种生物活性物质，如丰富的脑组织发育不可缺少的可加强皮下细胞代谢的磷脂质、磷蛋白，防止衰老、降血脂、抗凝血、抗炎症及抗肿瘤等生理活性的硫酸软骨素和骨胶原蛋白，促进肝功能的蛋氨酸；此外，畜骨中还有维生素 A、维生素 D 和维生素 B 等。就像食物需要一定的添加剂一样，骨骼也需要添加剂维生素 K 来激活骨骼中一种非常重要的蛋白质——骨钙素，从而提高骨骼的抗折能力，是骨骼“添加剂”。维生素 B_{12} 是唯一含有矿物质磷的维生素，对维持骨骼硬度起着重要作用。

据日本分析中心报道，骨泥中除了含有上述营养成分之外，还含有大脑不可缺少的磷脂质、磷蛋白；能滋润皮肤、补充精血、防止衰老的软骨素、骨胶原蛋白；能促进肝脏功能的蛋氨酸、各类氨基酸；维生素 A、维生素 B_1、维生素 B_2、维生素 B_{12} 等各种营养素。国外把骨泥称为“丰富营养素的储藏库”。从营养成分分析来看，鸡骨泥中除含有蛋白质、脂肪外，钙、铁含量相当丰富。钙含量相当于猪肉的 151 倍、大米的 130 倍、白面的 66 倍、鸡蛋的 30 倍。由此可见，鸡骨泥是含高钙、铁的营养食品。如果每天每人食用含 50 g 鸡骨泥的产品，就可以补充＞800 mg 钙质。将骨蛋白水解，水解液富含胶原蛋白和酸性黏多糖等成分，有加强皮下细胞代谢、延缓衰老的功效，可用于美容保健品，开发研制新型蛋白饮料，满足生长期儿童、恢复期患者、老年人及高体能消耗的运动员等特殊人群的营养需求。畜骨蛋白水解物中还含有多肽物质，具有更小的相对分子质量，并且更易降解，具有多种活性功能，如抗高血压、预防和治疗骨关节炎和骨质疏松、治疗胃溃疡等疾病、抗衰老、抗氧化等，此外，还可以促进矿物质的吸收和用于减肥。因此骨蛋白可作为蛋白质强化成分应用到各类食品中，国外已开发出可溶性蛋白和食用蛋白粉等。

1.3.2　鱼骨的营养组成

鱼骨不同于哺乳动物的骨组织，其骨中没有骨细胞。鱼骨和哺乳动物骨一样富含矿物质和胶原蛋白，除此之外，还富含一些特殊的非胶原蛋白、脂和碳水化合物。但哺乳动物的骨可以调节哺乳动物吸收矿物质的储库，常被称为“钙库”，通过骨细胞和破骨细胞的协同作用，维持机体矿物质平衡，而高等的硬骨鱼不需要钙库，尤其是海水鱼。

鱼的种类、生活环境或年龄不同，其化学成分会有所不同，但目前这方面的研究报道较少，只有 Toppe 等在这方面有所报道，他们选取了 8 种鱼，对其鱼骨的化学组成和矿物质含量、氨基酸组成、脂肪酸组成进行了分析，具体组成见表 1.3。

表 1.3 不同鱼鱼骨的化学成分比较(g/kg)

	鳕鱼	绿鳕(小)	绿鳕(大)	蓝鳕	三文鱼	鲑鱼	青鱼(大)	青鱼(小)	鲭鱼
水分	77.7	61.9	52.1	64.1	49.6	53.3	71.5	40.7	44.2
蛋白质	357.8	369.7	335.9	418.0	292.0	314.0	373.1	301.2	261.3
灰分	526.4	538.2	565.0	445.8	263.7	265.5	368.7	357.1	212.4
脂肪	23.1	24.8	23.0	73.1	382.8	360.1	175.6	265.0	509.5
脱脂组成									
蛋白质	393	399	399	471	543	521	480	435	539
灰分	577	576	590	503	424	441	475	516	438
灰分/粗蛋白	1.47	1.44	1.48	1.07	0.78	0.84	0.99	1.34	0.92

表 1.3 的研究结果表明，对于不同种类的鱼或大小不同的同种鱼，其鱼骨的化学组成存在着显著的差异，尤其是脂肪含量，最少的是绿鳕(大)，其脂肪含量为 23.0 g/kg；最多的是鲭鱼，其脂肪含量高达 509.5 g/kg。一般高脂鱼，其鱼骨的脂肪含量也较高，同时高脂鱼的鱼骨的蛋白质含量和灰分含量相对较少。各种鱼的鱼骨蛋白质脱脂干基含量变化范围在 393～543 g/kg，与灰分含量负相关。几种鱼的氨基酸和脂肪酸组成也稍有不同，但差异不大；不同鱼的钙、磷占其灰分的比例近似，有相似的钙磷比。

1.4 骨的利用现状

1.4.1 骨的产量

我国畜牧养殖和畜产品加工科技得到快速发展，畜禽骨作为肉品加工产业的副产物，年产量巨大。2013 年，世界肉类总产量约为 3.2 亿吨，其中我国肉类产量约为 8536 万吨，占世界肉类总产量的 27%左右。据美国农业部(USDA)统计，2012 年全世界原料肉鸡的消费总量为 8300 万吨，其中我国占 2800 万吨。据所用的剔骨技术或机器不同，鸡骨产量可占活畜禽总重的 20%～50%，以此计算，我国鸡骨年产量可高达 1400 万吨，畜禽骨总产量约为 2600 万吨。研究表明，畜禽骨副产物含有约 19%的蛋白质，其中胶原蛋白为骨源蛋白的主要组成部分，占总蛋白质含量的 35%～40%。源于骨副产物的蛋白质具有很高的营养价值，日益成长的市场及消费者对健康的追求，使得利用这些副产物蛋白质生产高附加值的营养添加物成为行业发展的主流之一。

此外，我国水产业发展迅速，成为世界第一水产养殖和出口大国，2010 年鱼类总产量为 3687 万吨，加工过程中约产生 45%的鱼骨副产物，约为 1600 万吨。但目前我国鱼骨副产物存在利用模式缺乏、加工方式粗放单一、高值化产品少、工程化利用核心技术装备落后、资源浪费与环境污染等严重问题。

1.4.2 骨的利用现状

1. 畜禽骨的利用现状

虽然很多发展中国家都会食用鸡骨架，但是发达国家依然仅限于将动物骨通过干燥或其他加工处理而制成饲料或肥料。目前我国畜禽骨主要用于生产骨粉和骨泥等初加工产品，利用率不足总产量的10%，对畜禽骨高值化精深加工和利用是提升骨副产物的附加值亟待解决的问题。

尽管畜禽骨中含有大量的胶原蛋白，但骨坚硬的结构增加了提取的难度，建立稳定、高效的方法是提取骨源胶原蛋白长期以来技术难题。前期大量的研究集中于用酸法或碱法提取鸡骨、鱼骨中蛋白质，但两种方法因难于实现连续生产而受到限制。酶法是另外一种重要的提取骨中蛋白质的方法，该法能从骨副产物中有效地提取蛋白质，并且可以通过水解作用改善骨源蛋白的质量和其功能特性。由于骨坚硬的结构，单纯的酶法提取骨源蛋白得率低，且生产成本高。酶法提取也很难用于骨源蛋白的有效提取和生产制备。

水解胶原蛋白制备活性肽的过程包括用酸溶液或碱溶液来破坏胶原蛋白链之间的化学键，此过程可将分子质量为300 000 Da①的大分子胶原蛋白降解为分子质量为2000～5000 Da的多肽。此外，加热也可以破坏胶原蛋白的三螺旋结构而导致热降解。解聚变性后的单股螺旋称为明胶。在亚洲的传统民间药物中，明胶用于促进血液循环和止血，而西方的一些国家则主要把明胶用于关节炎的辅助治疗和镇痛。为了提高胶原蛋白的溶解性，通常将明胶部分水解制备胶原蛋白肽。研究表明，服用胶原蛋白肽可以改善女性皮肤肤质，并促进大鼠股骨的骨折愈合和人成骨细胞Ⅰ型胶原蛋白基因的表达。

2. 鱼骨的利用

鱼骨是鱼加工过程中的主要副产物，一般作为废弃物被直接倒掉或作为低质原料用来生产动物饲料。从鱼骨的结构和化学成分可知，这是对资源极大的浪费。由于疯牛病、口蹄疫等动物性传播疾病的原因，动物骨可生产的产品逐渐转向由海产品来生产，鱼骨的开发利用迎合了市场的需要，潜力巨大。

鱼骨中最主要的矿物质为碳酸磷灰石，钙和磷的含量分别占鱼骨干重的18%(180 g/kg)和9%(90.9 g/kg)左右，钙磷比2∶1。钙是维持人体健康的一个重要的元素，资料表明鱼骨中的钙和人们普遍接受的乳制品中的钙具有同样的被人体吸收的效果，鱼骨中的钙被认为是人类获得钙的一种潜在来源。小鱼的鱼骨可以被直接食用，钙很容易被人体吸收，但大鱼的鱼骨不可被人直接食用，欲对骨中的

① Da为非法定单位，$1\ Da=1.66054\times10^{-27}\ kg$。

钙加以利用，开发相应的鱼骨食品，以补充人体对各种无机类矿物质的需求，则需要通过不同的方法(热、酸、超高压等)将其转化成可被人体吸收的形式。日本海洋渔业公司将捕获的大西洋海鱼的脊椎骨高温煅烧，粉碎成粒径约 700 目的超级鱼骨粉，其色洁白，且无鱼腥味，可直接作为补钙保健品的原料或加入焙烤制品、方便食品、面条等食品中起到强化钙的作用。日本贸易振兴会自 1981 年推出超微粉碎新技术，确立了生产骨糊的流水线后，先后有鱼骨制品骨味素、骨味汁、骨松、骨肉等食品问世。我国研究人员以马哈鱼脊椎骨为原料，通过酥制、脱腥、调味和挂糖处理，制得光泽亮丽、形似珍珠、入口酥脆、酸甜适口且富含活性钙的儿童补钙食品。

提取的胶原蛋白或提胶剩余的蛋白质还可经酶解制备生物活性肽，钙螯合肽即是其中一种。Jung 等利用九种酶处理鳕鱼脊椎骨，筛选钙螯合肽，其中胃蛋白酶的酶解效率最高，不仅得到 1.6%的可溶性钙，而且用羟基磷灰石亲和色谱分离出了高亲和力的钙螯合肽，螯合钙的能力和酪蛋白磷酸肽相似。与此同时，他们利用另一种鳕鱼的骨架也分离得到钙螯合肽。

此外，畜禽鱼骨不仅可开发为人类食品，还可以开发成宠物食品和微生物营养源。微生物最昂贵的营养一般是氮源，有研究者酶解金枪鱼的头骨制备蛋白胨作为乳酸菌的氮源，发现比商业 MRS 培养基的酪蛋白更有效地促进乳酸菌的生长，鱼骨酶解制备的蛋白胨完全可以替代酪蛋白胨。除此之外，鱼骨中还可以提取富含多不饱和脂肪酸(如 EPA 和 DHA)的鱼油、硫酸软骨素等许多有益的活性物质。

第 2 章　骨的加工特性与功能成分分离技术

近 20 年，我国肉类产品量稳居世界前列，大规模肉类产品的加工、消费产生了可观的畜禽骨副产物。畜禽骨的衍生化开发、高值化利用越来越引起大众的关注，一系列骨营养与功能成分分离技术在企业生产中得到应用，本章简要介绍骨的加工特性和主要的技术方法。

2.1　加 工 特 性

由第 1 章可知，动物骨独特的对身体支撑和保护的生理作用，造成了其“坚固如铸铁，轻如木头”的独特结构。动物骨富含蛋白质和矿物质，构成其组成的蛋白质中，40%～45%为结构致密的三股螺旋胶原蛋白；机体矿物质中，总钙含量的 99%和总磷含量的 85%均存在于骨中，且以羟基磷灰石坚硬的结构存在。研究结果表明，一般的烹饪蒸煮并不能有效地提取骨中的钙质，高温煅烧至 600 ℃以上才能使其中的钙游离出来。因此，骨独特的生理功能造成了其坚硬的结构，提取效率低的问题突出(图 2.1)。

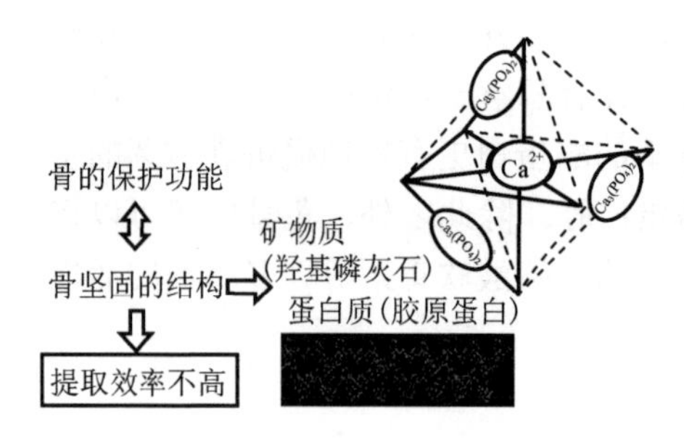

图 2.1　骨的加工特性

2.2　功能成分分离技术

2.2.1　骨肉分离技术

分离技术(separation)简而言之就是从“硬”的物质中将“软”的分离出来或从“软”的物质中将“硬”的分离出来。就实际应用而言，目前主要为从骨架中将肉分离出来，所以一般将分离技术概括为“骨肉分离技术”。其实它的应用远不局限于此，如将果实中的果皮和种子从果肉中分离出来等。

食品加工业中“分离”的创意源于 30 年前的从鸡骨架中回收蛋白质，美国 Beehive 公司发明了第一代的脱骨机器或称之为“骨肉分离机”。基于这一理念，诞生了不同类型的机器，但基本上是在完成相同的工作，所有这些机器借助的外力均为压力。压力将软的肉从硬的骨物质中分离出来。

骨肉分离机是将禽架(如鸡骨架)深加工得到肉泥和骨渣。肉泥可制作肉馅、水饺和馅饼。骨渣可提取软骨素。该设备拆装方便，工作性能可靠。产出的肉糜品质优良，肉纤维组织破坏较轻，肉中完全无骨渣。调整清洗方便，工作性能稳定，分离效果好，出肉率高。骨肉分离机适于家禽、兔或小型动物骨架的机械剔骨肉去骨作业，提取肉糜。生产出来的肉糜可用于制作肉肠、肉饼、肉丸、水饺等肉制品，同时碎骨可作煲汤底料。在提高工作效率的同时，大大提高低值骨肉的效益。早期的分离机器仅局限于家禽行业的应用，随着技术的发展，其他应用也逐渐普及，如红肉(猪肉、牛肉等)、蔬菜和水果。不同型号的机器满足各行各业的需求，目前分离机可用于食品行业的多个领域。

动物胴体经过骨肉分离后，肉类进行进一步的加工，骨头在冻库中保存等待进一步处理。按照不同的部位或骨上肉类残留量的不同，畜禽骨可分为不同的产品的原料，如鸡腿骨、鸡脖架、猪腿骨、猪髋骨在不同的工艺下提取的蛋白质等营养物质成分不同，从而形成不同的产品。

2.2.2　常压水煮

常压水煮在食品烹饪方面应用广泛，炖煮法不同于高压锅等高压抽提的方式，食品在常压进行长时间的反复炖煮，获取食品中的营养物质，如驴胶、鸡汤、排骨汤等。在畜禽骨利用中，通常将鲜骨清洗干净后在常压下长时间炖煮，传统的煲汤即用此法。使用常压水煮的方法，花费的时间较长，水解程度不高，抽提的物质浓度较低，适合于不宜快速高温提取的物质。

在骨的利用方面，常压水煮主要用于提取骨胶等物质，首先将粉碎、洗净的畜禽骨中的油脂除尽，否则将直接影响骨胶的质量，最好选用轻质汽油等溶剂，用抽提法去除畜禽骨中的全部油脂。如用水煮法除骨油，常会因水煮时间过长而影响骨胶的制成率。将脱脂后的畜禽骨放入锅内加水煮沸，使骨胶溶出，煮数小时后倒出胶液，再加水煮沸，如此反复 5～6 次。然后把全部胶液集中在一起，加热蒸发水分以提高胶液浓度。如用真空罐进行浓缩，则可提高成品的质量和色泽。最后把浓缩的胶液装入容器中，冷却后成为冻胶，再把冻胶切成薄片，干燥后即得成品。骨胶的用途十分广泛，其在纺织业、编织业中可用于上浆、上光，同时骨胶又是火柴、家具、墨汁、铅笔等众多产品的理想黏合剂；也是医药、食品、感光材料等不可缺少的原料。

2.2.3 热压抽提

相对于常压水煮方法，热压抽提利用高温高压的方法加快食品的成熟速度及提取食品中不易提取的成分，常见的家用高压锅就是小型的热压抽提装置，对于猪骨、牛骨等相对于鸡骨烹饪条件更高的食品，采取热压抽提的方式能有效提取骨中蛋白质、矿物质、多糖等物质，且因为在高温高压条件下，提取物水解度达到10%左右，营养成分丰富，是企业主要的畜禽骨类物质的提取方法。

目前，国内骨素生产企业使用的热抽提设备是由之前的植物提取罐改造而来的，其提取压力偏低、出品率不高、通用性差；而进口设备又不能满足国内多品种原料生产的现状，导致提取设备不能很好地通用；常规热抽提设备对于畜禽骨提取出品率偏低、存在物料中心部位不能煮透而导致提取不完全、在提取过程中出现油不易分离的情况。中国农业科学院农产品加工研究所张春晖、贾伟等经过研究及生产实践研制出一套既可提高产品质量又可降低能耗的可食性动物骨素热压抽提装置。

热压提取罐的工作原理是在较高温度与压力下的蒸煮抽提过程中，破碎的鲜骨浸泡在水中，采用蒸气加热，经过一定时间，将蛋白质、脂肪、矿物质、风味物质等提取出来。依据原料进出口方式可将骨素热压抽提设备分为上进上出式、上进下出式、上进下排渣式、中间出料式和卧式杀菌锅提取式。本研究设备集合上部大开盖和下排渣提取罐的优势，开发了一种可食性动物骨素热压抽提装置。该装置采用固定料斗的方式将粉碎后的骨头投入提取罐中，投料量大，投料速度快。罐体耐压程度提高，直接投料的方式增加了罐体的容积率，有助于解决常规提取罐提取不彻底、油脂不易分离、通用性差、不能够在广泛压力范围内进行操作的问题。该类骨素抽提装置在鹤壁普乐泰生物科技有限公司、雏鹰农牧集团股份有限公司的骨素生产线上进行了运用，为畜禽骨类的加工利用提供了可靠的技术。

中国农业科学院张春晖课题组的研究表明，热压抽提法制备鸡骨胶原蛋白的过程中，胶原蛋白在高温作用下，发生热解螺旋反应，具有高弹性的三螺旋结构的胶原蛋白降解为水溶性的胶原蛋白肽，但分子质量小于 5 kDa 的肽并未检测到。对其酶解处理后，分子质量在 4～5 kDa 的多肽在水解的第 12 h 和 24 h 分别降低为水解 1 h 的 1/5 和 1/17，而分子质量在 400～1000 Da 的寡肽含量分别增加为 1 h 水解液的 86 倍和 106 倍(图 2.2 和表 2.1)。大鼠饲喂热压抽提法制备的酶解液的实验结果表明，口服鸡骨胶原蛋白酶解液能提高大鼠血清中 IgG 和 IgA 的含量。因此我们猜测胶原蛋白肽(CCP)因其酶解过程中产生的大量的甘氨酸、脯氨酸等具有抗氧化作用的氨基酸及活性多肽和小肽而具有免疫调节功能，但关于 CCP 的组成、氨基酸序列以及其发挥免疫调节的作用机制尚不清楚。

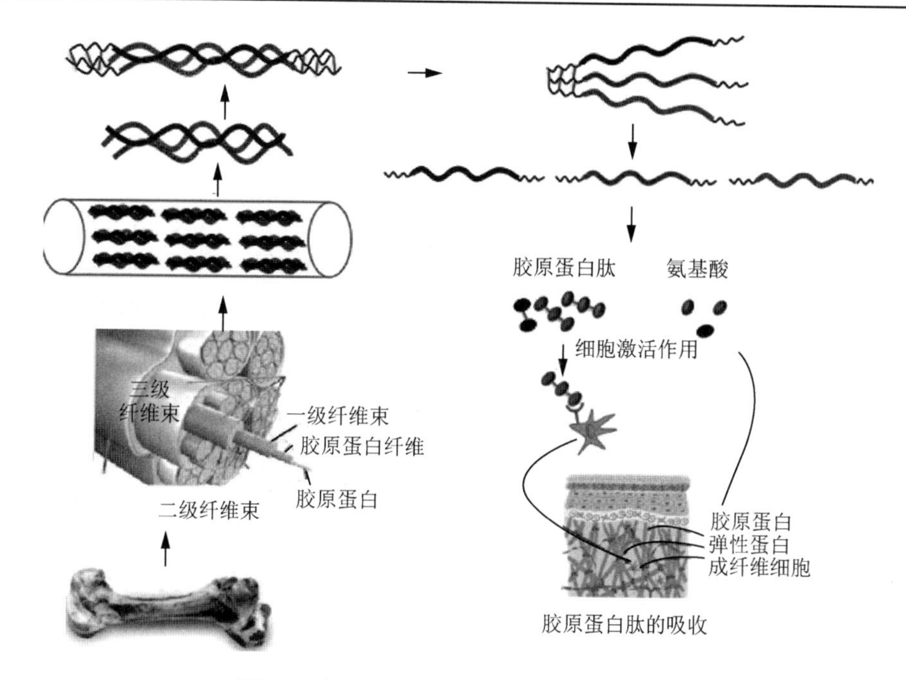

图 2.2　热压抽提过程中骨胶原蛋白降解图

表 2.1　鸡骨胶原蛋白提取物不同水解时间肽分子质量分布

肽分子质量/Da	峰面积							
	0 h	1 h	3 h	5 h	8 h	12 h	17 h	24 h
400～1000	ND	1 593.20	18 443.88	68 215.32	117 817.30	136 789.41	155 230.50	170 303.7
1001～2000	ND	3 216.20	11 159.13	98 129.82	229 646.6	243 872.42	263 800.80	28 764.93
2001～3000	ND	18 903.20	6 090.14	35 400.21	70 042.15	52 318.20	29 941.74	968.76
3001～4000	ND	403.85	887.04	546.32	1 037.89	986.39	338.27	455.86
4001～5000	ND	869.24	947.92	757.14	704.20	185.32	60.12	55.08

注：1. 肽的分子质量测定采用时间飞行质谱(MALDI-TOF-MS)，氮激光的脉冲为 337 nm。

2. ND：未检测到。

2.2.4　酸碱水解

水解是利用水将物质分解形成新的物质的过程。盐电离出的离子结合了水电离出的 H^+和 OH^-生成弱电解质分子。物质与水发生的导致物质发生分解的反应(不一定是复分解反应)。

工业上应用较多的是有机物的水解，主要生产醇和酚。水解反应是中和或酯化反应的逆反应。大多数有机物的水解，仅用水是很难顺利进行的。根据被水解物的性质，水解剂可以用氢氧化钠水溶液、稀酸或浓酸，有时还可用氢氧化钾、氢氧化钙、亚硫酸氢钠等的水溶液。这就是所谓的加碱水解和加酸水解。水解可以采用间歇或连续式操作，前者常在釜式反应器中进行，后者则多用塔式反应器。典型的水解分为酸碱水解两种方式。

1）酸解法

酸解法是以骨为原料在酸的作用下制取钙磷制剂的主要途径。其实质是利用酸的作用破坏骨泥或骨粉中胶原蛋白的盐键和酯键，使蛋白质变性，从而使羟基磷灰石裸露出来并与胶原纤维有机结合，有利于提高钙的溶出。然后酸作用于羟基磷灰石，让骨钙转化为可溶性钙。将骨粒加入一定浓度的盐酸中浸泡 8 h 后，骨中矿物质就会游离出来，这个过程称为“脱矿”，脱矿后的液体称为“钙水”。该液体与食用级磷酸盐反应同时调节 pH，便可得到钙磷比例一定的磷酸钙复合盐。钙磷制剂的实质就是磷酸盐复合物，其溶解度不高，在肠胃中吸收受 pH 影响很大。只有酸性时，其易被溶解，吸收作用才强；一般认为，钙吸收的最多部位是 pH 为中性的小肠，所以此类钙磷制剂的补钙效果一直未得到肯定。朱迎春等比较了盐酸、乳酸、乙酸和柠檬酸生产骨胶的副产品骨渣，盐酸可获得最大的钙转化率，可溶性钙溶出率为 22.45%，转化率高达 76.80%。

2）碱解法

碱解法是用氢氧化钠分次浸泡骨渣，经高压烧煮，烘干粉碎制得产品。虽然产品中含钙和磷的量分别得到提高，但是处理后骨中蛋白质大量损失。生成的活性钙的主要成分为氢氧化钙和氧化钙，活性很高，也易与肠道中其他物质如草酸、植酸等反应生成沉淀，不利于人体吸收。碱解法虽然可以减小骨制品的粒度，但同时会严重破坏骨中主要营养物质蛋白质，使骨的营养价值降低。Shih 实验也证明了碱法水解蛋白可使 L-氨基酸形成 D-氨基酸，还能形成有毒物质，且水解过程中破坏的氨基酸比较多。所以碱解法相对来说用得较少。

2.2.5 酶解法

蛋白质水解物的生产方式分为化学降解法和酶降解法。化学法是利用酸碱水解蛋白，反应条件剧烈，生产过程中氨基酸受损严重。酶工程属现代生物技术，酶法水解骨蛋白属高新技术范畴。酶法水解反应温度低，反应时间短，无环境污染。产品营养价值高，以多肽和 L 型游离氨基酸为主，速溶性好，易于人体消化吸收。

20 世纪 70 年代，食用蛋白质的酶解研究作为一个相对独立的研究领域建立，酶法水解骨蛋白已成为其中研究的一个分支。国内外越来越多的研究者对此方面进行了逐步深入的研究和探索。国外此方面的研究有：Surowka 和 Fic 采用猪胃蛋白酶进行了酶解鸡头骨蛋白的研究，确定了最佳酶解条件，并测定了酶解物氨基酸成分含量；丹麦一些企业也开始使用酶处理畜禽骨骼生产食用蛋白粉，其方法是用中性蛋白酶在 58～62 ℃下将骨处理 1 h，再用常规方法加工出高品质肉骨蛋白粉；Linder 等将小牛骨骼进行酶法水解，确定了最佳水解条件，成功进行了酶解回收小牛骨蛋白的研究；Benjakul 研究了牙鳕废弃物的酶解利用，将其废弃物(包括鱼头、皮、骨、内脏和肌肉组织)绞碎，分别用中性和碱性蛋白酶水解，选择最优酶和最佳水解条件，所得产物蛋白质含量高(79.97%)，氨基酸组成与鱼肌肉十分相近。

国内酶解利用植物蛋白(如大豆蛋白、玉米蛋白等)和动物蛋白(如乳蛋白、鱼蛋白等)的研究很多，酶解利用骨蛋白的研究则相对少些。畜禽骨在中国大部分都用来生产骨胶、骨油、骨粉等，如大量骨粉被用于动物饲料和肥料，其附加值较低。酶解是一条高值化利用骨蛋白的途径，可将不易被人体消化吸收的骨胶原蛋白水解为胶原多肽，提高其营养价值和功能特性。目前此方面主要的酶解对象是鱼骨等副产物，何建军等以小杂鱼和鲢鱼下脚料为原料，加酶分解蛋白质，并进行恒温发酵，研制了淡水鱼露，比传统方法生产周期短，产品盐分低，产品得率高；周涛等运用木瓜蛋白酶酶解鲐鱼头骨等加工废弃物，确定了最佳水解条件，并选用不同颗粒大小的活性炭对水解液进行脱色，制得营养价值高、水溶性好的蛋白质水解物，可作为理想的蛋白质强化剂；余杰、陈美珍运用中性蛋白酶和木瓜蛋白酶，对酶解鳗鱼头的最佳工艺条件进行了详细研究，采用粉末状活性炭进行脱苦、脱色，并研制出一种味道鲜美的高级海鲜风味料；赵胜年等进行了酶法水解鲜牛骨骼的研究，采用胰酶进行水解反应，确定了最适酶解条件；王朝旭等采用胰蛋白酶对鲜猪骨进行了酶法水解的研究，确定了酶解的最佳条件。可见，酶解利用鱼骨、牛骨蛋白的研究较多，羊骨及禽骨的酶解利用鲜有报道。但目前的研究主要集中于酶解条件的优化，水解物营养的评定主要停留在氨基酸水平上。涉及苦味脱除的研究较少，常采用活性炭吸附，造成蛋白氮的损失较大。另外水解物产品的开发途径较为单一，通常作为蛋白质强化剂或调配成高档调味料、汤料得以应用。因此，深入研究酶解羊、禽骨，并将研究上升到肽水平，寻找脱除苦味的合适方法，开拓酶解物新的应用途径将成为今后进一步研究的方向。

在畜禽骨中加入酶，骨中的胶原纤维可通过酶的作用被分解为水溶性动物蛋白明胶等；同时沉积在胶原纤维上的磷酸钙，即羟基磷灰石结构也被破坏，钙离子游离出来。采用一种或多种适合的酶将骨制品中残留的蛋白质进行分解，将加工温度和短时间加热难以利用的骨胶原蛋白水解成多肽和氨基酸，可大大提高骨的营养价值和功能特性。在骨粉中加入胰酶，水解时主要是胰蛋白酶和胰脂肪酶起作用。由于这些酶均属于内切酶，所以它们可将胶原蛋白水解为小分子肽段，同时把脂类水解为脂肪酸和醇类。脂肪酸的生成使酶解液中的 pH 下降，氢离子增多，骨粉中的原有结构被破坏，矿物质毫无保护地裸露出来，在氢离子作用下，可溶性钙含量逐渐增多。骨中胶原纤维被酶解后，羟基磷灰石结晶就被部分地破坏，所以其中钙转变成为离子，以 $Ca(H_2PO_4)_2$ 或 $CaHPO_4$ 的形式溶于水中。当酶解时间继续延长，溶液中游离氨基酸的含量增多，裸露于溶液中的羟基磷灰石在酸性条件下受到分解，会得到部分水溶性氨基酸钙，这部分钙极易被人体吸收。据研究，酶法水解骨粉可转化约六分之一的骨钙，其余骨钙仍难溶于水，这主要是因为骨的组织结构是有机物(骨腔纤维)和无机物(磷酸钙)有机结合起来的一种结构，酶解掉有机物后，骨粒表面的无机物会阻止酶进一步分解内部的有机物，所以要彻底分解骨粒，酶法和酸法就必须交替作用。

蛋白质水解酶有 3 类：植物蛋白酶(如木瓜蛋白酶、菠萝蛋白酶、无花果蛋白酶等)、动物蛋白酶(如胃蛋白酶、胰蛋白酶、胰凝乳蛋白酶等)和微生物蛋白酶。目前用得较多的蛋白酶有胰蛋白酶、木瓜蛋白酶、中性蛋白酶和碱性蛋白酶，许多科研人员对它们的水解效果进行了研究。

影响酶解效果的因素有：酶的种类、加酶量、酶解温度、酶解时间、pH 及料水比。主要工艺如下：

酶解物清洗→破碎→高压蒸煮→加酶搅拌水解(严格控制反应条件)→升温灭酶→离心分离→清液脱苦→浓缩→喷雾干燥→水解蛋白粉

其中，酶解物破碎程度越大越好；高压蒸煮可起到杀菌及软化骨粒的目的；酶解过程要严格控制反应条件；升温灭酶要及时，常采用 85～90 ℃、10 min；丹麦在生产食品级蛋白粉时发现干物质浓缩到 25%是比较适宜的；脱苦目前常采用活性炭吸附。

2.2.6 现代膜分离和树脂吸附技术

1. 膜分离技术

膜分离技术是一项高新技术。20 世纪 60 年代开始，美国埃克森美孚公司第一张工业用膜诞生，膜分离技术进入快速发展时期。膜分离技术独具优越性，目前在工业中已得到广泛的应用，如在环保、水处理、化工、冶金、能源、医药、食品、仿生等领域。

食品精深加工是对食品或食品原料进行进一步的生产和加工，生产出营养、功效以及色香味、口感、形态等各方面更出色且副作用更低的绿色食品。在食品的精深加工中，不仅要求去除对食品风味、营养品质构成不利影响的物质，同时还要求最大限度地减少热敏物质及维生素、矿物质等营养成分的损失。因此，既能高效除去杂质，又能保持食品营养成分不流失，同时保持食品的色、香、味俱佳的分离技术日益得到食品科技工作者的关注。膜分离技术是一种借助外界能量或化学势的推动，以选择性透过膜为分离介质，对多组分气体或液体成分进行分离、分级和富集的技术，在常温条件下操作，工艺流程简单，无需加热，无任何化学反应，不会破坏待分离组分的生物活性，不会改变食品的风味和品质，尤其适宜分离纯化热敏性物质和生物活性物质，具有投资少、节能、高效、环保等优点。由于膜分离技术的独特性，它在食品精深加工领域具有传统分离方法无法替代的地位。

膜分离技术主要有微滤、超滤、纳滤、反渗透、电渗析、膜蒸馏、渗透蒸馏等，它们在膜孔径和用途上有很大差别，见表 2.2。微滤膜孔径约 0.1 μm，主要用来截留微米及亚微米的细小悬浮物、微粒、微生物、污染物等，达到净化和浓缩的目的。超滤膜孔径在 10～100 nm 之间，用于分离蛋白质、核酸聚合物、淀粉等大分子化合物以及胶体分散液和乳液等，超滤膜对大分子的截留机理主要是物理筛分作用，膜表面活性层上孔的大小、形状和膜表面的化学性质是决定膜截留效果的主要因素。纳滤膜孔径在 1～10 nm 之间，纳滤是一种介于反渗透和超滤之间的压力驱动的膜分离过程，与超滤膜相比，纳滤膜有一定的荷电容量。反渗透膜孔径小于 1 nm，也是一种压力驱动的膜过滤过程，但反渗透的压力驱动膜过程是最精细的，因此又被称为“高滤”，反渗透必须满足两个条件即选择性透过膜和大于渗透压的静压差。电渗析是指在直流电场的作用下，以电位差为推动力，利用离子交换膜对离子具有不同的选择透过性而使溶液中的电解质分离出来，从而来实现溶液的浓缩和精制，离子浓度越高，绝对速度越大，溶液的导电性越强，分离效果越好。

表 2.2　主要膜分离方法特点

滤膜名称	滤膜孔径	分离原理	主要用途
微滤(MF)	约 0.1 μm	压力驱动型的膜分离，从气相和液相物质中截留微小物质	用来净化和浓缩
超滤(UF)	10～100 nm	压力驱动的筛孔分离，截留大分子物质	分离液相物质，主要对二价或多价离子及分子
纳滤(NF)	1～10 nm	介于反渗透和超滤间的压力驱动膜分离，脱除某些离子及有机物	质量在 200～500 Da 小分子有机物的脱除
反渗透(RO)	<1 nm	选择性透过溶剂截留离子物质	截留离子物质
电渗析(ED)		在直流电场的作用下，以电位差为推动力来分离电解质	浓缩和精制溶液
渗透蒸馏(OD)		渗透过程与蒸馏过程偶合	常温常压条件下高浓缩被处理物料
膜蒸馏(MD)		膜技术与蒸馏过程相结合	使液料中的挥发性组分以蒸气形式透过膜孔

目前，新型膜技术如渗透蒸馏和膜蒸馏也被广泛应用。渗透蒸馏又称等温膜蒸馏，是一种在渗透和蒸馏的基础上发展而来的一种渗透过程与蒸馏过程偶合的新型的膜分离技术，除了具有一般膜分离技术经济节能的优点外，还能在常温常压条件下使被处理的物料实现高倍浓缩，从而克服了常规分离技术所引起的被处

理物料的热损失和机械损失。膜蒸馏是膜技术与蒸馏过程相结合的膜分离过程，是在膜两侧蒸气压差的作用下，以疏水微孔膜作为介质，在料液中的挥发性组分以蒸气的形式透过膜孔，最终实现分离。其优点在于提高了分离效率，对膜与原料液间相互作用及膜的机械性能要求不高。

膜分离技术在骨产品开发中的应用主要是在分离提纯及浓缩方面。根据不同膜的特点，如材质、孔径、分离参数能将骨的热压抽提物进一步进行分离纯化，得到大量相同或相近相对分子质量的物质。运用反渗透和纳滤技术能快速将骨素提取物中的水分脱去，形成总可溶性固形物含量达到30%以上的易储存、易运输的产品。

膜分离技术在食品精深加工业中的优势在于去除杂质、保证原有的品质、减少耗能、保护环境、节省时间，使得很多工业过程变得简洁明了、高效低耗，不断推动着食品工业的快速高效发展。虽然膜分离技术在一些方面已经应用得比较成熟，但膜分离技术仍然存在一些问题，影响了膜分离技术的大规模应用。①在食品精深加工中造成的膜污染及其避免措施还没有广泛适用的可行性方法和技术；②需要改良浓度极差对分离效果的影响；③化学排斥现象也局限着膜分离技术的应用；④在膜材料使用寿命上，应继续研发高分子膜材料和无机膜材料，向仿生膜、高效电解质膜等方面发展；⑤有些膜的价格过高，使得很多的研究耗资大；⑥膜的使用也会造成一定的膜污染问题，这也是制约膜技术发展的主要问题。因此，膜分离技术在带给人们便利的同时也会带来相应的问题，只有将这些问题妥善处理好，才能真正让这门技术更广泛便捷地应用到食品精深加工生产中，给人们带来更大的效益。

2. 树脂吸附技术

树脂是许多有机高分子复杂化合物互相融合而成的混合物。树脂存在的状态可以是固体的，也可以是高黏度胶体的，不呈结晶状态。纯粹的树脂多是透明的，并且受热可熔，没有熔点，只有软化点。一般情况下，树脂不溶于酸、碱溶液以及许多有机溶剂。它以交换、选择、吸收和催化等功能来实现除盐、分离、精制、纯化、脱苦、脱色和催化等作用。它广泛应用于电力、化工、冶金、医药卫生、食品加工和原子能等方面。用于食品加工过程中的树脂主要有大孔吸附树脂和离子交换树脂。

1）大孔吸附树脂

大孔吸附树脂是一类不含离子交换基团的、具有大孔结构的高分子交联聚合物。其具有物理、化学性质稳定，不溶于水、酸、碱以及有机溶剂，对有机物选择性好，不受无机盐离子和低分子化合物的影响，热稳定性好，比表面积很大，具有一定的孔径，吸附量大，选择性好，机械强度高，容易洗脱，可以重复使用。与以往的吸附剂(活性炭、分子筛、氧化铝等)相比，大孔吸附树脂的吸附分离性能非常突出，在水和有机溶剂中可吸附溶剂而膨胀。大孔吸附树脂主要以苯乙烯、二乙烯苯等为原料，在0.5%的明胶溶液中，加入一定比例的致孔剂聚合而成。其中，苯乙烯为聚合单体，二乙烯苯为交联剂，甲苯、二甲苯等作致孔剂，它们互相交联聚合形成了大孔吸附树脂的多孔骨架结构。由于骨架不同，树脂的极性也不同，通常根据极性大小和所选用的单体分子结构不同，可分为非极性、中极性和极性三类。非极性树脂是由偶极矩很小的单体聚合而得的，通常以苯乙烯为单位、二乙烯苯为交联剂聚合而成，不含任何功能基团，孔表的疏水性较强，可通过与小分子内的疏水部分作用而吸附溶液中的有机物，又因其具有比较大的孔，适于大分子物质的吸附，且洗脱性良好，被吸附物可以容易地被洗脱下来，最适于由极性溶剂(如水)中吸附非极性物质。中极性树脂是以甲基丙烯酸酯作为单体和交联剂聚合而成，含有酯基，其表面兼有疏水和亲水两部分。它既可以从极性溶剂中吸附非极性物质，也可以从非极性溶剂中吸附极性物质，有时也称脂肪族吸附剂，如聚丙烯酸酯型聚合物。极性树脂是指含有酰胺基、氰基、酚羟基等含N、O极性功能基的吸附树脂，它们通过静电相互作用吸附极性物质，最适用于由非极性体系中分离极性物质，如丙烯酰胺树脂。

大孔吸附树脂是吸附性和筛选性原理相结合的分离材料。在制备时，致孔剂的引入使其具有一定的孔隙度，孔径一般在100～1000 nm之间，而且在树脂合成时，常根据需要引入极性基团使其成为极性树脂，从而增强吸附力。大孔吸附树脂的吸附实质为一种物体高度分散或表面分子受作用力不均等而产生的表面吸附现象，这种吸附性能是由于范德华引力或生成氢键的结果。同时由于大孔吸附树脂的多孔结构，其对分子大小不同的物质具有筛选作用。通过上述吸附性和筛选性相结合的原理，然后根据“相似相溶”原理，选择合适的洗脱剂，即可将有机物进行分离纯化。目前，大孔吸附树脂已广泛应用于环保、化工、医药和食品工业等领域。

2）离子交换树脂

离子交换树脂是一种在交联聚合物结构中含有离子交换基团的功能高分子材料。它的两个基本特性是：其骨架或载体是交联聚合物，因而一般的酸、碱溶液及许多有机溶剂都不能使其溶解，也不能使其熔融；聚合物上所带的功能基可以离子化。常用的离子交换树脂的外形一般为球形珠状颗粒，颗粒直径为0.3～1.2 mm。离子交换树脂以交换、选择和催化等功能来实现除盐、分离、精制、脱色和催化等应用效果，因为离子交换反应是可逆的，所以离子交换树脂可以通过交换和再生反复利用。基于离子交换树脂选择性好、物理化学稳定性高、易再生、可重复使用等特点，最早将其应用于水的纯化和废水处理。离子交换树脂虽然在果汁加工中应用较少，但也有应用研究，如西安蓝晓科技新材料股份有限公司开发了一种 LSI 系列离子交换树脂，用于果汁中硝酸根、钠离子的去除。

目前，树脂吸附技术主要运用在果汁加工过程中，与传统的方法相比，树脂具有很好的吸附和再生性能、高度选择性等优点，已经成为生产性能稳定、品质优良、无农药残留果汁的重要助剂。随着一些新型树脂的问世，它在果汁生产中的应用越来越广泛。它对果汁的脱酸脱苦脱色方面的应用在骨产品加工中是可以借鉴的，尤其是热压抽提后骨素及酶解物的处理需要进行脱苦处理及分离浓缩，树脂吸附技术会在骨产品的精深加工技术上得到广泛运用，尤其是与膜分离技术的联用，在膜分离之前去除大分子蛋白质及其他杂质，确保膜分离系统高效率运行，为骨产品新技术的应用提供帮助。

2.2.7 其他技术

1. *层析技术*

对食品中营养成分和污染物的分析是现代食品分析工作者的基本任务。随着人们对食品概念的更新，人们对食品分析的要求越来越高，从过去仅需了解食品中蛋白质、脂肪、水分、灰分等简单数据，到目前需要了解食品中各营养物单体含量，此外还需了解食品添加剂、农药残留量和黄曲霉毒素等的具体数据。而这些数据的获得很大程度上依赖于现代层析技术。层析技术是由俄国科学家 Tswett 于 1906 年首先应用。之后很多层析方法相继被报道，包括纸层析、柱层析、薄层层析及一些现代层析技术（气相色谱层析、高压液相层析及高效薄层层析）。鉴于多数食品中所含成分众多，即使通过一定的前处理，用一般的层析法也难于分离测定。现代层析法较一般的层析法分辨能力大大提高，能用灵敏的检测器迅速定量。由于层析法测定的原理是利用固定相和流动相的平衡来分离，现代层析提高分辨率的途径是提高流动相和固定相的交换频率或次数。包括：

(1) 升高反应温度加速交换速度，使其能在短时间大量交换，甚至使一些层析柱（毛细管柱）长达几十米，即构成气相层析。

(2) 减小固定相颗粒大小将成倍增加固定相的表面积而使分离水平提高，从而产生了高压液相色谱 [或称高效液相色谱（HPLC）] 和高效薄层层析。采用现代层析手段的当今食品分析方法能迅速将多种混杂在一起的成分予以分离，然后再分别测定它们的含量。

现代食品分析技术的另一大突破是提高了检测器的灵敏度，但检测器的应用范围还不广，对特定的检测器能有响应的样品不多，各分离物通过特定的检测器定量。相对而言，气相色谱仪配备的检测器灵敏度高于高压液相色谱仪的检测器，但气相色谱分析时分离物往往需经衍生化才能挥发而不被破坏，这使得实验操作相对复杂一些，而高压液相色谱分析测定时不需衍生化，测定的是原物，有些分离物还可以回收。现代食品分析中采用层析方法分析的物质有很多，包括碳水化合物(单糖及多糖)、蛋白质、氨基酸、有机酸、脂肪酸、维生素、食品添加剂、农药及黄曲霉毒素等，以下分别予以概述。在现代分析实验室一般同时具备气相色谱仪及高压液相色谱仪，不存在只能用哪种仪器的问题，使选择面较宽。通常情况下，营养成分分析由于含量较高，首先考虑操作上的方便，其次才考虑灵敏度问题。一般而言，碳水化合物、蛋白质和维生素测定时采用高压液相色谱。碳水化合物常采用电化学检测器，其检测器灵敏度接近于气相色谱检测器。蛋白质含量测定多采用离子交换或凝胶层析柱，用紫外检测器测定各蛋白质含量。水溶性维生素，因具有荧光，即使在较少含量时也能用配备荧光检测器的高压液相色谱仪检测。氨基酸由于其种类固定，总共 20 种氨基酸，且有特殊的茚三酮显色方法，因此现已有专门的类似于高压液相色谱的氨基酸自动分析仪，其原理是程序化的阳离子交换柱层析，程序化使每一个特定峰(茚三酮显色的可见光吸收)对应氨基酸含量。有机酸和多数添加剂(防腐剂及抗氧化剂)由于分子中存在羰基，其对液相色谱的紫外检测器有响应，因此可采用高压液相色谱法。有机酸中的羧酸根较易酯化衍生，气相色谱法也不失为一种较好的食品中有机酸检测方法。食品中农药和香料的分析是气相色谱分析的典型应用。由于食品中农药及香料的含量甚微，因此其检测器的灵敏度问题变得非常重要，而多数农药在紫外区段没有光吸收，因此高压液相色谱法很少使用，由于在 20 世纪 60 年代制出了高选择性的气相色谱检测器/电子捕获检测器(ECD)，因此农药分析现在高度依赖于气相色谱法。目前有机氯农药往往采用电子捕获检测器，该检测器对分子中的卤素、氮有响应。有机磷农药的测定通常仍然采用氢火焰离子化检测器，此检测器对分子中含磷、硫的化合物有响应。由于农药种类较多，应用时还需仔细区分和体会。黄曲霉毒素是一种具有很强致癌性的食品毒素，对它的分析必须考虑低含量的测定。通常采用高效薄层层析技术。适用于薄层层析的组分还有脂肪、食品添加剂、掺杂、污染物和分解物等。流动相的选择采用与分离物相同性质，所得结果往往令人满意。除考虑检测器外，层析系统的选择有一定特点，在同时具备各种层析柱条件时，层析柱的选择是先考虑固定相类型，选择次序按凝胶层析＞亲和层析＞离子交换层析＞吸附层析的原则，此规律是按层析分离效果决定的。

2. 微生物发酵法

骨的加工方法除了物理粉碎外，有加酶、加碱水解、高温高压烧煮、烘干粉碎等，这些方法在一定程度上减小了骨的粒度，提高了骨的利用率，但骨中钙仍以羟基磷灰石的形式存在，不利于人体吸收。不分解掉骨胶纤维，骨中钙难以释放出来，成为可溶性钙为人体吸收利用。利用肠道有益菌——乳酸菌发酵天然富含蛋白质和适宜钙磷比的畜骨粉，不仅由于乳酸菌代谢产生的酸使结合态的钙转变成了游离的钙离子，而且水解了骨蛋白提供了辅助钙吸收的氨基酸和磷。同时乳酸菌是肠道有益菌，若将畜骨经发酵后加工成含有菌体的补钙制品，可大大地改善肠道的消化吸收功能。微生物发酵一方面产酶，使骨胶纤维在酶的作用下分解，另一方面微生物发酵使磷酸钙在酸的作用下生成可溶性乳酸钙。由于骨中钙通常是以羟基磷灰石[$Ca_{10}(PO_4)_6(OH)_2$]的形式存在，是固态不溶的。将骨粉或骨泥中接入微生物如乳酸菌的发酵作用降解骨制品中的蛋白质、黏多糖，使部分钙从结合态游离出来，并以磷酸钙的形式存在，同时还有平衡的磷酸根离子，有利于人体对钙的吸收和体内的沉积。但是骨粉或骨泥中的钙是与其他物质相互包裹在一起的，如胶原纤维、黏多糖、蛋白质等，同时微生物代谢的酸并非强酸而且有限，骨粉钙的转化效果还可能与乳酸菌对骨粉的生理代谢(如蛋白酶代谢分解束缚钙的蛋白质)使羟基磷灰石易于暴露出来再与酸作用有关。同时骨粉的粒度越小，加入量越大，发酵产生的游离钙会越多，蛋白质的水解率也随骨粉颗粒的减小而升高。连喜军等通过对骨粉进行自然发酵和纯种发酵，骨钙的转化率为47.8%，初步研究了微生物分解骨粉生成可溶性钙的规律。郝永清等在不同温度下利用乳酸菌对不同浓度的骨泥进行发酵实验，总结出在一定温度、一定质量的骨泥下乳酸菌发酵骨泥生成离子钙的最佳条件。此外，对鲜骨泥液的营养成分与发酵后的进行对比，结果表明，乳酸菌发酵后的骨泥液中除离子钙含量明显升高外，其他成分如氨基酸等的含量也有明显提高。梁锐萍等利用两种乳酸菌发酵动物骨粉，通过研究影响其发酵的因素，优化出了乳酸菌发酵骨泥的最佳生产工艺，确定在本实验条件下为蔗糖添加量5%，乳酸菌接种量3%，骨粉粒度180目，接种骨泥浓度20%，从而开发出一种新型的生物态补钙制剂。

发酵技术是利用微生物的作用降解骨粉中的蛋白质、黏多糖，并使部分钙从结合态游离出来的加工技术。该方法兼有酸解、酶解、生物转化的共同作用，主要用于骨类调味品、功能多肽与补钙制剂的研究。

1）骨类调味品的研究与应用

骨类调味品具有营养丰富和风味独特的特点，因此在方便面、膨化食品等诸多领域得到了广泛使用，在酶解技术的基础上进一步采用微生物发酵技术可以有效克服风味强度不够、回味具有苦味等缺点。杨锋等研究利用瑞士乳杆菌发酵猪骨酶解液制备发酵型猪骨调味料，获得了最佳发酵工艺；同时，结果表明酶解液经过发酵工艺后苦味消失，氨基态氮含量增加，猪骨风味增强。微生物发酵技术可以对调味料香气的产生起到优化作用，原因在于微生物在代谢过程中会分泌一些酶类，这些酶类进一步作用于骨类蛋白质或多肽，去除苦味的同时提高了氨基酸态氮的含量。

2）功能多肽的研究

在发酵过程中，由于微生物分泌的酶会水解骨蛋白产生长短不一、氨基酸序列不定的多肽，多肽一般都具有一定的生物活性。孟和毕力格等将不同剂量的乳酸菌骨泥发酵液经口服给予小鼠，结果表明发酵液能够明显提高小鼠的抗体生成细胞数、足环细胞及巨噬细胞的功能，证实了微生物发酵液具有功能多肽。

3）补钙制剂的研究与开发

李少英等利用乳酸菌对两种浓度的骨泥进行发酵，结果显示发酵骨泥液中游离钙的含量明显提高：10%的骨泥经乳酸菌发酵，其游离钙的含量比未经发酵的鲜骨泥提高 8 倍，20%的骨泥经发酵后比鲜骨泥提高 5 倍，游离钙经加工可制成补钙制剂。梁锐萍等利用两种乳酸菌发酵动物骨粉，通过研究影响其发酵的因素，优化出了乳酸菌发酵骨泥的最佳生产工艺，开发出了一种新型的生物态补钙制剂。

4）电解技术、高压脉冲电场技术的应用

（1）电解技术的应用。骨中含有丰富的钙质，但离子钙含量很少，骨中的羟基磷灰石（HA）与胶原纤维（主要成分为胶原蛋白）有机结合，且外部包裹着水合壳，只有将胶原纤维水解开，才能使其酸碱作用于羟基磷灰石上，使骨钙转化为可溶性钙。传统方法多为酸解法，连喜军等分别将乙酸、磷酸、柠檬酸和乳酸作为提取剂，作用于骨粉，将骨粉中钙转化为可溶性钙，钙的最高提取率为 30.7%。为了提高骨中离子钙的提取率，国内学者以牛骨中的钙为研究对象，采用机械破碎和电解技术相结合的方法，以柠檬酸和乳酸的混合物作为提取溶剂，对离子钙的提取进行研究，最终测得钙溶出率为 96.37%，所得的离子化骨矿物质粉体能够完全溶于水。

（2）高压脉冲电场技术的应用。张卓睿以牛骨作为原材料，采用高压脉冲电场的方法，利用柠檬酸和苹果酸两种酸的混合物从骨中提取出离子形式的钙，通过化学分析，对在高压脉冲电场作用下牛骨快速离子化的效果展开了系列研究，制备出了离子形态的钙。

第 3 章　骨加工衍生化技术

利用现代工程技术和科学生产工艺将骨骼中的营养成分尽可能释放出来是副产物利用产业的发展趋势，也是众多学者的追求目标。因此，科技人员开发出不少骨深加工技术，这些技术统称骨加工衍生化技术。

3.1　靶 向 酶 解

3.1.1　靶向酶解技术背景

骨抽提物中的主要营养物质是蛋白质、小部分的低相对分子质量的肽和游离氨基酸等，用多种蛋白酶将骨抽提物进行酶解后，蛋白质水解成大量低相对分子质量的肽和氨基酸。由于蛋白酶水解产品质量高、生产周期相对较短、无污染，此种工艺已经成为制备骨抽提物衍生化产品的实际应用中最为广泛的一种方法。骨蛋白经过酶水解得到水解产物，其中所含的多肽物质具有较小的相对分子质量，容易被人体消化吸收，因此具有多种活性功能，如预防和治疗骨关节炎和骨质疏松、抗高血压、治疗胃溃疡等疾病，抗氧化、抗衰老等。此外，还具有促进矿物质的吸收和减肥的功效，因此骨蛋白酶解液也可作为蛋白质强化成分直接应用到各类食品中。由于酶具有底物专一性和立体结构专一性的特点，而天然蛋白质组成和结构复杂，因此使用单一酶往往不能达到彻底水解的效果，需要对不同蛋白酶进行组合才能使蛋白质进行靶向酶解。

3.1.2　靶向酶解技术现状

目前有很多关于酶解制取骨肽的报道。王朝旭等采用胰蛋白酶水解骨蛋白，确定酶解工艺的最佳条件；解蕊等利用木瓜蛋白酶进行水解制备多肽，并提出利用蛋白质水解液为基础，通过控温反应和添加香辛料来制成各种风味的复合调味料；李帆等采用木瓜蛋白酶酶解牦牛骨蛋白来制取多肽，确立了水解过程的最适宜条件；赵霞和马丽珍对酶解骨蛋白进行了研究，应用风味掩蔽、网络掩蔽、蛋白质之间、氨基酸和肽之间存在亲和作用的原理，对酶解骨蛋白进行脱苦处理，以消除蛋白质水解成多肽后，肽链含有的疏水性氨基酸侧链暴露出来，使味蕾感受到苦味，并进一步研究了酶解羊骨产生多肽及其添加入营养饮料的稳定性、储藏性和微生物特性，Miche Linder 等将小牛骨骼进行酶法水解，确定了最佳水解条件，回收了小牛骨蛋白，进一步对酶解牛骨营养价值进行研究，分析表明水解牛骨蛋白中的氨基酸种类、含量和牛肌腱相似。Zarkadas 等对骨产品中含有的氨基酸和蛋白质添加到肉制品进行了研究，结果证实有利于产品的营养性。研究表明多肽类食品比蛋白质类食品具有更为优越的理化、营养和功能特性。如成骨生长肽是一个由 14 个氨基酸组成的肽，它可以促进骨的矿化速度。

另外，在肉味香精应用方面，经过美拉德反应得到的香精气味浓厚，但是肉味香精回归煲汤炖肉的自然纯正感，是中国肉味香精业界不懈追求的目标。因此第二代肉味香精生产中，采用肉类蛋白一次酶解技术。由于蛋白质酶解易生成苦味多肽，所以一般轻度酶解，水解度约 10%。一次酶解所得到的多肽分子质量较大，不能高效地参与美拉德反应形成协调的肉香味，使肉类蛋白的利用率低，香气成分的贡献度小。这是第二代肉味香精产品缺乏煲汤炖肉的自然香味和原汁原味感的主要原因。第二代肉味香精制备过程中，采用一次酶解技术得到的肉酶解物在多肽和氨基酸组成分布上与传统肉汤有明显差异：即肉汤中肉类蛋白在炖煮过程中水解产生的多肽和氨基酸分布相对均匀，而肉类蛋白一次酶解生成分布相对集中的苦味多肽和氨基酸，这是导致第二代肉味香精缺乏原汁原味感觉的根本原因。而利用具有不同专一性的蛋白酶在各自最适条件下对肉类蛋白进行分段组合酶解，即多级靶向酶解，其酶解产物的多肽、氨基酸组成与传统肉汤相似。采用肉类蛋白多级靶向酶解物生产的肉味香精，香气柔和，味道自然、纯正，稀释后具有逼真的肉汤香味。

有的研究涉及以鸡骨泥、羊骨、家畜血、蟹肉、虾等为原料在靶向酶解和酶解度方面获得较好的效果。骨及骨抽提物酶解所需要的蛋白酶是由蛋白内切酶、外切酶和风味酶等组成的，其酶解机理是通过内切酶从中间切断蛋白质内部的肽链、外切酶从多肽链的末端切断释放出氨基酸，而风味酶对水解产生的苦味起着优化作用，最后得出的水解产物风味天然、浓郁、无腥无苦。酶解的主要特点为：①蛋白质的提取率高；②工艺易控制，无环境污染；③产品理化性能好，营养价值高，提取的水解动物蛋白以低相对分子质量的小肽和有生物活性的 L 型游离氨基酸为主，速溶性好，易于人体消化吸收。例如，对鸡骨抽提物进行靶向酶解：在单酶水解鸡骨抽提物最佳工艺的基础上选用外切酶(风味蛋白酶)+内切酶(木瓜蛋白酶、中性蛋白酶、复合蛋白酶)的方式对蛋白酶进行组合，采用同时添加的方式进行鸡骨抽提物的组合酶实验。由于总氮含量与水解前游离氨基氮含量是定值，所以水解后游离氨基氮含量与水解度正相关，游离氨基氮含量越高，水解度就越高。研究结果表明，各因素对游离氨基氮含量影响的大小顺序是温度＞木瓜蛋白酶加酶量＞风味蛋白酶加酶量，最终确定风味蛋白酶和木瓜蛋白酶同时加酶的水解鸡骨抽提物的最适工艺条件为风味蛋白酶加酶量为 2%，木瓜蛋白酶加酶量为 1.5%，温度为 40 ℃，料液比为 1∶3，pH 为 7.0，水解时间为 4 h。确定风味蛋白酶和复合蛋白酶同时加酶的水解鸡骨抽提物的最适工艺条件为风味蛋白酶加酶量为 1.5%，复合蛋白酶加酶量为 1.5%，水解温度为 40 ℃，料液比为 1 : 3，pH 为 6.8，水解时间为 4 h。确定风味蛋白酶和中性蛋白酶同时加酶的水解鸡骨抽提物的最适工艺条件为风味蛋白酶加酶 1.5%，中性蛋白酶加酶量为 2%，水解温度为 40 ℃，料液比为 1 : 3，pH 为 7.0，水解时间为 4 h。

单酶中用风味蛋白酶水解鸡骨抽提物氮回收率高于其他三种酶，但是差异不显著。风味蛋白酶+复合蛋白酶的工艺氮回收率略高于其他两种方式的组合酶。单酶和组合酶相比较，氮回收率差异不显著，和单酶相比，组合酶氮回收率略有增加(图 3.1)，所以组合酶水解鸡骨抽提物优于单酶水解。由于组合酶体系采用同时添加两种酶，水解条件兼顾了两种酶的特性，不是两种酶相应的最佳水解条件，水解度偏低，而且同时加酶两种酶之间可能发生干扰。在同时加酶最优工艺的基础上采用分段加酶的方式对鸡骨抽提物进行酶解，比较单酶、同时加酶、分段加酶水解鸡骨抽提物时的水解度和氮回收率得到酶解鸡骨抽提物的最优工艺条件(图 3.2 和图 3.3)。

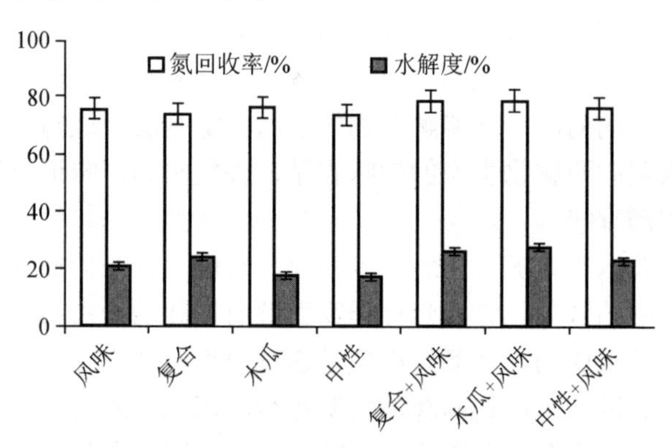

图 3.1　单酶和组合酶水解度、氮回收率比较

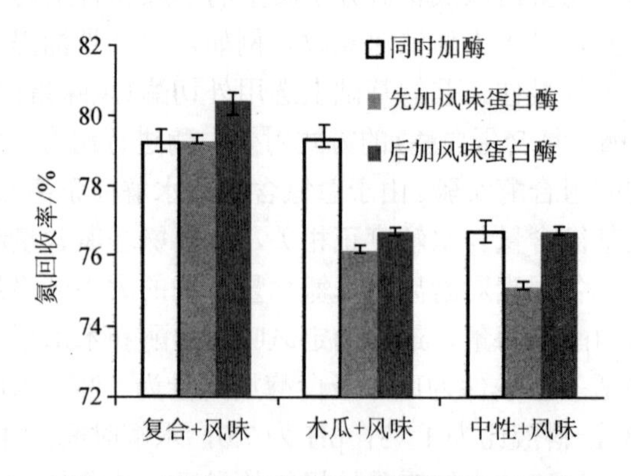

图 3.2　同时加酶和分段加酶氮回收率比较

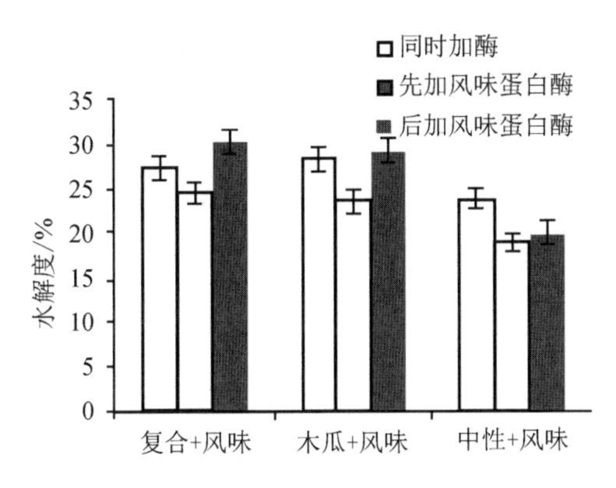

图 3.3　同时加酶和分段加酶水解度比较

蛋白质的回收率关系到原料的利用与企业的成本，是考察水解效果很重要的指标。从氮回收率看，木瓜+风味蛋白酶的组合同时加酶氮回收率高于分段加酶；而中性+风味蛋白酶的组合，同时加酶高于先加风味蛋白酶，略低于后加风味蛋白酶(图 3.2)；复合+风味蛋白酶的组合后加风味蛋白酶高于先加风味蛋白酶和同时加酶，而且高于其他两种酶的组合。从水解度看，也是复合+风味蛋白酶的组合中后加风味蛋白酶的水解度高于同时加酶和先加风味蛋白，也高于其他两种加酶方式(图 3.3)。因为复合蛋白酶作用的肽键范围广，对鸡骨蛋白中由甘氨酸和脯氨酸参与形成的肽键有一定的水解作用，水解作用强能作用于蛋白质底物生成大量的多肽，鸡骨抽提物先经复合蛋白酶水解后水解液中有更多的风味蛋白酶的作用位点，能把更多的多肽水解成游离的氨基酸，水解度会相对提高。因此得到蛋白酶水解鸡骨抽提物的最佳酶为复合蛋白酶和风味蛋白酶的组合，最佳水解条件为在 pH 6.8，温度 40℃，料液比 1∶3 条件下，采用先加 1.5%的复合蛋白酶水解 2 h，灭酶后再加 1.5%的风味蛋白酶水解 2 h。

3.2　可控美拉德反应

3.2.1　美拉德反应机理概述

美拉德反应是在氨基化合物和羰基化合物之间发生的反应，又称羰氨反应。对于美拉德反应的研究包括了还原糖、醛、酮及氧化作用生成的羰基类化合物与胺类化合物、氨基酸、小肽和蛋白质等含有氨基的化合物的反应，反应的化学原理是极其复杂的。美拉德反应一般可分为三个反应阶段。

初级美拉德反应主要是还原糖的羰基与氨基酸或蛋白质中的游离氨基之间所进行的缩合反应。缩合物在失去一分子水后会转变为席夫碱，再经过环化作用后形成其对应的 *N*-取代葡基胺，又经过阿马道里(Amadori)分子重排作用生成 1-氨基-1-脱氧-2-酮糖，这一步包含由醛糖转变到酮糖衍生物的过程。中期阶段主要是初级产物的进一步降解过程，主要分为三条途径：①果糖基胺脱水生成羟甲基糠醛；②果糖基胺脱去胺残基重排生成还原酮；③氨基酸与二羰基化合物进行反应。末期阶段包括醇醛缩合反应、醛氨聚合反应、环化反应等。中期生成的大量活性中间体缩合、聚合或与氨基酸反应得到高分子色素、吡嗪、咪唑等。

3.2.2 影响美拉德反应的因素

影响美拉德反应的因素主要有糖和氨基酸的种类、pH、溶剂与水分活度以及反应温度和时间。

糖是美拉德反应中必不可少的一类物质。参与反应的糖类可以是单糖（五碳糖、六碳糖）、双糖，多糖是不参加反应的；双糖主要指蔗糖和麦芽糖，其产生的风味差；单糖具有还原力；五碳糖包括核糖、木糖和阿拉伯糖；六碳糖包括葡萄糖、果糖、甘露糖、半乳糖等。反应速率为五碳糖＞己醛糖＞己酮糖＞双糖，开环的核糖比环状的反应快。

不同种类的氨基酸参与反应，释放氨基的能力和反应产物都不同。研究表明，甘氨酸（Gly）、丙氨酸（Ala）、酪氨酸（Tyr）、天冬氨酸（Asp）等氨基酸和等量葡萄糖反应可产生焦糖香气；而组氨酸（His）、赖氨酸（Lys）、脯氨酸（Pro）可产生烤面包香气；缬氨酸（Val）能产生巧克力香气；苯丙氨酸（Phe）则能产生一种特殊的紫罗兰香气；胱氨酸（Ber）、半胱氨酸（Cys）可以产生肉类香气。

pH 对美拉德反应也有影响，在 pH<5 时褐变反应进行的程度较小，此时氨基酸或蛋白质的氨基被质子化，以—NH_2 形式存在，使 *N*-糖基化合物（葡基胺）难以形成。但是，随着 pH 的增加，氨基被游离出来，褐变反应速率随之加快，在 pH 为 8～9 时，氨基氮的损失就非常严重。

除了缓冲溶液以外，丙二醇、甘醇、甘油三乙酸酯或脂肪和油以及它们的乳状液及与水的混合物都可用作反应溶剂。水在美拉德反应中作为一种溶剂，一方面有利于反应剂的分子扩散性，从而促进美拉德反应；另一方面，过多的水分将大大稀释反应剂的浓度，从而降低反应速率。食品中水分含量与美拉德反应速率有一定的关联，一般要求食品水分含量在 10%以上，通常以 15%为好。在一定范围内（10%～25%），美拉德反应速率随水分的增加有上升趋势。

一般情况下，美拉德反应速率随反应温度的上升而加快。过高的温度不仅使食品中的营养成分氨基酸和糖类等遭到破坏，还可能产生致癌物质。例如，花生、油脂等物料的焦化就有可能产生致癌物质，对食品安全造成影响。在利用美拉德反应制备食用香精时，通常控制条件：温度≤180 ℃、时间≤4 h、pH≤7.0、水分含量为 15%～25%最佳。

3.2.3　美拉德反应与肉味调味料

1. 美拉德反应肉味调味料概况

肉味调味料是近年来迅速发展的调味料之一，广泛应用于方便食品、膨化食品和肉制品中的调香、呈味等。国际上许多调味料公司如美国的 IFF 公司、英国的 BBA 公司、瑞士的 Firmenich 公司、日本的 Takasago 公司等都大量生产肉味调味料，而国内的肉味调味料年产量也已达到 8000 多吨。目前肉味调味料生产的主流是酶解技术用于水解氮源物质，用水解动物蛋白(HAP)、水解植物蛋白(HVP)作为肉味香料的前体物，再配合以氨基酸、酵母膏、还原糖和脂肪等物质，经美拉德反应形成香气浓郁圆润、口感醇厚逼真的肉味调味料，这样的肉味调味料具有其他调配技术无法比拟的作用。美拉德反应技术在调味料领域中的应用打破了传统的调味料调配和生产工艺的范畴，是一种全新的调味料生产应用技术，值得大力研究和推广。

美拉德反应在食品香精生产中有了很好的应用，该技术在肉类香精及烟草香精中有非常好的应用，在面包制作中通过美拉德反应生成的类黑精赋予面包一定的色泽。在骨素衍生物生产中添加一定量的还原糖、氨基酸等物质通过美拉德反应形成含硫、氮、氧的杂环化合物以及其他的含硫化合物(如环烯硫化物)等具有肉香味的化合物。国外对利用美拉德反应制备肉味香精较早，也进行了大量研究。El-Massry 等用谷胱甘肽和核糖反应，对反应产物进行感官评定，得到煮肉、烤肉味浓厚的产物，GC-MS 分析发现肉味挥发性物质有较高的浓度。现在国内已经开展了利用美拉德反应制备各种肉味香料的研究工作，艾萍等利用美拉德反应制备了牛肉香味香料。宋焕禄等利用鸡肉酶解物/酵母抽提物进行美拉德反应来生产肉香味化合物，对挥发性化合物进行了分离、提取及鉴定。孙宝国将氧化鸡脂添加到模型中进行热反应得到鸡肉香味产物并分析出 54 种化合物。肖作兵等运用单体调配出虾味香精，并应用虾肉酶解技术调配出天然逼真的虾肉香料。安广杰等利用鸡骨架酶解液为原料，通过美拉德反应制备鸡肉味香料。张彩菊等利用鳙鱼的酶解产物、谷氨酸、葡萄糖、木糖、维生素 B_1 进行美拉德反应制备鱼味香料。刘锐等利用鸡肉酶解产物为原料，选择氨基酸和还原糖进行美拉德反应制备鸡味香料，确定了产生最佳鸡肉香味反应体系所需物质配比条件及美拉德反应条件。方瑞等以牛骨酶解液为反应基液，添加氨基酸、还原糖经美拉德反应制备成牛骨香汁，进一步添加香辛料制备生成香骨酱，并确定了工艺条件等。在我国相对生活水平不是很高，人民逐步奔向小康的过程中，如何提高调味品档次和科技含量，缩小国内调味品生产技术及其产品质量与国外发达国家之间的差距，在调味食品中引入高新技术，提高产品质量和市场竞争力，以满足人们对于味、香的追求是科研工作者需要解决的问题。

2. 美拉德反应肉味调味料风味研究进展

对于美拉德反应产物风味的研究主要是集中在挥发性风味物和非挥发性风味物两方面。挥发性风味方面主要有：在煮猪肉中鉴定出的脂肪氧化挥发性香成分有己醛、庚醛、3-甲基己醛、辛醛、壬醛、十二醛、十八醛、2-己烯醛、2-庚烯醛、(*E*)-2-辛烯醛、2-庚酮、1-辛烯-3-醇、1-壬醇、2-戊基呋喃等。在鸡肉挥发性风味成分中发现了部分重要香料化合物及其香气特征，其中的羰基化合物有100多种，主要有乙醛、丙醛、苯丙醛、丙烯醛、2-甲基丁醛、己二烯醛、庚醛、2,4-壬二烯醛、十六烷二烯醛、十七醛、苯甲醛、4-乙基苯甲醛、丙基苯甲醛、胡椒醛、丙酮、环戊酮、2-甲基-环戊酮、苯乙酮等，它们是鸡肉特征香味的主要来源。另外，具有基本肉香味的化合物如2-甲基-3-巯基呋喃等是必不可少的，但羰基化合物，尤其是不饱和脂肪醛类化合物如2(*E*)-2,4(*E*)-癸二烯醛等在鸡肉香味中的作用也同样重要，它们提供的是鸡肉的特征香味。在肉香风味中，由美拉德反应生成的对肉香风味有很重要贡献的化合物有呋喃、吡嗪、吡咯、噁唑、噻吩、噻唑、多硫杂环化合物。对于风味物质的研究，Cerny 通过木糖、半胱氨酸和硫胺素模型分析得出部分风味化合物的碳骨架来源，其中2-甲基-3-呋喃硫醇的碳骨架一半来自木糖，一半来自硫胺素。宋焕禄等通过谷胱甘肽-木糖反应分析表明糠醛、2-糠硫醇和噻吩都来自木糖，2-甲基-3-呋喃硫醇、2-甲基-噻吩和2-戊烷基-噻吩等的碳源可能来源于硫胺素或半胱氨酸。非挥发性风味的研究则集中在呈味氨基酸与呈味核苷酸方面：周光宏等利用高效液相色谱和氨基酸自动分析仪研究了盐水鸭的加工过程，阐明了呈味物质变化是盐水鸭美味的原因之一；陈美花等以马氏珠母贝为原料，通过酶解-美拉德反应制备产物，研究了马氏珠母贝全脏器酶法抽提物美拉德反应产物呈味成分特点；Masashi 等研究了大豆蛋白水解成1000～5000相对分子质量的小肽，经美拉德反应的风味增强效应。

我国每年畜禽肉产量非常大，由此而产生的副产物总量也是一个非常庞大的数字。可将骨、血等副产物进行深加工，最后通过可控美拉德反应生香制成风味基料实现了其资源化和高值化利用。控制美拉德反应的程度可以得到酱香、烤香等不同香型的调味料。例如，烤香型香料生产工艺：鸡骨素酶解液(水解度37%)→添加辅料(2%木糖、2%半胱氨酸盐酸盐、2%硫胺素)→调节 pH 至 7→热反应(105℃)90 min→冰水冷却→反应产物。

含氮化合物主要是美拉德反应和热解反应生成的，吡嗪化合物本身含量大且阈值低，因而是挥发性风味成分中的重要组分，主要表现出坚果味、烤香味。产物中含4种吡嗪，占总峰面积的9.49%，且其中还含有呋喃酮类等烤香味物质，因此产物是明显的烤香型调味料。含硫化合物主要是在美拉德反应中形成的，部分物质阈值非常低，是肉类风味的重要贡献者，如 2-甲基-3-呋喃硫醇，阈值仅为 0.05 μg/L。4-甲基-5-羟乙基噻唑在产物中含量达到了 33.26%，它与 2-甲基-3-呋喃硫醇、吡嗪、2-戊基呋喃等共同构成了肉味香料的特征风味(表 3.1)。工业生产中可以根据不同产品的需要来调控美拉德反应的条件，使骨产品呈现出不同的香型。

3.2.4　骨素美拉德反应的功能活性

鸡骨素是以鸡骨为原料经过高效热压抽提技术得到的一种富含胶原蛋白、氨基酸、微量元素以及风味物质的抽提物。但其通常风味单一、香气不足，后期应用过程中需要对其做生香处理，而美拉德反应作为生香反应的主要方式在风味形成中起到重要的调节作用，是鸡骨素衍生化处理的必要途径。美拉德反应是羰氨反应，生产上通常利用高效酶将鸡骨素水解成多肽、氨基酸含量丰富的酶解液，为美拉德反应提供前体反应物，使后期得到的肉味香料气味更加浓郁，滋味更加醇厚。而且酶解液中多肽、氨基酸成分具有一定的生物活性，使得以酶解液为底物的美拉德反应产物(MRPs)成为营养与风味俱佳的调味料。孙红梅等对比了以鸡骨素及其酶解液为原料制备的 MRPs 的滋味成分，发现以酶解液为底物制备的 MRPs 风味更加圆润浓厚；孙为正等分析了机械去骨后剩余鸡骨的酶解液 MRPs 的抗氧化性、结构及感官特点；陈美花等通过酶解马氏珠母贝后添加辅料进行美拉德反应，分析风味物质的特点；Morales 等研究酪蛋白-糖体系美拉德反应高级阶段褐色物质的生成途径。目前多数研究报道集中在 MRPs 风味及产物功能分析方面，或利用模型体系来推测目标物质的形成途径，生产中只是根据产物的风味来衡量骨素的衍生化处理效果，讨论热反应过程中化学组分变化引起风味及功能变化的研究相对较少，胡礼等在对美拉德工艺条件及对 MRPs 风味、滋味分析成果的基础上，根据生产中鸡骨素酶解液需进行美拉德反应时的 pH 范围，选择 pH 5、7 和 9 三种反应体系，利用紫外-可见分光光度仪、电子鼻、高效液相色谱等仪器对各体系美拉德反应过程中产物主要化学组分、色泽、相对分子质量分布等特性进行分析，阐述了不同初始 pH 对含有木糖、半胱氨酸、硫胺素等添加物的鸡骨素酶解液 MRPs 特性的影响，为 MRPs 风味及功能组分生成机制的研究及实现高价值产物的开发提供一定理论参考。

1. pH 变化

不同反应体系的 pH 随热反应的变化情况如图 3.4 所示。三种反应体系的 pH 随热反应均呈下降趋势，但 pH 5 体系的 pH 下降相对缓慢，反应前 18 min，pH 7 和 pH 9 体系的 pH 分别下降 0.53、0.28，后期 pH 变化趋势基本相同，72 min 时 pH 分别上升了 0.1、0.08。美拉德反应 pH 降低的主要原因是反应过程中甲酸、

表 3.1　鸡骨素酶解液美拉德反应产物挥发性风味成分的 GC-MS 分析结果

序号	保留时间/min	化合物	匹配度/%	分子式	相对含量/%
1	5.86	4-methyl-3-penten-2-one（异亚丙基丙酮）	92	$C_6H_{10}O$	0.97
2	7.60	2-furanmethanol（2-糠醇）	81	$C_5H_6O_2$	0.15
3	7.98	2-methyl-3-furanthiol（2-甲基-3-呋喃硫醇）	87	C_5H_6OS	0.83
4	10.93	benzaldehyde（苯甲醛）	81	C_7H_6O	3.02
5	11.57	1-octen-3-ol（1-辛烯-3-醇）	98	$C_8H_{16}O$	1.35
6	11.81	6-methyl-5-hepten-2-one（6-甲基-5-庚烯-2-酮）	93	$C_8H_{14}O$	0.22
7	11.93	2-pentyl- furan（2-戊基呋喃）	83	$C_9H_{14}O$	0.53
8	12.30	octanal（辛醛）	96	$C_8H_{16}O$	1.96
9	13.67	4,5-dimethyl-1,3-dioxol-2-one（4,5-二甲基-1,3-二氧杂环戊烯-2-酮）	81	$C_5H_6O_3$	1.43
10	14.43	(*E*)-2-octen-1-ol（*E*-2-辛烯-1-醇）	93	$C_8H_{16}O$	1.81
11	14.76	3-ethyl-2,5-dimethyl-pyrazine（3-乙基-2,5-二甲基吡嗪）	97	$C_8H_{12}N_2$	5.83
12	15.15	2-nonanone（2-壬酮）	92	$C_9H_{18}O$	0.45
13	15.41	3,7-dimethyl- 1,6-octadien-3-ol（3,7-二甲基-1,6-辛二烯-3-醇）	93	$C_{10}H_{18}O$	0.38
14	15.53	nonanal（壬醛）	97	$C_9H_{18}O$	3.05
15	17.12	2,3-diethyl-5-methyl- pyrazine（2,3-二乙基-5-甲基吡嗪）	92	$C_9H_{14}N_2$	0.55
16	17.19	3,5-diethyl-2-methyl- pyrazine（3,5-二甲基-2-甲基吡嗪）	96	$C_9H_{14}N_2$	2.25
17	17.28	2,3,5-trimethyl-6-ethylpyrazine（2,3,5-三甲基-6-乙基吡嗪）	84	$C_9H_{14}N_2$	0.38
18	17.51	1,7,7-trimethyl-(1*S*-endo)-bicyclo[2.2.1]heptan-2-ol（2-莰醇）	94	$C_{10}H_{18}O$	0.83
19	17.58	1-nonanol（1-壬醇）	94	$C_9H_{20}O$	0.23
20	17.74	octanoic acid（辛酸）	92	$C_8H_{16}O_2$	0.40
21	17.83	4-methyl-1-(1-methylethyl)-(*R*)-3-cyclohexen-1-ol [(−)-4-萜品醇]	92	$C_{10}H_{18}O$	0.16
22	18.02	naphthalene（萘）	95	$C_{10}H_8$	0.38
23	18.13	1-dodecanol（十二烷醇）	86	$C_{12}H_{26}O$	0.15
24	18.45	2-ethyl-3-hydroxy- 4*H*-pyran-4-one（2-乙基-3-羟基- 4*H*-吡喃酮）	95	$C_7H_8O_3$	5.25
25	18.58	decanal（癸醛）	95	$C_{10}H_{20}O$	0.71
26	18.86	2-[(methyldithio)methyl]- furan（甲基糠基二硫醚）	93	$C_6H_8OS_2$	0.05

续表

序号	保留时间/min	化合物	匹配度/%	分子式	相对含量/%
27	20.03	4-methoxy- benzaldehyde(4-甲氧基-苯甲醛)	91	$C_8H_8O_2$	0.11
28	20.43	nonanoic acid（壬酸）	94	$C_9H_{18}O_2$	0.56
29	20.70	4-methyl-5-thiazoleethanol(4-甲基-5-羟乙基噻唑)	96	C_6H_9NOS	33.26
30	20.75	1-methoxy-4-(1-propenyl)-benzene(1-甲氧基-4-[(*Z*)-1-丙烯基]苯)	98	$C_{10}H_{12}O$	5.51
31	21.08	2-isopropyl-5-methyl-1-heptanol(2-异丙基-5-甲基-1-庚醇)	86	$C_{11}H_{24}O$	0.21
32	21.26	oxalic acid,isobutyl tetradecyl ester(草酸,异丁基十四酯)	88	$C_{20}H_{38}O_4$	0.13
33	21.33	2-methyl-naphthalene(2-甲基萘)	88	$C_{11}H_{10}$	0.30
34	22.01	oxalic acid,6-ethyloct-3-eylhexyl ester(草酸,6-乙基-3-乙基己基酯)	84	$C_{18}H_{34}O_4$	0.39
35	22.10	propanoic acid,2-methyl-,2,2-dimethyl-1-(2-hydroxy-1-methylethyl) propyl ester [丙酸,2-甲基-2,2-二甲基-1-（2-羟基-1-甲基乙基）丙酸酯]	92	$C_{12}H_{24}O_3$	0.45
36	22.34	*n*-decanoic acid(正癸酸)	90	$C_{10}H_2O_2$	0.80
37	22.85	tetradecane(十四烷)	92	$C_{14}H_{30}$	1.69
38	23.05	dodecanal（十二醛）	92	$C_{12}H_{24}O$	0.77
39	23.48	2-butyl- 1-octanol(2-丁基-1-辛醇)	92	$C_{12}H_{26}O$	0.22
40	23.79	(*E*)-6,10-dimethyl-5,9-undecadien-2-one [(*E*)-6,10-二甲基-5,9-十一碳二烯-2-酮]	84	$C_{13}H_{22}O$	0.26
41	24.09	1-dodecanol(1-十二烷醇)	89	$C_{12}H_{26}O$	1.46
42	24.29	1-(1,5-dimethyl-4-hexenyl)-4-methyl-benzene [1-(1,5-二甲基-4-己烯基)-4-甲基苯]	97	$C_{15}H_{22}$	8.76
43	24.42	pentadecane(十五烷)	95	$C_{15}H_{32}$	1.45
44	25.51	1-tridecanol(1-十三醇)	88	$C_{13}H_{28}O$	0.46
45	26.00	tetradecanal(十四醛)	96	$C_{14}H_{28}O$	0.66
46	26.62	(*Z*)6,(*Z*)9-pentadecadien-1-ol [(*Z*)6,(*Z*)-9-十五碳二烯-1-醇]	87	$C_{15}H_{28}O$	0.22
47	26.69	1,13-tetradecadiene(1,13-十四碳烯)	91	$C_{14}H_{26}$	0.68
48	27.06	2-pentadecanone(2-十五烷酮)	89	$C_{15}H_{30}O$	1.83
49	27.44	1-heptadecene(1-十七烯)	92	$C_{17}H_{34}$	0.40
50	28.38	octadecanal(十八醛)	80	$C_{18}H_{36}O$	1.31
51	29.03	1,2-benzenedicarboxylic acid,bis(2-methylpropyl) ester（邻苯二甲酸二异丁酯）	97	$C_{16}H_{22}O_4$	3.20
52	29.28	2-nonadecanone(2-十九烷酮)	87	$C_{19}H_{38}O$	0.58
53	29.50	hexadecanoic acid，methyl ester(十六酸甲酯)	92	$C_{17}H_{34}O_2$	1.01

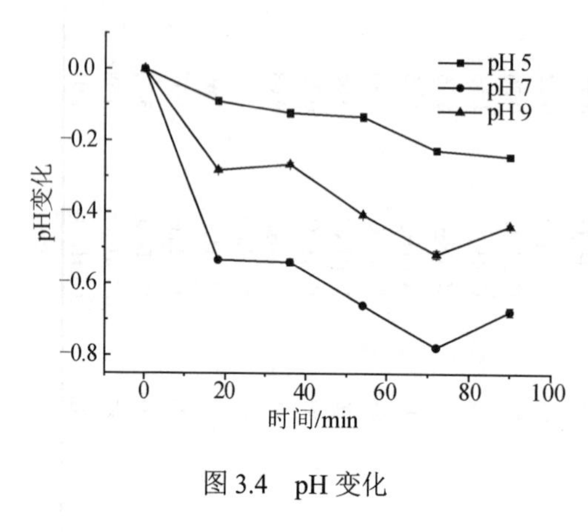

图 3.4　pH 变化

乙酸等有机酸的形成，pH 越高，美拉德反应速率越快，pH 降低越快。而碱性环境破坏硫胺素，使其在 pH 9 的体系中初始含量较低，裂解产物参与反应生成的有机硫化物含量较少，引起 pH 9 体系 pH 下降程度比 pH 7 体系小，反应前期，硫胺素加热裂解生成的 H_2S 等物质，导致各体系 pH 迅速下降，随着氨基酸、硫胺素等物质的消耗及有机酸的生成，各体系 pH 下降速度减缓，反应后期 pH 7 和 pH 9 体系中有机酸等中间产物因为底物的消耗，含量增加缓慢，且不断参与美拉德高级阶段反应生成类黑素等物质，含量持续下降，导致体系 pH 升高。

2. MRPs 吸光度变化

Abs_{420nm} 是衡量美拉德反应程度的最直接的指标，反应生成的中间产物经过降解缩合等作用生成类黑精物质使 MRPs 颜色加深，引起产物 Abs_{420nm} 改变。不同 pH 反应体系的美拉德反应褐变程度随热反应的变化情况如图 3.5 所示。各 pH 体系 MRPs 吸光度随热反应时间均有不同程度上升，其中 pH 5、pH 7 体系变化趋势接近，pH 9 体系在反应后期吸光度显著增大，90 min 时吸光度相对于 72 min 提高了 39.92%（$p<0.05$），这与 Kim 等研究发现的 pH 越高，褐变程度越大，且随热反应时间增加，Abs_{420nm} 持续增大的结论不太一致。可能是不同酸碱性反应

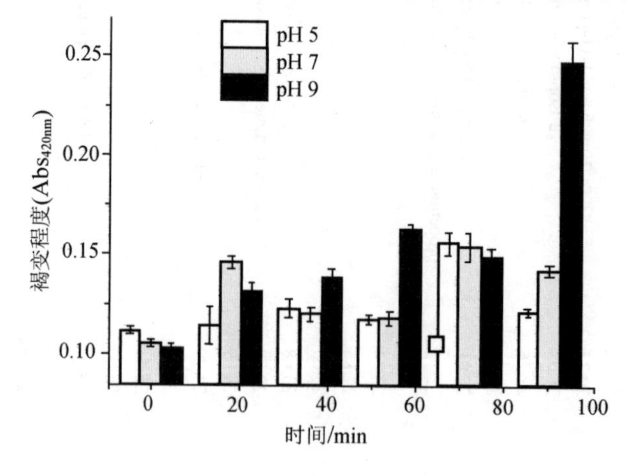

图 3.5　产物吸光度变化

环境会引起各体系美拉德反应机理差异，导致反应高级阶段类黑素等物质生成程度不同，同时在添加了木糖、半胱氨酸及硫胺素的条件下，各体系阿马道里产物在不同 pH 影响的基础上与添加物不同的裂解产物发生反应，导致各体系反应机理差别增大，褐变程度不一。

3. 多肽及游离氨基酸总量变化

不同反应体系随热反应的进行，其多肽及游离氨基酸总量变化情况见表 3.2。美拉德反应中多肽主要发生两个变化：①降解成小分子碎片或游离氨基酸；②直接和糖或其降解产物交联形成大分子 MRPs。如表 3.2 所示，pH 越大，各体系多肽初始含量越高，这可能与体系中水溶性蛋白含量有关，水溶性蛋白含量增多，降解生成的多肽含量随之增多，由于碱性环境破坏了硫胺素和半胱氨酸，pH 9 体系中游离氨基酸含量较低，促使多肽不断裂解生成游离氨基酸，裂解作用强于交联作用，导致其多肽含量与其他两个体系相比在前 36 min 呈减小趋势，pH 5 和 pH 7 体系木糖与半胱氨酸含量较高，多肽交联作用强于裂解作用，导致反应前期 MRPs 大分子产物含量增多，多肽含量变化与 pH 9 体系存在差异。随着各体系游离氨基酸、还原糖被逐渐消耗，多肽含量在蛋白质水解形成多肽、多肽自身裂解和交联等作用下逐渐平衡。

表 3.2　多肽及游离氨基酸总量变化

物质类型	pH	时间/min					
		0	18	36	54	72	90
多肽	5	$90.36±0^{d}$	$101.89±0.42^{ab}$	$103.95±0.83^{a}$	$98.34±0.42^{c}$	$101.59±1.56^{b}$	$100.11±0.42^{bc}$
	7	$98.04±0^{c}$	$105.43±0.42^{a}$	$106.91±1.56^{a}$	$100.7±0.42^{b}$	$104.84±0.42^{a}$	$100.01±0.9^{bc}$
	9	$106.62±0.42^{a}$	$106.32±0.84^{a}$	$105.73±0^{a}$	$102.58±0.9^{b}$	$106.32±0.84^{a}$	$104.55±1.56^{ab}$
氨基酸	5	$30.12±0.8^{a}$	$27±0.41^{b}$	$29.3±0.32^{a}$	$27.57±0.64^{b}$	$30.2±0.73^{a}$	$30.0±0.67^{a}$
	7	$30.62±0.22^{b}$	$31.3±0.36^{ab}$	$30.3±0.96^{b}$	$32.67±0.77^{a}$	$30.4±1.56^{b}$	$31.7±0.61^{ab}$
	9	$27.24±0.97^{a}$	$25.8±0.45^{ab}$	$25.5±0.68^{ab}$	$24.74±0.74^{b}$	$25.4±0.92^{ab}$	$24.2±1.26^{b}$

注：同一行中数值上不同的小写字母上标说明其差异性显著(p<0.05)。

游离氨基酸在反应中的变化，一方面是与还原糖反应生成阿马道里重排产物和参与多肽交联；另一方面多肽不断裂解生成游离氨基酸。pH 9 体系中半胱氨酸被破坏，反应起点游离氨基酸含量低于其他两个体系，同时碱性 pH 体系氨基不会发生质子化影响羰氨反应亲核加成，导致其在体系中消耗较快，随反应时间含量持续下降，且与 pH 在显著水平上呈正相关(r =0.841，p<0.05)，与 MRPs 吸光

度在显著水平上负相关($r=-0.874$，$p<0.05$)(数据未在本书中显示)，说明随游离氨基酸含量降低，pH 逐渐降低，褐变产物逐渐增多。pH 5 和 pH 7 体系中游离氨基酸含量随反应时间出现一定波动，原因可能是体系反应初期还原糖及游离氨基酸含量不同，多肽交联和裂解作用强度不同，造成反应过程中氨基酸含量差异，同时各体系硫胺素裂解生成的不同产物参与美拉德反应导致反应途径不同，进一步影响氨基酸含量变化。

4. 总糖含量变化

美拉德反应过程中总糖含量变化见图 3.6。总糖含量变化是由于还原糖与游离的氨基发生羰氨反应，另有部分还原糖发生异构或降解参与 MRPs 大分子物质的形成。pH 9 体系中总糖含量分别与对应 pH 呈显著正相关($r=0.847$，$p<0.05$)，与游离氨基酸含量在极显著水平上呈正相关($r=0.96$，$p<0.01$)，反应终点损失率比同体系游离氨基酸损失率高 14.56%，这与 Laroque 等所得结论一致。pH 9 体系中，木糖等还原糖在碱性环境中加热迅速发生异构化和分解反应，导致反应起点总糖含量为 10.38 mg/mL，相对于其他两个体系较低，反应过程中主要和氨基酸结合生成 1-氨基-1-脱氧-2-酮糖等，经过阿马道里重排产物和 2,3-烯醇化生成还原酮类物质。pH 5 体系中，糖类脱水生成糠醛等物质，促进美拉德反应途径多样化，还原糖主要经过阿马道里重排和 1,2-烯醇化生成羟甲基糠醛等物质。pH 7 体系中前 36 min 总糖含量上升了 1.2 mg/mL，可能是由于美拉德反应过程中氮代还原糖基胺等阿马道里重排产物分解后生成小分子糖片段，进而发生醇醛缩合形成糖类，其后下降趋势与 pH 5 体系基本一致。

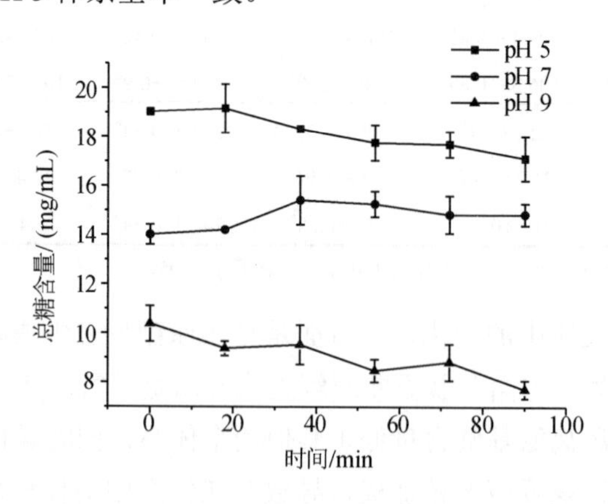

图 3.6　总糖含量变化

5. MRPs 产物分子质量分布变化

根据菲罗门公司空间排阻色谱柱参数要求得到分子质量校准曲线，$Y=6.6703-0.4979X(R^2=0.98)$，其中 X 为保留时间(单位：min)，Y 为标准品分子质量的对数，将 MRPs 产物主要出峰时间代入校准曲线可求得产物分子质量。热反应 90 min 时各 pH 体系 MRPs 的分子质量分布随保留时间的变化趋势见图 3.7。

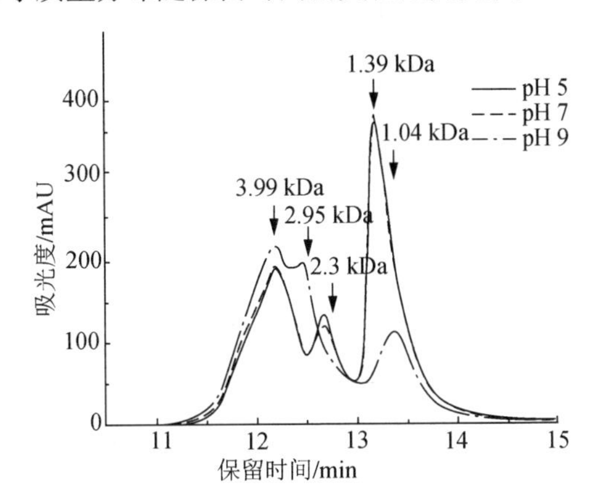

图 3.7　产物分子质量分布变化

美拉德反应过程中多肽的降解与交联作用共同导致 MRPs 分子质量分布随热反应时间的变化。由图 3.7 可知，在 280 nm 波长检测条件下，不同 pH 体系的 MRPs 始终包含 3 个峰，但出峰时间及峰面积有一定差别，pH 5 体系 3 个峰保留时间分别为 12.19 min、12.67 min 和 13.17 min，分子质量为 3.99 kDa、2.30 kDa 和 1.39 kDa，pH 7 体系第 2 个峰的峰面积比 pH 5 体系的小，其他分子质量分布与 pH 5 体系基本一致，由于碱性环境对反应体系中多肽、游离氨基酸和总糖等化合物初始含量及变化趋势的影响，pH 9 体系相对于其他两个 pH 体系分子质量分布发生明显迁移，2.30 kDa、1.39 kDa 峰消失的同时出现峰面积增大的 2.95 kDa 峰和峰面积减小的 1.04 kDa 峰，且 3.99 kDa 峰面积相对于其他两个体系有所增大，小分子物质的裂解产物参与大分子褐变产物的合成，这与 pH 9 体系 MRPs 的 Abs_{420nm} 大于其他两个体系是对应的，说明 pH 越大，美拉德反应越易形成类黑素等物质，引起产物颜色加深。

6. 挥发性风味物质成分分析

主成分分析是一种降维或者把多个指标转化为少数几个综合指标的一种多元数理统计方法，简化数据量的同时又能较好地代表原始数据的波动情况，其中 X 轴代表方差较高的第一主成分(P1)，Y 轴代表第二主成分(P2)。由于电子鼻信号采集初期各传感器灵敏度不同，信号在 50 s 后基本稳定，本书选择了 57 s 时各传感器响应值进行作图，热反应 90 min 时各 pH 体系挥发性风味成分分析见图 3.8 和图 3.9。

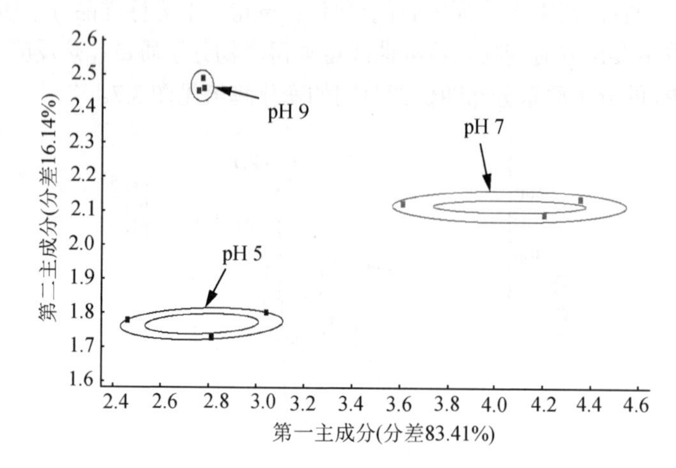

图 3.8　MRPs 挥发性风味成分主成分分析

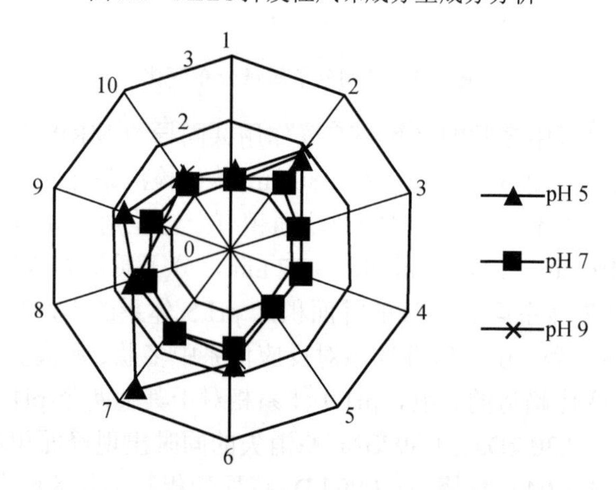

图 3.9　MRPs 挥发性风味雷达图

图 3.8 表示各体系反应 90 min 时挥发性风味物质在 P1、P2 上的相似度，主成分贡献率分别为 83.41%、16.14%，pH 5 和 pH 9 体系在 P1 上有一定相似性，P2 无交集，pH 7 体系与其他两个体系在 P1、P2 上都无相似性，说明风味物质类型及含量存在差异，这与它们在图 3.9 上显示的各传感器电导率比值的差异是对应的。如图 3.9 所示，三个体系主要在对氮氧化物灵敏的 2 号和对有机硫化物灵敏的 7、9 号传感器的电导率比值上存在较大差异，氮氧化物是美拉德反应中间产物和褐变产物的重要组成部分，pH 越大，美拉德反应越剧烈，氮氧化物含量升高

导致 pH 5 体系 2 号传感器电导率比值低于其他两个体系，引起 pH 5 体系和 pH 9 体系在 P2 上无相似性；硫胺素在 pH≤7 条件下加热裂解生成的 5-(2-羟乙基)-4-甲基噻唑与其他物质结合成较稳定的不易挥发的含硫有机物，在 pH≥7 条件下加热生成 H_2S、S 和 3-巯基-2-戊酮，裂解产物参与美拉德反应导致含硫有机物种类及含量增多，而碱性环境加剧硫胺素裂解，反应过程中生成 H_2S 增多，含硫有机物产物含量减少，导致 pH 7 体系对有机硫化物灵敏的 7 号和 9 号传感器的电导率比值比其他两个体系大，引起 pH 7 体系肉香味较浓，同时 pH 5 体系肉香味较淡，pH 9 体系硫味较重。

目前对鸡骨利用的研究主要侧重于酶解效果、挥发性风味物质及滋味物质的分析，以此来优化酶解、美拉德反应工艺条件，为鸡骨副产品的制备提供理论支持。本书讨论了 pH 5、pH 7 和 pH 9 三个体系下鸡骨素酶解液 MRPs 关键化学组分随热反应时间的变化及 MRPs 色泽、风味等特性的变化，发现 pH 9 体系分子质量分布变化明显，褐变程度加深，这与孙方达等关于初始 pH 对猪骨蛋白水解物美拉德产物特性的影响研究中结果一致，但 pH 7 体系的 pH 减小速率比其他两个体系大和孙丽平等以葡萄糖-赖氨酸为模型体系研究 pH 对 MRPs 挥发性风味物质时发现的初始 pH 越大，pH 下降程度越大的结果不同，这主要是由于硫胺素在不同 pH 条件下裂解途径不同引起各体系有机酸等产物含量不同，其中 pH 7 体系硫胺素裂解产物更有利于有机酸类物质的生成，同时 pH 7 体系风味发育程度也大于其他两个体系，尤其有机硫化物含量较高，这与孙红梅等对 pH 7 体系 MRPs 挥发性风味成分进行 GC-MS 分析时发现的以有机硫化物为主要成分的杂环类化合物含量占挥发性风味物质总量的 42.86%的结论是一致的。本书只是对以鸡骨素酶解液为原料制备的 MRPs 密切相关的化学组分及风味、色泽、分子质量分布等产物特性进行了分析，抗氧化性、ACE 抑制率等功能性及高价值目标产物的生成机制还需进一步研究。

7. 结论

不同初始 pH 影响木糖、半胱氨酸、硫胺素等添加物的含量及状态，造成各体系反应初期氨基酸、糖等美拉德反应基础底物含量不同，引起 MRPs 化学组分随热反应时间的差异。反应初期 pH 5、pH 7 体系中氨基酸、还原糖初始含量较高，多肽交联作用较强，多肽含量增加，同时 pH 9 体系有所下降；各体系总糖含量随反应时间持续降低；反应机理不同导致反应终点 MRPs 分子质量分布差异，其中碱性体系生成更多大分子物质，引起产物颜色加深。不同 pH 条件下硫胺素等物质降解途径不同对 MRPs 风味贡献不同，引起各体系风味成分差异，其中 pH 7 体系中有机硫化物含量最高，肉香味浓郁，pH 9 体系因 H_2S 等物质含量较高、刺激性气味较浓。本研究结果为高价值骨素产品的开发提供了理论支持。

3.3 蛋白质改性技术

目前常用的蛋白质改性技术有物理改性、化学改性、酶法改性和基因工程改性等。通过适当的改性技术，可以获得较好功能特性和营养特性的蛋白质，拓宽蛋白质在食品工业中的应用范围。

3.3.1 物理改性

物理改性是利用热能、机械能、电磁场、射线等物理作用改变蛋白质的高级结构和分子间聚集方式的方法，一般不会涉及蛋白质一级结构。例如，蒸煮、挤压、搅打等均属于物理改性技术。热处理的作用主要表现在温度对蛋白质的影响。当热处理较为温和时，热量只是将肽链间的氢键断裂，使其处于一种自由伸展的状态，从而有利于肽链间形成新的链接，从而聚集形成不溶状态。而高温处理蛋白质，其结构会发生很大的变化，导致溶解度提高。湿热是对骨加工来说较好的一种物理改性方法，如热压抽提方法，能够显著提高骨中蛋白质的溶解度，使蛋白质有效地溶出，蛋白质回收率可达到86%。

3.3.2 化学改性

化学改性是通过化学试剂，如亲核试剂、氧化剂、还原剂、芳香取代剂等作用于蛋白质，使部分肽键断裂或者引入各种功能基团(如亲水亲油基团、二硫基团、带负电荷基团等)，利用蛋白质侧链基团的化学活性，选择地将某些基团转化为衍生物，从而改变蛋白质的功能性质。作用方式有酸碱水解作用、糖基化作用、磷酸化作用、酰化作用、脱酰胺基作用等。

蛋白质的非酶糖基化是通过糖(碳水化合物)与蛋白质的α-氨基以共价连接而发生的化学反应(包括美拉德反应)，称为蛋白质的糖基化作用。合成的糖基化蛋白在较低的离子强度仍表现出较高的溶解性，糖基化也能提高蛋白质的热稳定性。糖配基的相对分子质量越大，糖基化蛋白的溶解能力也越大。Kato 把葡萄糖-6-磷酸与卵清蛋白的自由氨基通过美拉德反应连接，使卵清蛋白的酸性增加，溶解性增强，抵抗热凝聚的作用提高。骨加工工业中多通过糖基化(主要是美拉德反应)提高骨蛋白的溶解度、营养成分以及风味成分。糖基化反应能够使骨蛋白降解，形成糖基化物质，有利于营养成分的吸收，并且能改善骨蛋白的风味，使其具有较强的肉香味和良好的口感。

3.3.3 酶法改性

酶法改性是蛋白质分子在酶的催化下有控制地水解或交联聚合成理化性质改善的蛋白质的过程。酶法改性能够有效地改造蛋白质的组成及结构，实现蛋白质功能多元化，提高蛋白质应用价值。改性的程度取决于所用的酶、处理的时间以及人们所需要的功能性质，且蛋白质水解物易被人体消化吸收。常用的蛋白酶有木瓜蛋白酶、胃蛋白酶、胰蛋白酶、碱性蛋白酶等。一般来说，蛋白酶的靶向酶解可提高蛋白质的溶解性、乳化性和发泡性。合理地控制蛋白质水解反应，生产生物活性肽，尤其是磷酰肽，具有促进钙、铁及其他微量元素吸收，防止骨中钙流失的作用。酶法改性已经广泛地应用到骨加工行业。FonkWe 和 Morimura 用蛋白酶从鸡骨中提取可溶性蛋白，并制备多肽。郑明强等用胃蛋白酶提取鸡骨中的明胶，得到酶提取胶原蛋白的最佳工艺，提取胶原蛋白的含量为63.98%。张恒用风味蛋白酶酶解鸡骨架，研究了风味蛋白酶水解鸡骨架的最优工艺条件，并对酶解液相对分子质量分布进行了分析。董宪兵等用木瓜蛋白酶和风味蛋白酶进行组合水解鸡骨素，得到风味良好的骨味肽原料。

3.3.4 应用前景

酶法或化学改性蛋白质，是提高其功能特性的重要途径。在改变结构和功能性方面，化学改性比酶法改性更有效。磷酸化、糖基化、共价交联反应，有利于提高蛋白质的功能特性。但酶法改性和物理改性的安全性优于化学改性，现已逐步应用于实际生产。随着酶制剂工业的发展，酶品种及食用级酶也将大增，微囊包埋酶、固定化酶等技术的开发，使酶改性在食品工业中应用前景可观。生物工程可以从根本上改变蛋白质的性质，具有很大的发展潜力。此外，使用两种或两种以上的改性方法也是今后蛋白质改性的一个主要发展方向。

第4章 骨肽制备及分离技术

根据生物化学相关资料显示，肽是介于氨基酸和蛋白质之间的物质。两个或两个以上的氨基酸脱水缩合形成肽键从而组成肽，多个肽进行多级折叠就组成一个蛋白质分子。相对分子质量在180～5000之间的才能称为肽。相对分子质量在5000～10 000之间的称为大肽；相对分子质量在180～1000之间的称为小肽、寡肽、低聚肽，也称小分子活性多肽。多肽是由20种天然氨基酸以不同组成和排列方式构成的从二肽到复杂的线形或环形结构的不同肽类的总称，其中可调节生物体生理功能的多肽称为功能肽，功能肽是生物工程领域的高科技生产技术和国际食品界最热门的研究课题，在食品、饮料、医药和日用化工领域有着广泛的应用前景。多肽作为一种营养食品，填补了国内生产的空白。对增强人体自身的免疫力，抑制外来病毒的侵袭，具有十分重要的意义。

功能肽是源于蛋白质的多功能化合物，来源于充足的食品原料，具有多种人体代谢和生理调节功能，如促进消化吸收、促进免疫、激素调节、抗菌、抗病毒、降血压、降血脂等。现代营养学研究发现，人体摄入的蛋白质经消化道中的酶作用后，大多以寡肽的形式被消化吸收，以游离氨基酸形式吸收的比例非常小。而且，机体对寡肽的吸收代谢速度比对游离氨基酸还要快。这主要是因为寡肽与游离氨基酸在体内的输送体系不同。此外，肽在机体肠道细胞中还存在许多独立的肽酶反应，且肽的渗透压比氨基酸小，这就使得一些寡肽能以完整的形式被机体吸收进入血液循环系统并被组织利用。蛋白质以多肽的形式被吸收，既避免了氨基酸之间的吸收竞争，又能减少高渗透压对人体产生的不良影响。以多肽的形式为机体提供营养物质，有利于尽快发挥多肽的功能效应。多肽的生物效价和营养价值比游离氨基酸要高。用功能性多肽开发有益于人类健康的各类保健食品具有很好的前景。

我国目前是世界上最大的产肉国，肉类总产量多达8500万吨，占世界总产量约27%。据有关资料显示，在我国肉类生产的种类分布以猪肉为主，约占65%，其他肉类如牛肉占10%，羊肉占5%，家禽肉约占20%，由此所产生的鲜骨可达1700万吨。这些巨大的鲜骨资源被深加工利用的也只有1%左右，大多都当作废物处理掉了。鲜骨的营养非常丰富，如蛋白质、脂肪、骨胶原蛋白、软骨素、磷脂质、磷蛋白，还有丰富的钙、磷、铁、锌等矿物质，其量是鲜肉的数倍，骨蛋白是可溶性的蛋白质，其吸收率和生物效价较高。因此，骨加工衍生化的一个重要方向是制备骨多肽，具有很大的开发潜力和广阔的前景，因此骨加工衍生化过程中广泛地应用了这项技术。目前，我国骨多肽主要来源于猪骨、牛骨、羊骨、鸡骨、鹅骨、鱼骨。本章主要以畜禽骨为原料介绍。

4.1　骨胶原蛋白肽

在鲜骨中大量存在胶原多肽。据统计，12 吨鲜骨约可提取 1 吨多肽产品，若用鲜骨加工胶原多肽，每吨成本价为 13 600～15 000 元。目前，国内胶原多肽售价每吨 6 万元左右。如果将胶原多肽开发成保健产品，其售价会更高，每吨可达 60 万元以上。因此，开发骨胶原多肽，既为过去被丢弃或廉价利用的大量鲜骨找到了增值利用的新途径，又能够给企业带来显著的经济价值，同时也能够为市场提供一种具有优异效用的功能多肽。

4.1.1　胶原多肽的结构特征

胶原多肽是以新鲜畜禽骨组织为基础原料，采用现代生物工程技术加工而成的。成品为微黄或白色粉状，易吸潮，易溶于水和乙醇等，溶于水或乙醇中清澈透明且不沉淀。胶原多肽比蛋白质更易被人体吸收，能直接经消化道吸收进入机体。胶原多肽适用于亚健康、体弱多病、工作繁忙疲劳、术后康复者及老年人等人群服用。研究结果表明，胶原多肽对人体的保健功能作用显著，如维持和改善蛋白质的营养状况，增强人体免疫功能的作用；降血压，促进脂肪代谢，利于减肥；强筋健骨，对骨质疏松和缺钙人群有预防作用。

目前已经肯定胶原并不是某一个蛋白质的名称，而是在结构上既有共同特点又有差异的蛋白质。组成胶原分子的每种α-肽链可以分成若干亚型，如α_1(Ⅰ)、α_1(Ⅱ)、α_1(Ⅲ)、α_2(Ⅰ)、α_2(Ⅳ)、α_3(Ⅳ)等，每条α-肽链都有一种基因编码。在组织中，各种基因产物以不同方式组合形成不同类型胶原。理论上讲，20 多种α-肽链可以组合成 1000 种以上的胶原，目前已发现有 27 种不同类型胶原。骨胶原中含有的胶原类型主要是：普遍存在于骨组织中Ⅰ型胶原蛋白、主要存在于透明软骨中的Ⅱ型胶原蛋白和少量存在于透明软骨Ⅺ型胶原蛋白成分等。

骨胶原中主要存在的是Ⅰ型胶原蛋白，而Ⅰ型胶原蛋白的前体即Ⅰ型原胶原蛋白，在结构上比Ⅰ型胶原蛋白多 2 个末端前肽(propeptide)结构(C-前肽与 N-前肽)。Ⅰ型原胶原蛋白具有胶原蛋白家族中所有原胶原蛋白的典型特征：含有一段具有(Gly X Y)$_n$重复序列的三聚体结构，在 N-端与 C-端的 2 个前肽形成非螺旋的结构域(NC 结构域)，位于(Gly X Y)$_n$重复序列两侧，NC 结构域再进一步形成球状结构。折叠好的Ⅰ型原胶原蛋白是异源三聚体的结构，即由 2 条α_1-链与 1 条α_2-链交互缠绕所形成。胶原三聚体有很高的抗拉强度。Ⅰ型原胶原蛋白分泌到胞外基质中后，经过蛋白酶的剪切除去C-前肽与N-前肽，就形成了成熟的胶原蛋白。成熟的胶原蛋白能自我组装成高度有序的结构——胶原纤维。结构决定性质，性质决定用途，Ⅰ型胶原蛋白的结构决定它在骨骼与结缔组织中发挥作用的主要方式是形成和保持骨架的完整性。胶原蛋白独特的三螺旋结构，使其分子结构非常稳定，并且具有低免疫原性和良好的生物相容性。

4.1.2 胶原蛋白的生理功能

大量的研究表明，利用畜骨蛋白酶水解得到的水解产物胶原多肽具有很多活性功能。

(1) 具有抗高血压、预防与治疗骨关节炎和骨质疏松、治疗胃溃疡等疾病的作用。胶原多肽具有保护胃黏膜抗溃疡、抑制血压上升、提高骨骼强度、促进皮肤胶原代谢等功能。同时酶解胶原蛋白制备的胶原多肽具有更小的相对分子质量，并且更易降解。故将胶原蛋白水解为胶原多肽则其在消化吸收、营养、功能特性等方面都会得到显著的提高。骨胶原多肽在抑制血管紧张素转化酶活性、抑制血小板凝集活性、抗氧化活性、抗肿瘤活性方面均有较好的作用，耿秀芳等从猪骨胶原蛋白中提取小肽作为血管紧张素转化酶的抑制剂，得到一种九肽，氨基酸为Ine-Ser-His-GIy-Ala-Pm-Tyr-Ku-Asp，半抑制浓度 IC_{50} 值为 26 mol/L。将含此肽0.01%的混合物做静脉注射试验，对肾性高血压大鼠(RHR)和自发性高血压大鼠(SHR)均有明显降压作用。

(2) 具有抗衰老和抗氧化作用。近年来，有学者对猪骨胶原多肽的抗氧化功能研究采用自由基为氧化剂检测胶原多肽的抗氧化能力。结果表明：胶原多肽具有较强的抗氧化能力，其抗氧化能力仅次于二丁基羟基甲苯(BHT)，大于谷胱甘肽(GHS)和维生素C(Vc)，而且抗氧化能力随着浓度的增大而增强。

(3) 在针对骨质疏松方面，胶原多肽对关节炎等胶原病均具有很好的预防及治疗作用。美国食品药品监督管理局(FDA)经过研究得出结论：水解胶原蛋白对骨关节炎和骨质疏松症有着潜在的治疗作用，长期服用是非常安全有效的。2002年，Oesser 和 Seifer 报道：胶原多肽能够刺激软骨细胞合成胶原蛋白Ⅱ(胶原蛋白Ⅱ为骨关节的主要基础)，并能影响胶原在骨关节中的转化。Msokowit 报道，胶原多肽对骨关节炎和骨质疏松是一种潜在治疗物质。临床研究证实，每天摄入一定量胶原多肽，骨关节炎疼痛明显降低。胶原多肽属于功能肽。现今国内，从猪骨中直接提取胶原蛋白水解成胶原多肽形式用于治疗与预防骨质疏松仍然是一个很值得深入研究的课题。

(4) 胶原多肽还参与人体大部分生理功能调节，如神经、消化、吸收、免疫、代谢和生长等方面。但有些作用机理仍待进一步研究明确。贾东英等对胶原多肽的功能特性进行了研究测定。结果表明，胶原多肽具有良好的溶解性、吸水性、保水性、湿润性、吸油性和起泡性，一定的乳化性和较弱的凝胶性和泡沫稳定性，因此能够促进矿物吸收、消化等。

4.1.3　胶原蛋白的提取制备方法

胶原多肽是胶原蛋白或者明胶经蛋白酶等降解处理后制得的低相对分子质量，特别是具有较高消化吸收性、分子质量为 3～20 kDa 的产物，不具有明胶的凝胶性能。

国外已较为普遍采用酶法。Chambers 和 Rasmussen 对骨骼中提取的胶原蛋白进行了酶解研究；Surowka 和 Fic 采用中性蛋白酶进行了酶解鸡头骨胶原蛋白的研究，确定了最佳酶解条件，并测定了酶解物氨基酸成分和含量。

对于制备工艺，首先，我国传统上采用酸碱法脱胶工艺，缺点是对环境污染较大；现采用高压蒸煮法可以有效避免此缺点。其次，生产胶原多肽除腥味比较困难。后来经过一些学者研究发酵新工艺，利用生物手段脱除腥味，取得了满意的效果。再次，经水解后制得的胶原多肽的成品容易产生苦味的情况也困扰着生产者，经过一系列试验比较认为采用中性蛋白酶和风味蛋白酶结合使用的方案，并严格控制酶解时间、温度及水解程度这几个指标，则能消除胶原多肽的苦味。

目前，国内外采用酶法提取胶原蛋白及其多肽的研究相对较多，但主要是从动物的皮及其加工副产物中提取，而应用酶法从动物骨中提取胶原蛋白及其多肽鲜有报道。Ogawa 等研究了利用胃蛋白酶在室温下从两种亚热带鱼骨中提取出胃蛋白酶溶性的胶原蛋白；Morimura 等应用 16 种不同的蛋白酶对鱼骨胶原蛋白进行提取后发现，6 种蛋白酶可用于鱼骨中胶原蛋白的提取。很多学者也研究了对畜骨蛋白质酶水解的工艺。例如，白恩侠、张卫柱等利用牛骨为原料，采用酶水解方法来制备易被人吸收的小肽及氨基酸，确定了工艺流程及最佳工艺条件，其工艺简单，成本低廉，容易推广应用。张永秀等利用风味蛋白酶酶解牛骨制备低聚肽的处理条件研究，采用胰酶进行水解反应，确定了最适酶解条件。王朝旭等采用了胰蛋白酶对鲜猪骨进行了酶法水解的研究，确定了酶解最佳工艺条件。综上所述，在采用酶解方法制备骨胶原多肽时，要注意不是所有的肽都具有特定的功能，必须根据所需功能片段精选好酶，筛选好酶解温度、适宜 pH 和酶解时间，使酶解能准确地切割到疏水氨基酸处，才能确保所选定的功能最佳。

4.1.4　国内外研究现状

人类利用动物胶的历史非常悠久。早在后汉时期（公元 25～220 年），人们就已发明了用松烟和动物胶制造书写用的墨。动物皮中含有丰富的蛋白质，主要成分是胶原蛋白和弹性蛋白，在我国中药中，常使用这些原料，通过滋阴养血、滋润皮肤来改善皮肤环境，达到美容的目的，采用驴皮胶(又称“阿胶”)入药在我国汉代时期就有记载。东汉名医张仲景曾在《伤寒论》中详细记载了猪皮具有“和气血、润肌肤、可美容”的功效。近代，有关胶原蛋白的研究主要从理化和生化性质等方面展开，哺乳动物胶原蛋白是最早的研究对象，因此人们对哺乳动物胶原蛋白的了解也最为深入透彻。物理研究主要围绕胶原蛋白的溶解性和热稳定性等展开；化学研究主要围绕胶原蛋白的组成与特性进行；胶原蛋白的生物化学研究则旨在揭示动物体内胶原蛋白的代谢状况，如胶原蛋白合成、交联、降解等对动物体生理的影响。

随着对胶原蛋白认识的深入，人类对胶原蛋白的利用也越来越广。目前，胶原蛋白制品已广泛用于医药、食品、保健、化妆品等众多领域：在医学上可用于制作外科手术材料(人造代血浆、胶原蛋白海绵、手术缝合线等)、药用胶囊、酶或生物活性物质的载体；在食品和保健工业中可用于生产香肠套衣、不同用途的功能性食品添加剂(黏胶剂、稳定剂、乳化剂、澄清剂等)、生物活性肽、营养补充剂等；可溶性胶原蛋白制品还可用于整容及生产化妆品。其中，明胶(胶原蛋白受热变性的产物)是目前众多胶原蛋白制品中的主要形式，分为食用明胶、照相明胶、工业明胶。生产这些胶原蛋白制品的原料，主要是猪、牛、羊、马、驴等陆生哺乳动物的皮、骨等结缔组织。国外对于胶原蛋白提取研究，最早来自于鱼类胶原蛋白的研究，可追溯至 20 世纪 50 年代。日本学者高桥丰雄首先报道了鱼皮中的胶原蛋白同陆生动物皮胶原蛋白的差异。其后，陆续有学者开展了对动物中胶原蛋白提取技术的研究，而研究猪皮胶原蛋白的组成和特性的文章却不多。

在日本和美国，已开发出很多胶原蛋白保健品和功能性胶原蛋白生物材料。其在胶原蛋白的基础研究上已具有一些优势，拥有一定的国际专利，并形成部分的市场规模。目前我国的高质量胶原蛋白几乎全部依靠进口，基础研究薄弱，有关这方面的专利技术很少。就目前的消费趋势来看，我国胶原蛋白的需求量还将以每年 20%以上的速度增加。由于在这方面的研究还处于萌芽阶段，用胶原蛋白开发的生物医学材料、化妆品、保健食品大多价格昂贵，因此市场前景较为广阔。另外，随着肉类产量的不断增加，人民生活水平的逐步提高，肉类加工企业已经发生巨大变化。在肉制品加工过程中，含有丰富胶原蛋白物质的副产物(皮、内脏、肉骨头)利用的附加值很低，造成动物皮的营养价值和功用没有得到充分发挥，既浪费资源又污染环境。利用这些废弃物生产胶原蛋白，可以实现资源的合理和有价值利用，实现经济和社会效益双赢。

4.2　呈味肽的开发

“民以食为天，食以味为先”，食品的味是食品成分刺激舌头表面的味蕾细胞所呈现的化学感应。美好的食品风味不仅能给人愉悦的享受，往往还是营养的体现。肽是由氨基酸组成的聚合物，主要来自于蛋白质合成或分解的中间产物，其不仅具有良好的加工特性、营养功能和生理活性，在食品的呈味中也具有非常重要的作用。无论是分解型还是抽提型的天然调味料，无论是来自动物还是植物的抽提物，从化学组成的观点上分析，其共同的关键成分都是肽。肽具有复杂的呈味功能，它同时参与并影响调味料的香与味的形成，能提高食品的风味，改进食品的质构，使食品的总体味感协调、细腻、醇厚浓郁，是高档复合调味品、香精香料的重要基料。

4.2.1 呈味肽的种类及其呈味机理

1. 甜味肽

甜味肽的研究已经取得了重大的突破，这方面的研究也较为成熟，发现的二肽甜味剂如阿斯巴甜(aspartame)、阿力甜素(alitame，由 L-天门冬氨酰、D-丙氨酸和 C-端酰胺三部分组成)等已经产业化，因其甜度高、热量低，已在食品和医药领域中获得了广泛的应用。目前发达国家正在积极探索从天然资源中开发新的低聚肽甜味剂，如甜味赖氨酸二肽(N-Ac-Phe-Lys、N-Ac-Gly-Lys)，及以热带植物中发现的甜蛋白，如莫内林(Monellin)、祝马丁(Thaumatin)、培他丁(Pentadin)、仙茅甜蛋白(Curculin)、马槟榔甜味蛋白(Mabinlin)等。

2. 苦味肽

1970 年，Matoba 等从酪蛋白的胰蛋白酶水解产物中分离纯化出一种苦味肽，结构为 Cy-Pro-Phe-Pro-Val-Ile；大豆蛋白水解产物中也被分离纯化出多种苦味肽，如 Gly-Leu、Phe-Leu、Leu-Lys、Arg-Leu、Arg-Leu-Leu 等；Majarro-Grerra 等从干酪中分离出苦味肽，如 Lys-Pro、Phe-Pro、Val-Pro、Leu-Pro 等；后来 Ney、Adler-Nissen 总结了苦味肽产生机理，认为苦味肽的苦味是由其所含的疏水性氨基酸引起的，且其强弱与氨基酸的排列顺序有关，如亮氨酸、苯丙氨酸等疏水性基团位于 C-端则呈强苦味。由于乳酪、大豆蛋白等各种动植物原料水解产物中均存在不同程度的苦味，限制了其水解产物的应用，苦味存在原因也引起了各国的普遍关注。但苦味肽的具体产生机理仍不完善，目前各国仍在研究其机理和寻求如何去除或减弱水解产物中产生的苦味肽，以扩大水解产物的应用范围。

3. 酸味肽

酸味肽往往与酸味、鲜味密切相关。1969 年，Kirimura 等提出γ-谷氨酰肽如 Glu-γ-Gly、Glu-γ-A1a、G1u-γ-G1u 呈酸涩味，后来又发现酸性肽 Gly-Asp、Ala-Glu、

Glu-Leu 等都具有鲜味的特性。因此常把酸味肽看作鲜味肽的一部分。

4. 咸味肽

1990 年，Seki 等研究了咸味二肽 Orn-β-Ala 的理化性质，发现二肽的咸味与氨基的解离程度以及是否有相对离子有关。一些碱性肽的盐如 Orn-Tau·HCl、Lys-Tau·HCl、Orn-Gly·HCl、Lys-Gly·HCl 等具有咸味和鲜味的双重效果。咸味肽的发现，在糖尿病、高血压患者等需要低钠食品的特殊人群的食品开发上，有着潜在的利用价值。

5. 美味肽

美味肽(beefy meaty peptide，BMP)最初是由 Yamasaki 从牛肉的木瓜蛋白酶消化液中分离的八肽，经鉴定其一级结构为 Lys-Gly-Asp-Glu-Ser-Leu-Leu-Ala，分子质量 847 Da。研究发现，该八肽具有增强牛肉风味的功能，因而被称为牛肉风味肽、美味提升肽或强化肽。国外报道了化学合成法合成的 BMP 的一些性质，如有很强的鲜味，与食盐、MSG 有较好的协同作用，鲜味肽不影响其他味觉(酸、甜、苦、咸)，且增强其各自的风味特征，因此它们在各种蔬菜、肉、禽、乳类、水产类乃至酒类增味方面都有良好的效果。能增强牛肉味，同时具有很好的热稳定性，121 ℃灭菌 20 min，仅有 10%变性，能满足食品工业生产中的热处理要求。

4.2.2 呈味肽的生产方法

呈味肽现有的生产方法主要为以下几种：降解蛋白质法、化学合成法、酶合成法、生物工程法。

1. 降解蛋白质法

降解蛋白质是生产呈味肽的主要方法，根据其具体操作工艺又可细化为以下几个类型。

1）酶解法

选择适当的蛋白酶以蛋白质为底物，将蛋白质酶解，即可得到大量具有各种生理功能的生物活性肽。在生产过程中，温度、pH、酶浓度和底物浓度等因素与小肽酶解生产效果密切相关，其中最关键的是酶的选择，一般选用胃蛋白酶和胰蛋白酶等动物蛋白酶，也可使用植物蛋白酶，如菠萝、木瓜蛋白酶。但是，动物蛋白和植物蛋白水解后的产物有所不同的是动物蛋白可释放较大比例的肽，而植物蛋白释放较多的是游离氨基酸，为此酶解底物以选择高品质的动物蛋白为宜。此种方法在工业上应用较广，但是产品中带有苦味，对提高产品品质带来一定的影响。

2）微生物发酵法

微生物发酵法是把蛋白酶的发酵生产和蛋白的酶解生产结合在一起生产肽的一种方法。从本质上讲，它也是一种酶解法，这种生产方法降低了呈味肽的生产成本，应用前景很好。

3）酸解法和碱解法

这两种方法多用于试验机构，在生产实践中较少使用。这是因为在使用碱水解蛋白质时易产生D-和L-氨基酸混合物，营养成分损失较大；在使用酸水解时虽速度快反应彻底，且不会引起氨基酸的消旋作用，但是很难控制温度和时间对水解程度的影响。

2. 化学合成法

化学合成法分为液相法和固相法。液相法不适合反应中间体溶解度较低的情况。固相法是把要合成的多肽其中一端的氨基酸羧基、氨基或侧链基附着在固体载体上，然后从氨基端或羧基端逐步增长肽链的方法。与液相法相比，固相法易于纯化，并可实现自动化。但由于成本高而极大地限制了固相法的应用。主要原因是在肽键形成中存在消旋作用，因而需要保护和去保护操作，导致产率低。另外，由于需要用超过量的偶联剂和酰化试剂，而且回收这些组分相当困难，所以也影响到小肽的生产。

3. 酶合成法

酶合成法是指用蛋白酶催化合成肽。在活性肽的酶合成法中，最广泛应用的酶是丝氨酸和半胱氨酸内切酶。酶合成法与其他合成方法相比，其在温和条件下进行，危险性相对较低；专一性强，取材广泛；具有立体异构和消旋作用。但在实际生产中酶合成法的应用仍然有限，主要是因为酶合成法合成肽的应用研究较少，没有体现酶合成法的优越性。

4. 生物工程法

生物工程法指从动物或植物基因组中分离出带有目的基因的 DNA 片段，然后将此 DNA 片段克隆至适当的载体并采用特定方法将其导入受体细胞，通过细胞表达获得所需的活性肽或将外源基因插入噬菌体基因序列中，使得多肽以融合蛋白形式表达在噬菌体颗粒表面，经加工和纯化后获得。目前，获得生物短肽的方法主要是化学合成和酶解，但是酶解的副反应多，容易形成苦味肽，产量低。而使用生物工程法只要建立起一个适当的体系，就可用廉价的原料通过发酵的方法获得大量活性肽，专一性强而且产量大，这就是基因重组技术不可比拟的优势。欧洲专利曾报道了人工合成 BMP 基因，然后把 BMP 基因克隆到具有信号肽识别序列的载体 Pns2，最后分别在大肠杆菌中融合表达，以及在酵母中分泌表达。但其表达效率较低、产品提取和回收困难，有待进一步研究。

4.2.3　呈味肽在调味品中的应用

1. 国内外含(呈味)肽调味品的发展概况

在西方国家，相对于生物活性肽其他领域的研究，呈味肽研究不是很成熟。相反，日本、韩国调味品行业十分发达，不仅在应用微生物发酵制备传统调味品，如酱油、鱼露等方面工艺成熟，而且在呈味肽的性质、应用规律以及应用生物技术深加工产品方面居世界领先地位，占据了绝大多数市场份额。近些年，中国的调味品工业也获得了迅猛发展，统计数字显示，目前我国复合调味品产量每年以超过 10%的幅度增长，已成为食品工业中的一朵奇葩，不仅产品产量在增加，在技术上大量采用生物技术，如细胞融合、国产化酶的应用等。人民生活水平在不断提高，生活节奏也在加快，饮食方式和观念已经改变，调味品市场已由单一的鲜味型向复合型转变。呈味肽作为复合调味品的重要基料，符合“天然、营养、安全”的食品发展潮流，对于我国调味品及相关食品产业的发展，具有重要的意义。

2. 含(呈味)肽调味品的种类及功能

含肽调味品的种类很多，其来源物质也是多种多样的，如动植物原料中有猪、牛、鸡、鱼类、明胶、大豆蛋白和小麦谷朊、卵蛋白及酵母等。其功能归纳起来主要有以下三个。

1）参与美拉德反应生成香气

含肽调味品以呈味肽为核心，含量通常为 50%～70%，也含有一些游离氨基酸。当它们被使用并同食品一起加热后，能够与同时存在的糖、有机酸等发生美拉德反应。美拉德反应是一个极其复杂的反应，它不仅产生许多初始产物，而且初始产物之间还能相互作用生成二级产物。这既与参与反应的氨基酸和单糖的种类有关，也与受热温度、时间长短、体系的 pH、水分等因素有关。美拉德反应的初始阶段，首先生成 Strecker 醛。这些降解产物，在肽和氨基酸的催化下，又发生分子重排，进一步相互作用，在整个反应过程中产生大量内酯化合物、吡嗪类化合物、呋喃类化合物及少量含硫化合物。这些化合物能够体现食品的香气。因此，食品加工特别是熟食加工中，应该考虑使用一定量的含肽调味品。

2）改善品质和风味

许多食品在加工之前具有某些不良味道，这些味道是原料本来就有的，如鱼和畜肉的生腥味等。在进行水产品加工和肉加工时如何去掉这些不良味道一直是人们考虑的问题。遮腥味是指用调料中包含的有效成分将食品中的不愉快气味掩盖住或者通过反应使不愉快成分的化学性质改变的方法。料酒有这种功能，含肽调料也具有这种功效。鱼肽调料、畜肉肽精、酵母精、卵水解蛋白等能够在相当程度上消除大豆的生腥味。这是由于小肽容易形成醛和席夫碱（—N=CH_2）以及第一和第二氨基中的碳原子结合比较紧密造成的。

3）增加厚味

含肽调味品中含有大量肽以及由美拉德反应产生的成分（以吡嗪化合物为主）。由于游离氨基酸含量非常少，所以其本身的显味性很差，如水解大豆蛋白粉、酵母精粉、明胶等原料的味不明显，但它们一旦被使用则可以大大提高味道的厚度。厚味与后味密不可分，是相对于表现力不足的味和先味而言的，这两种味感都不能最大限度地满足人的味觉需要，只有添加了厚味原料，特别是含有大量肽的调料，才能让调味品最大限度地发挥其应有的效力。

4.1 节介绍的各种骨营养和功能物质的分离技术并不是独立使用的，各种技术的前处理方式的选取及技术之前的搭配都会对畜禽骨的加工产生不同的效果，本节主要从不同的技术结合与运用得到的形态产品和功能产品进行介绍。

4.3　功　能　肽

利用畜禽骨蛋白质酶水解得到的胶原多肽具有很多活性功能，如抗高血压、抗氧化、预防与治疗骨关节炎和骨质疏松等特点。张义军等研究胶原蛋白水解物（CEH）对大鼠血压的作用，CEH 可对高血压大鼠引起降压效应。耿秀芳等从猪骨胶原蛋白中提取小肽作为血管紧张素转化酶的抑制剂，得到一种九肽，并将含此肽 0.01％的混合物做静脉注射试验，显示对肾性高血压大鼠（RHR）和原发性高血压大鼠（SHR）均有明显降压作用。近年来有学者对猪骨胶原多肽的抗氧化功能进行研究，结果表明其抗氧化能力仅次于二丁基羟基甲苯（BHT），大于谷胱甘肽（GHS）和维生素 C（Vc）。

研究表明多肽类食品比蛋白质类食品具有更为优越的理化、营养和功能特性。例如，成骨生长肽是一个由 14 个氨基酸组成的肽，它不仅能够促进骨的矿化速度，而且也能促进成骨细胞样细胞向成骨转化。骨多肽利用价值很高，在功能性饮料中添加的功能性多肽；在肉味香精应用的方面，经过美拉德反应得到天然的香精；可以当作添加剂，添加到肉制品、糕点、调味品等可以使肉制品口感更加丰满。

骨多肽是骨素抽提过程中部分蛋白质降解形成的低分子多肽物质。有关酶解制取骨多肽有众多研究报道：王朝旭等采用胰蛋白酶水解骨蛋白，确定酶解工艺的最佳条件；解蕊等利用木瓜蛋白酶进行水解制备多肽，并提出利用蛋白质水解液为基础，通过控温反应以及添加香辛料制成各种风味的复合调味料；李帆等采用木瓜蛋白酶解牦牛骨蛋白来制取多肽，确立了最适宜的条件；赵霞、马丽珍对酶解骨蛋白进行了研究，应用风味掩蔽、网络掩蔽蛋白质之间、氨基酸和肽之间存在的亲和作用的原理，在酶解骨蛋白的研究中进行脱苦处理，以消除蛋白质水解导致的，肽链含有的疏水性氨基酸侧链暴露，从而使味蕾产生苦味，并进一步研究了对羊骨酶解多肽及其添加生产的营养饮料的稳定性、储藏性和微生物特性。Linder 等将小牛骨骼进行酶性水解，确定了最佳水解条件，从而成功进行了酶解回收小牛骨蛋白。进一步对酶解牛骨营养价值进行研究，分析表明水解牛骨中的氨基酸和富含甘氨酸、脯氨酸和羟脯氨酸的凝胶与牛肌腱相似。Zarkadas 等对骨产品中含有的氨基酸和蛋白质添加到肉制品进行了研究，结果证实有利于产品的营养性。

4.3.1　ACE 抑制肽

高血压是威胁成年人健康的一个主要因素，当成人血压超过 21.3 kPa/12.7 kPa 便认为患有高血压病。近年来，随着人们生活水平的提高，高血压的发病率也呈上升趋势，全世界大约有 20%的成年人受此威胁。高血压会引起患者心、脑、肾等器官损坏，并与糖脂代谢紊乱和糖尿病有密切关系，严重时会危及生命。因此，抗高血压药物的研究越来越引起国内外学者的重视。随着科学的发展，人们已经不仅满足于药物的治疗效果，对其安全性也更加重视，而天然来源的 ACE 抑制肽作为一种降血压药物，符合了人们的这种需要。1965 年，Ferreira 首次在南美茅头蝮蛇(*Bothrops jararaca*)毒液中发现了 ACE 抑制肽之后，多种 ACE 抑制肽应运而生。天然来源的 ACE 抑制肽具有安全性高、毒副作用小、易吸收等特点，有着合成化学药物不可比拟的优越性，成为抗高血压药物研究的热点之一。

在人的生理过程中，血压的调节主要是受到肾素-血管紧张素系统和激肽-激肽生成酶系统这一对拮抗体系相互作用控制的。肾素进入血液，将血浆中的血管紧张素原 Asp-Arg-Val-Tyr-Ile-His-Pro-Phe-His-Leu-Val-Tyr-Ser 水解为血管紧张素Ⅰ（ATⅠ）Asp-Arg-Val-Tyr-Ile-His-Pro-Phe-His-Leu，在血管紧张素转化酶(angiotensin converting enzyme，ACE)的作用下，血管紧张素Ⅰ转化成血管紧张素Ⅱ(ATⅡ)Asp-Arg-Val-Tyr-Ile-His-Pro-Phe，血管紧张素Ⅱ可加强心肌的收缩力，并同时使血管平滑肌收缩造成血压上升。另外，激肽-激肽释放酶系统也受到 ACE 的调控，它可使具有血管舒张作用的缓激肽转变为没有活力的缓释肽，两个系统在 ACE 的协同作用下，造成了人体内血压的升高。如果能够抑制 ACE 的活性，就可以实现降压作用。ACE 抑制肽是一种 ACE 抑制剂，多数为竞争性抑制剂，也有少数的非竞争性和反竞争性抑制剂，如 Nakagomi 等在人血浆的胰蛋白酶酶解液中分离得到 2 种 ACE 抑制肽，它们分别通过非竞争性和反竞争性的作用机制，抑制 ACE 的活性，减少血管紧张素Ⅱ的生成，从而抑制血压升高。

鸡骨中含有丰富的蛋白质资源，经蛋白酶作用后得到的酶解物中含有 ACE 抑制活性成分，但这些酶解产物成分复杂，并且具有 ACE 抑制活性的肽的相对分子质量都相对较小(分子质量在 0.3～10 kDa 范围内)。因此，选择经济合理的分离方法富集 ACE 抑制肽非常必要。超滤技术具有无相变、无需高温、所用设备简单、占地面积小、能耗低等优点，此外还具有操作压力低、泵与管对材料要求不高的特点，是一种比较理想的分离生物活性物质的有效方法。例如，有研究利用超滤技术分离去除原料中的大分子肽段，具有 ACE 抑制活性的肽含量会得到大大提高；通过对牛肉酶解物进行超滤分离，可以提高这种酶解物的 ACE 抑制活性。采用不同截留相对分子质量的超滤膜处理血浆蛋白酶解物，酶解物中 ACE 抑制肽的分离纯化效果得到改善。国内研究者也将超滤技术应用到蛋白多肽溶液的分离浓缩，如乳蛋白多肽、鱼贝类蛋白多肽、大豆肽等，既可以实现不同相对分子质量多肽的分离，也有利于保持和提高多肽的生理活性功能。

4.3.2　抗氧化肽

抗氧化机制离不开自由基理论，老化过程伴随过氧化脂质的增加，表明过氧化脂质与老化存在密切关系，1969 年 Mccord 首次发现老化与活性氧和 SOD 相关，之后的研究，自由基与抗氧化的关系被引入各领域，成为考察待测物是否具有抗氧化性的常用评价方式。从 1995 年开始，对抗氧化多肽的研究由提取制备阶段逐渐深入到理论探索阶段，虽然越来越多的研究证实，肽对自由基有清除作用，但迄今关于抗氧化肽的抗氧化机理未有突破性的结论，抗氧化肽的保守序列未得知，抗氧化位点的影响因素和详细的作用机理还不掌握，探讨抗氧化机理，不但是解释构效关系的理论基础，而且对目标性更强地提取或合成抗氧化肽有着重要的意义。

一般认为，丙氨酸、缬氨酸、亮氨酸等疏水性氨基酸对肽的抗氧化性起着重要作用，含疏水性氨基酸的多肽通过与氧结合，抑制脂质中氢的释放，延缓脂质过氧化链反应，从而保护脂质体系，Chen 和 Kim 从不同种源的抗氧化肽中均发现疏水性甘氨酸、亮氨酸、丙氨酸的存在，组氨酸、色氨酸、酪氨酸、半胱氨酸、脯氨酸和羟脯氨酸的存在也起到抗氧化的作用，活性金属离子可催化 H_2O_2 产生 ·OH，组氨酸含α-氨基和羧基，有亲和金属离子的能力，形成多元环，从而抑制其活性。有研究发现，组氨酸的含量与抗氧化性呈正相关。色氨酸和酪氨酸具供氢能力，供氢后自身形成的自由基中间体要借助共振求得稳定，导致自由基链反应减慢或终止。半胱氨酸可直接与自由基作用，脯氨酸和羟脯氨酸的侧链可被 ·OH 氧化，从而保护了其他物质不被氧化，这可能是胶原多肽具有抗氧化性的一个因素。酸性氨基酸的侧链羧基可络合金属离子，钝化金属离子的氧化作用，弱化自由基链反应，从而达到抗氧化的效果。

Chen 对抗氧化大豆肽的研究发现，与抗氧化肽成分和浓度相等的混合氨基酸溶液并无抗氧化活性。Blanca 对乳蛋白抗氧化肽的研究发现，与肽成分和浓度相等的氨基酸混合液有的活性升高，有的活性降低，可见，肽的构象影响着抗氧化性。短链肽被发现有更强的抗氧化性，其原因之一可能是因为具有抗氧化性的氨基酸处于 N-端和 C-端，抗氧化性能够表现出来。因此，酶的作用位点和降解程度，决定了产物的抗氧化性能。

多肽溶液仍具有蛋白质的一些物理性质，在抗氧化体系中，能够在脂类边缘形成包膜，阻隔与氧的接触，使活性强的自由基链反应中断。在蛋白质长链中某些肽类具极强抗氧化活性，其抗氧化活性往往强于蛋白质和氨基酸。蛋白酶的水解产物中存在多种抗氧化肽，它们具有较强的抑制生物大分子过氧化和清除体内自由基的功能。抗氧化肽以其相对分子质量小、易吸收、活性强等特点受到重视，在医药、化妆品、保健品和食品与饲料添加剂型等方面有广阔前景。抗氧化肽可通过化学法和酶法水解蛋白质制备。化学法以酸或碱断开蛋白质肽键，反应条件较极端，不利于保持产物活性；且水解位点特异性差，产物杂，重复性差。与化学法相比，酶法条件温和，降解位点特异性和重复性高，且对蛋白质生物活性破坏较小，故多采用酶法水解蛋白质来制备抗氧化肽。有研究采用水解度和超氧阴离子自由基清除率为双指标较深入地研究两种蛋白酶在生产猪骨抗氧化肽中的应用特性，为猪骨抗氧化肽的酶法生产提供理论依据。他们按不同实验条件配成猪骨明胶水溶液，加入一定量的蛋白酶进行水解，水解结束进行水解度测定，确定中性蛋白酶适合水解猪骨明胶制备抗氧化肽，其最佳酶解工艺参数为：pH 7，温度 40 ℃，[E]/[S]=10%，[S]=2%，水解时间 4 h，该条件下制备的抗氧化肽对氧自由基有很强的清除作用，清除率可达 83%左右。

4.4　骨肽开发中存在的问题

4.4.1　肽的脱苦问题

生物活性肽是一类分子质量低于 6000 Da 的具有生理调节作用的小肽，如具有抗氧化、降血压、免疫调节、抑制胆固醇等诸多作用。由于肽比蛋白质易吸收、抗原低，低肽甚至比氨基酸更易吸收；有些活性肽具有原食品蛋白质和其组成氨基酸没有的活性，且组成氨基酸也不一定是必需氨基酸，因而引起了当今食品及医学界的广泛重视，是目前研究最活跃的领域之一。但由于天然来源的生物活性肽十分有限，人们开始以食品蛋白质为原料酶解制备生物活性肽。

蛋白质水解液中除了氨基酸具有呈味特性外，其中的二肽、三肽、寡肽等小分子肽也同样具有呈味的特性，其抽提物具有良好的呈味效果。苦味是酶水解过程中表现比较明显的味觉特征，对苦味肽的研究和去除苦味的方法，是目前研究工作的重点。大量可产生苦味的疏水基团在蛋白质被水解时，其肽链断裂并暴露，在接触味蕾时产生苦味，疏水基团暴露越多，苦味感越明显。刘通讯等早年对鸡水解液中的苦味肽的提取和脱苦方法进行了研究；周雪松等对蛋白质酶解物中苦味肽形成机理及蛋白质酶解物苦味的降低、去除及控制方法研究的最新进展进行了探讨，指出蛋白质酶解后产生不同程度苦味主要是由产物中含疏水性氨基酸低分子肽。

利用调味剂能起到很好的遮苦作用，赵霞利用4.5%蔗糖、0.7%甘氨酸和0.4%柠檬酸联合脱苦，此条件下对羊骨中性蛋白酶水解液脱苦效果最佳；此外，采用外切酶水解骨蛋白，降低疏水基团的暴露能有效地降低骨蛋白多肽的苦味，张永秀利用外切酶风味蛋白酶酶解牛骨蛋白得出水解液无苦味，并指出酶解骨蛋白水解度大于8%时，开始产生苦味。此外，有学者从蛋白质中提取酸味肽、咸味肽、鲜味肽等美味肽，如Tamura等获得风味提升肽，方法是用咸味肽Orn-*β*-Ala代替Lys-Gly或用Glu-Glu代替酸味三肽Asp-Glu-Glu；Nishimura等论述了从鱼蛋白水解产物中发现一些可呈鲜味的低聚肽的呈味特性，包括Glu-Glu、Ser-Glu-Glu、Glu-Ser、Thr-Glu、Glu-Asp、Asp-Glu-Ser，以及一些缓冲肽的风味增效作用，如Gly-Leu、Pro-Glu、Val-Glu、*β*-Ala-His；Schlichtherle等提出了大部分肽含有酸性氨基酸Glu或Asp，其本身无味或味淡，在适当的浓度下，与其他呈味成分(盐、味精、酸味剂)可产生协同或增味效果，这也将是骨蛋白多肽的研究重点。

1. 苦味来源

人们经过长期对苦味肽构效关系及苦味脱除的研究，已取得了一些可喜的进展。

1）相对分子质量、疏水性与苦味

沙伦贝格尔理论认为苦味来自呈味分子的疏水基团，一般天然蛋白质由于几何体积大，显然不能接近味觉感受器位置，且蛋白质的疏水基团常藏于分子内部，故不会接触味蕾，不呈苦味，而当蛋白质水解成小分子肽时，会因暴露出疏水性氨基酸残基而呈苦味。肽类的苦味取决于其相对分子质量和疏水性，分子质量大于6000 Da的大肽无苦味；疏水性与苦味之间的关系可用Ney提出的Q(平均疏水性)规则定性判别，即$Q=\sum \Delta G_i/n$（ΔG_i为氨基酸侧链从乙醇溶液转移至水中的自由能变化，n为肽链的氨基酸残基数），ΔG_i可用来表示氨基酸的疏水性。Q值＞5855 J/mol的肽呈苦味，而Q值<5436 J/mol的肽则不苦。平均疏水性Q值＞5855 J/mol的氨基酸残基有Lys、Val、Leu、Pro、Phe、Tyr、Ile、Trp，其中大多为必需氨基酸。一般来说，肽链中疏水性氨基酸残基越多，则该肽的苦味就可能越强。Q规则的不足之处在于氨基酸组成相同但排序不同的多肽具有同样的Q值，然而其苦味程度往往不同；又如二、三和四亮氨酸肽的苦味并非成倍加重，其苦味程度分别为亮氨酸苦味的8倍、15倍和30倍。所以说苦味的强弱尚无法用Q规则进行定量判别，但一般来说Q值高

则苦味重，如αS1 酪蛋白水解后产生一种六肽 Phe-Tyr-Pro-Glu-Leu-Phe，其 Q 值为 9576 J/mol，味极苦。

2）一级结构与苦味

前已叙及苦味与氨基酸排序有关。一般来说，疏水性氨基酸处于肽链两端时，其苦味比处于中间时强，这也是外切酶酶法脱苦的依据。Otagiri 等发现除了疏水性氨基酸残基对苦味有贡献之外，一些碱性氨基酸残基如 Arg 也对肽的苦味有着较大的贡献。碱性氨基酸残基位于 N-末端时，苦味更强，尤其是 Arg 与 Pro 相邻时，肽的苦味进一步加重。而如果在 Arg-Pro 之间插入对苦味没贡献的 Gly 时，则其苦味大大减弱。Ishibashi 认为多肽呈现苦味需要两个位点，一个位点起决定作用，另一个位点起促进作用，前者应为含有至少三个碳链的较大体积的疏水基团如 Pro，后者可以是含疏水基团或含较大体积碱性基团如 Arg 的 α-氨基酸。

3）构象、构型与苦味

苦味不仅与肽链的一级结构有关，还与肽链的空间构象有关。Ishibashi 发现当多肽链两端形成回折(turn)构象时，苦味较重，而 Pro 残基对多肽链形成回折构象起着重要的作用，这是因 Pro 特有的亚胺基环结构使之不能与相邻氨基酸形成氢键所致。形成苦味的两个位点在空间上要处于相邻位置，距离约为 4.1 Å，可通过形成回折构象实现。此外，氨基酸残基的构型对苦味也有影响。Shinoda 等通过合成 Arg-Arg-Pro-Pro-Phe-Phe 六肽，比较了 D-Phe 和 L-Phe 对苦味的影响，发现 C-端为 L-Phe 的苦味更强些。

2. 苦味评价方法

1）感官评定

目前感官评定的方法仍是最常用和有效的方法，Suh 等将咖啡因配成浓度分别为 0%、0.025%、0.05%、0.1%、0.2%、0.3%；其对应的评分值和苦味程度分别为：无苦味，略有苦味，苦味较弱，苦味一般，苦味较重，苦味极重。根据此评分标准，品尝者品尝蛋白质水解液的苦味并与标准比较进行评分，用最后得出平均值来表示苦味程度。蒲云健等取 1 mL 寡肽溶液样品稀释到刚好能尝出苦味为止，稀释的倍数即为苦味值。吴建中等用喹啉作标准进行评分。称取喹啉 0.1 g 溶于 50 mL 5%乙醇溶液中，取 5 mL 该溶液用蒸馏水稀释到 100 mL，得到 1.0×10^{-4} g/mL 喹啉溶液，再进一步稀释成 5×10^{-5} g/mL、2.5×10^{-5} g/mL、1×10^{-6} g/mL、5×10^{-7} g/mL 等浓度的喹啉溶液，其苦味值分别定义为 10、5、2.5、1、0.5，品尝多肽溶液的苦味与不同浓度喹啉溶液比较，从而确定多肽溶液的苦味值。

2）测定表面疏水性指数

Suh 等采用荧光探针的方法测定了蛋白质水解液的表面疏水性指数，将蛋白质水解物配成 0.015%～0.0015%浓度的磷酸缓冲液（pH 7.0），取 10 μL 8 mmol/L 的 ANS（1-苯氨基-8-萘基磺酸盐）磷酸缓冲液加入 2 mL 的蛋白质水解液中，用荧光分光光度计在激发波长为 390 nm，发射波长为 470 nm 的条件下，测定 ANS-蛋白质水解物复合物的荧光强度，以荧光强度对蛋白质水解物浓度作图，其斜率即为蛋白质水解物表面疏水性指数。

3. 苦味肽苦味脱除方法

1）选择分离法

（1）吸附分离。利用苦味物的疏水性，采用疏水性吸咐剂去除苦味。活性炭是研究最早的吸附剂，早在 1952 年，Murry 等采用活性炭吸咐脱除酪蛋白水解物中的苦味，此法可同时起到脱色作用；其后出现的疏水柱色谱法也是利用吸附原理进行分离的。Helbig 等发现奶皮水解物中疏水性的苦味肽能通过环氧己烷琼脂糖凝胶疏水色谱柱分离除去。Roland 等以疏水性的甲酚醛树脂为固定相，研究了酪蛋白和大豆蛋白水解物的脱苦，疏水性的苦味肽与甲酚醛树脂具有亲和力，被吸附脱除。

（2）沉淀分离。Nissen 等将大豆蛋白水解液的 pH 调至苦味肽的等电点附近，使之沉淀析出，并分离之。“塑蛋白”（platstein）反应是浓缩的蛋白质水解物在合适的条件下经蛋白酶作用，会发生蛋白质水解反应的逆反应，生成与原蛋白质不同的塑蛋白。通过转肽作用，疏水性氨基酸在某些多肽中富集，形成不溶性的塑蛋白分离除去，从而降低苦味。Muro 等已成功地将塑蛋白反应用于酪蛋白及大豆蛋白水解物的脱苦。

（3）萃取分离。根据相似相溶原理，利用极性接近的溶剂萃取分离疏水性的苦味肽，常采用低相对分子质量的醇（如乙醇、异丙醇等）-水溶液萃取，如采用仲丁醇-水共沸混合物来脱除大豆蛋白水解物中的苦肽，丁醇相选择性地富集了苦味肽，使之得以分离。

（4）超滤分离。超滤分离是依据苦味肽与非苦味肽的相对分子质量差异进行分离的方法。一般来说，前者的相对分子质量比后者要小得多，可利用超滤分离脱除苦味。Deeslie 等采用超滤膜反应器，对大豆蛋白的水解和脱苦进行了研究，得到了令人满意的结果，通过超滤将蛋白质水解物的相对分子质量控制在一段较窄的范围内，从而去除苦味。然而，该法对超滤膜的要求较高、制造成本也较高，限制了其工业化应用。超滤分离法的不足是会造成蛋白氮的损失，使营养价值和生物活性受损。例如，Cogan 等研究发现，活性炭卓越的脱苦效果是以损失掉 63%

的 Trp、36%的 Phe 和 30%的 Arg 为代价的。Hyung 等报道了采用活性炭给玉米降血压肽脱色，会造成血管紧张素转化酶抑制活性降低。

2）掩盖法

掩盖法不会造成蛋白氮损失。环糊精的疏水空腔能包接疏水性苦肽，掩盖其苦味，是常用的脱苦方法。但有时要完全掩盖苦味则用量较大，这样既不经济，又影响口感。采用固定化环糊精柱子可解决此问题，因可循环使用，降低成本，但会造成蛋白氮损失。交联淀粉与苦味物共热，淀粉凝胶的网络中也可容留苦味物，使之不与味蕾直接接触，起到掩盖苦味的作用。有些有机酸如苹果酸、柠檬酸、谷氨酸、天门冬氨酸和牛磺酸等也能掩盖苦味，其中酸性氨基酸会使食品呈酸味。

3）酶法

前已叙及苦味肽的端基多为疏水性氨基酸，如果用外切肽酶切除此类疏水性氨基酸，游离出的疏水氨基酸与原苦味肽相比苦味要低得多，这就是采用外切肽酶脱除蛋白质水解物中苦味的依据。氨肽酶和羧肽酶是常见的用于脱苦的外切多肽酶。外切肽酶酶法脱苦通常不会造成蛋白氮损失，但游离出的氨基酸和小肽会引起生物活性的变化及渗透压增加等；而用酶法通过塑蛋白反应脱苦会造成蛋白氮损失。

(1) 氨肽酶。氨肽酶(aminopeptidase)是研究最多的用于苦味肽脱苦的外切酶，氨肽酶的来源广泛，品种多，如氨肽酶 P、氨肽酶 N 和氨肽酶 A 等。Lzawa 等用氨肽酶切除大豆蛋白、酪蛋白水解物 N-端的疏水性氨基酸，游离出的氨基酸中大部分为疏水性氨基酸，且该酶对大豆蛋白水解物的脱苦效果明显好于酪蛋白水解物。Lzawa 等认为这是由该氨肽酶不能释出酸性氨基酸或与 Pro 相邻的氨基酸，而酪蛋白水解物中的许多苦味肽含有较高含量的 Pro 所致。Fernandez-Espia 等报道了源于嗜热链球菌的氨肽酶对切除 N-端 Arg 和芳香族氨基酸有很高的专一性。

(2) 羧肽酶。羧肽酶(carboxypeptidase)能切除 C-端疏水性氨基酸，Aria 等研究并发现采用源于黑曲霉的羧肽酶处理大豆蛋白水解物后，使苦味明显下降。Kawabata 等报道了从鱿鱼肝脏分离得到的丝氨酸羧肽酶能有效去除大豆蛋白和玉米蛋白酶解物的苦味。Ge 等成功地将源于猪胰脏的羧肽酶采用固定化酶技术脱除了酪蛋白水解物的苦味。

4）联合脱苦法

在实际应用中通常将几种脱苦方法联合使用才能奏效。如可将羧肽酶和氨肽酶联合使用，分别切除位于苦味肽 C-端和 N-端的疏水性氨基酸；又如蒲云健等对大豆蛋白水解物采用活性炭、环糊精、有机酸联合脱苦，经正交试验和极差、方差、显著性分析，得出各因素对脱苦效果的影响依次为：活性炭用量＞β-环糊精用量＞苹果酸用量＞柠檬酸用量；添加 2%的活性炭、1.5%的β-环糊精、0.05%的苹果酸和 0.02%的柠檬酸，在 pH 4.46，40 ℃下处理 30 min，在此最佳工艺条件下处理所得寡肽溶液无苦味、酸味，口感良好。

4.4.2 肽的靶向水解问题

1. 蛋白质水解及生物活性肽的制备

蛋白质的水解方式主要有化学水解和酶水解。化学水解是利用强酸强碱水解蛋白质，虽然简单价廉，但由于反应条件剧烈，生产过程中氨基酸受损严重，L-氨基酸易转化成 D-氨基酸，形成氯丙醇等有毒物质，且难以按规定的水解程度控制水解过程，故较少采用；而生物酶水解是在较温和的条件下进行的，能在一定条件下定位水解分裂蛋白质产生特定的肽，且易于控制水解进程，能够较好地满足肽生产的需要。反应产物与原料蛋白质具有相同的氨基酸组成，并具有特殊的理化性能与生理功能，成为蛋白质制品的发展方向。生物活性肽(bioactive peptide)的生产制备有以下 3 种途径：①从自然界的生物体中提取其本身固有的各种天然活性类物质；②通过蛋白质降解途径获得具有各种生理功能的生物活性肽；③应用合成方法来制备生物活性肽。天然生物体中存在着具有各种生理功能的生物活性肽，但这些生物活性肽的提取成本较高，且其在生物体内的含量普遍很低，很难实现大规模生产；合成法虽可按人们的意愿合成任意活性肽，但成本高、副反应多且易残留有毒化合物。目前应用最多的是天然蛋白质水解法生产活性肽。

2. 蛋白质酶解工艺研究

蛋白质酶解工艺研究主要集中在 4 个方面：①对新开发蛋白质资源的酶解工艺进行研究，以获得具有优越加工功能特性的产物，为食品工业提供新的添加剂和配料；②利用新的水解蛋白酶或工艺，制备出分子质量分布集中的肽水解物，Mnauela 等对乳清蛋白的水解工艺进行了改进，水解物中肽的分子质量基本集中在 7500～8000 Da 和 4000～4500 Da 部分；③通过改善水解工艺，进一步提高生物活性肽的得率，并从不同蛋白质来源中获得具有相同功效的生物活性肽，如 ACE 抑制因子的蛋白源很多，可以从动物蛋白(乳蛋白、血蛋白、鱼蛋白等)获得，也可利用植物蛋白(大豆蛋白、谷物蛋白等)制备；④新酶解工艺研究，如将酶解与膜分离技术结合在一起，形成连续的水解工艺，应用固定化酶进行水解等。

3. 蛋白质深度水解

蛋白质深度水解可以获得多种生物活性肽。这些活性肽大多为来自陆地蛋白源的深度改性产物，包括免疫刺激活性多肽(immunostimulating peptide)、抗血栓肽(antithrombotic peptide)、抗高血压活性肽(antihypertensive peptide)、促进微量元素运输的多肽(mineral transport peptide)、酪蛋白阿片肽(casomorphins)、肿瘤抑制性多肽(tumour suppressing peptide)和抗艾滋病肽、易消化吸收肽(absorption peptide)、抑制胆固醇作用肽(cholesterol inhibition peptide)、激素肽和调节激素的肽(hormone peptide and hormone regulation peptide)等。

第 5 章　骨加工联产技术

中国是全球肉类产销总量最多的国家，按国际肉类组织公布的数据，中国畜禽肉类生产量约占世界生产总量的 27%，其中猪肉占 47%，羊肉、禽肉和牛羊肉分别占 26%、17%和 9%。那么随之产生的畜禽骨产量也非常巨大。

但是目前对骨的利用单一，利用率比较低，主要是用作骨泥及饲料加工，其次也有少量用作明胶提取，但骨架的综合利用率比较低；在软骨利用方面，目前大多采用酸碱结合酶法从软骨中提取价格昂贵的骨多糖(硫酸软骨素)，由于不能实现联产，骨酶解液作为废水处理，造成资源浪费和环境污染。而骨中含有丰富的营养成分，如蛋白质、脂肪和矿物质，其中鸡骨含有蛋白质 16.35%、脂肪 9.75%、水分 59%，此外也含有钙、磷、铁等微量元素，及维生素 A、维生素 D、维生素 B_1、维生素 B_2、维生素 B_{12} 等维生素和磷脂质、磷蛋白等物质。因此对畜禽骨的综合利用是十分重要的课题。

5.1　骨多糖与骨汤联产技术

骨多糖是广泛存在于人和动物的结缔组织中的酸性黏多糖类物质，是由 D-葡萄糖醛酸和 *N*-乙酰基-D-氨基半乳糖，以 1,3-糖苷键结合的双糖为基本单位聚合而成的大分子物质，在酸性条件下能水解产生葡萄糖醛酸和氨基已糖。骨多糖用途广泛，多用于临床、化妆品和医用材料等领域，具有降低血脂、抗病毒、提高免疫力及预防心血管疾病等多种生物活性功能。骨多糖的提取通常是以软骨为原料，但在联产技术中通常使用骨架，基本流程如下：

(1) 将冰鲜(−4～0 ℃)的鸡骨架通过骨肉分离机，分离出 50%～60%冷鲜脱骨原料肉和 40%～50%鸡骨渣。

(2) 分离出的鸡骨渣装入热压抽提罐中，固定鸡骨渣和水的比例为 1∶2，进行热压抽提，抽提温度为 125 ℃，抽提压力为 0.3 MPa，抽提时间为 1.5 h，待抽提结束后，采用夹层降温的方法降低热压抽提罐内的压力，开启热压抽提罐，采用振动除渣的方法去除骨渣，筛孔径为 40 目，得到鸡骨汤。

(3) 鸡骨汤经过静置罐静置沉淀，大颗粒骨粉、骨渣在静置罐底部，采用管式分离器取上清液进行油水分离。分离出的骨油加入 10%，80℃的水洗涤，水洗转数为 15 r/min 条件下搅拌 20 min 后静置 20 min，静置完排出废水，并将水洗后的骨油加热到 120℃除去残余水分，迅速降温后得到鸡骨油。

(4) 采用 LS-901 柱对脱油后的骨汤进行物理吸附。其中，树脂添加量为脱油骨汤质量的 4%，并根据处理量设定吸附柱(规格ϕ400 mm×4000 mm)数量。每根吸附柱每小时吸附骨汤约 4 t。吸附结束后，用质量分数 2%～3%的 NaCl 溶液对吸附有骨多糖的树脂进行洗脱，洗脱时间为 4 h，洗液用量为树脂用量的 2 倍，收集洗脱液，向洗脱液中加入体积分数为 95%的乙醇溶液，静置，离心分离，得到醇沉淀，经真空干燥后得到产物骨多糖。

(5) 将树脂吸附后的脱油骨汤进行双效浓缩或机械热泵浓缩。这两种方法均是采用二效同时蒸发，真空度 0.04 MPa，样液温度 80 ℃，浓缩至固形物含量为 45%。二次蒸气得到充分利用，既节省了锅炉的投资，又降低了能耗，能耗与单效浓缩器相比降低 50%，充分达到节能的作用。

(6) 将浓缩后的脱油骨汤与鸡骨油经过均质调和得到鸡骨高汤。浓缩后的脱油骨汤按照浓缩物质量 13%计算，添加食用盐，然后搅拌调和槽内的浓缩物，加入鸡骨油，并使槽内温度控制在 82～90℃，恒温调和时间控制在 30～40 min，使之调和均匀得到鸡骨高汤成品。

骨多糖与骨汤联产技术得到了骨多糖及鸡骨高汤产品，使低价值的鸡骨架副产物得到高值化开发利用。提供的骨多糖联产方法为物理分离方法，克服了酶法、化学法等方法成本高、操作复杂及有残留等弊端，并且不影响联产产品的品质，经济效益显著(图 5.1)。同时，联产工艺减少了废弃物排放，实现了清洁生产。

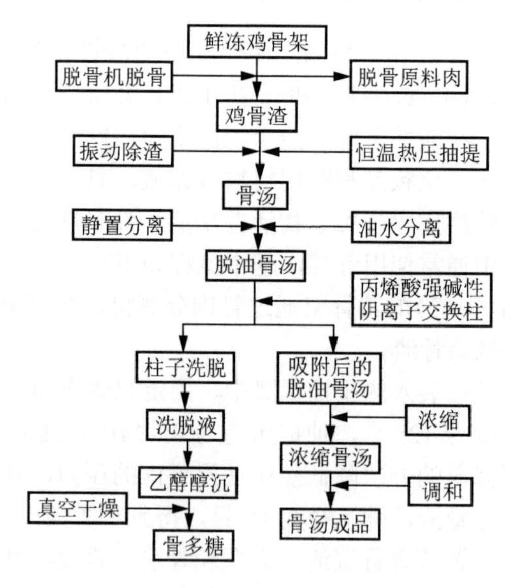

图 5.1　骨多糖与骨汤联产技术工艺

5.2　骨多糖与氨基酸(短肽)联产技术

肽是α-氨基酸以肽链连接在一起而形成的化合物，它也是蛋白质水解的中间产物。

一般肽中含有的氨基酸的数目为 2～9，根据肽中氨基酸的数量的不同而定义：由两个氨基酸分子脱水缩合而成的化合物称为二肽，同理类推还有三肽、四肽、五肽等，一直到九肽。通常由 10～100 个氨基酸分子脱水缩合而成的化合物称为多肽，它们的分子质量低于 10 000 Da，能透过半透膜，不被三氯乙酸及硫酸铵所沉淀。也有文献把由 2～10 个氨基酸组成的肽成为寡肽，也称短肽；10～50 个氨基酸组成的肽称为多肽；由 50 个以上的氨基酸组成的肽就称为蛋白质。

肽的分离可以采用膜分离技术，既降低了污染，又保留了肽的活性。骨多糖与氨基酸(多肽)联产技术工艺如下：

(1) 将冰鲜(−4～0℃)的骨通过骨肉分离机，打碎成骨渣。

(2) 将分离出的鸡骨渣装入热压抽提罐中，水浸没后升温至 75℃，排血水，固定鸡骨渣和水的比例为 1∶2，进行热压抽提，抽提温度为 125 ℃，抽提时间为 1.5 h，待抽提结束后，采用夹层降温的方法降低热压抽提罐内的压力，开启热压抽提罐，采用振动除渣的方法去除骨渣，筛孔径为 40 目，得到骨汤。

(3) 将骨汤静置分层。

(4) 骨汤进行靶向酶解，截留分子质量为 10 kDa 的超滤膜分离提取骨多糖，收率达 97.11%。

(5) 取超滤后的透出液过不同的纳滤膜，得到不同相对分子质量的短肽。

5.3　骨多糖与蛋白粉联产技术

将鲜冻鸡骨架通过破骨机破碎，破碎后的粒径为 2 cm；将破碎后的鸡骨架进行变温热压抽提，其中鸡骨架与水的料液比为 1∶1.5～1∶2，进行变温抽提。当提取罐中温度达到 90～105 ℃时，保持 20～25 min，压力 0.2～0.25 MPa；105～120 ℃时，保持 35～40 min，压力 0.25～0.28 MPa；120～128 ℃时，保持 30～35 min，压力 0.28～0.3 MPa。

将经变温热压抽提后的鸡骨料液静置分层，油水分离后上层油相精炼提纯后食用，下层料液经 80～100 目振动筛后得到骨肉蛋白提取液，筛后骨渣用于制作饲料。骨肉蛋白提取液冷却至 38～42 ℃，使用氢氧化钠调节提取液 pH 至适宜，用蛋白酶进行酶解。酶解液经 80～100 目滤布过滤，滤液经过超滤后得到蛋白水解浓缩液。调节蛋白水解浓缩液 pH 为 6.8～7.2，加入浓缩液 2.8～3

倍体积的 95%乙醇，搅拌 1.8～2 h 后静置分层。下层沉淀经过洗涤干燥后得到骨多糖，上层清液制备蛋白粉。得到的上清液经过纳滤脱钠、真空浓缩、喷雾干燥后得到蛋白粉(图 5.2)。

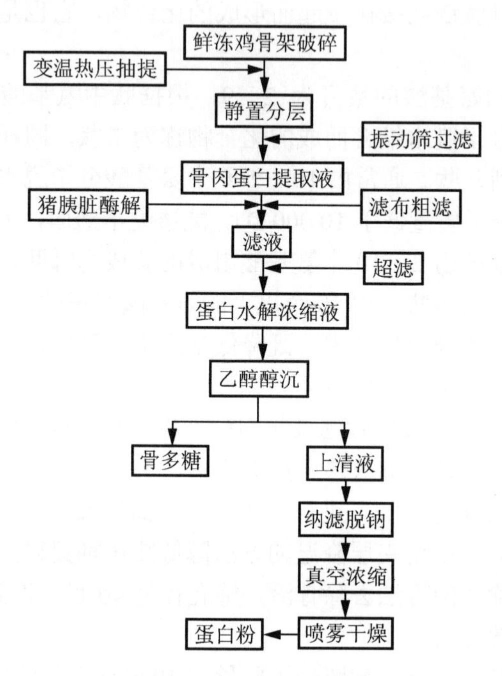

图 5.2　骨多糖与蛋白胨联产技术工艺

5.4　骨油、骨素与骨味调味料联产技术

将洗净的牛鲜骨(或冻骨)投入轧骨机中破碎成长度为 1.5 cm 的小块后，再把破碎的牛骨装入吊笼中，把吊笼放入热压抽提罐中，在骨水比 1∶2，抽提压力 0.25 MPa，抽提温度 140 ℃条件下热压抽提 80 min。待抽提完成泄压后开启热压抽提罐，取出吊笼，收集热压抽提罐内骨汤并用筛孔径为 40 目的振动筛除掉大块骨渣。把振动除渣的骨汤抽入静置分离缸内让骨汤静置自然分离，温度控制在 90 ℃，静置 2 h 后从静置缸中间抽取骨汤除去细小骨渣得到牛骨抽提物。再用管式分离机进行油水连续分离，转速为 15 000 r/min，分别在出油口和出水口收集牛骨油粗品和脱油牛骨抽提物(图 5.3)。

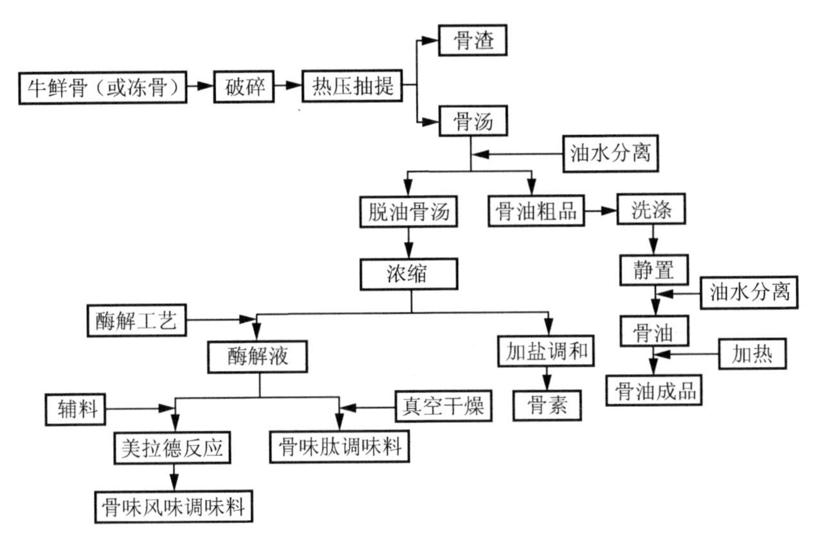

图 5.3　骨油、骨素与骨调味料联产技术工艺

所得牛骨油粗品中加入质量为牛骨油粗品质量 10%的 80℃水，15 r/min 条件下水洗，缓慢搅拌 30 min 后静置 20 min，静置完通过下水口缓慢排水直到有油排出时停止排水，再将水洗后的牛骨油加热到 120℃除去残余水分，迅速降温后灌装得到成品牛骨油，此过程严格控制在 3 h 以内。上述方法得到牛骨油的提取率为 8%～10%，提取的牛骨油有浓郁的牛肉香味，可用于人造奶油和调味油等。

所得脱油牛骨抽提物抽入浓缩系统进行真空浓缩，浓缩时夹层蒸气压力控制在 0.10 MPa 以下，保证浓缩的平稳性，温度控制在 60℃，压力控制在−0.06 MPa，浓缩至固形物含量为 45%时停止浓缩；再将浓缩好的脱油牛骨抽提物抽至调和槽内，按浓缩物质量添加 13%食用盐，对调和槽内进行搅拌并使槽内温度控制在 90℃恒温，调和时间控制在 40 min，使之调和均匀即得到成品牛骨素。

将所得浓缩好的脱油牛骨抽提物加入酶解罐中，调节并保持温度为 45℃，用 0.1 mol/L 的氢氧化钠调节 pH 到 6.8，加入酶活性为 125 u/mg 的复合蛋白酶(E/S：1 g/100 g)搅拌反应 2 h 后，迅速升温至 95 ℃并维持 10 min，再降温待温度降至 45 ℃并保持此温度加入酶活性为 22 u/mg 的风味蛋白酶(E/S：1.5 g/100 g)，搅拌反应 2 h 后迅速升温至 95℃并保持 10 min 后完成酶解，放室温自然冷却。

待酶解液冷却后在离心速度为 3500 r/min 条件下离心 15 min，去沉淀取上清液，将该上清液在进风温度 165℃，进料速度为 50 r/min，变性淀粉添加量为 15%的条件下进行喷雾干燥后得到粉末状牛骨风味肽调味料产品。

在美拉德反应釜中加入各个原料，配方为：牛骨素酶解液 100 g，葡萄糖 5 g，木糖 2.5 g，L-半胱氨酸 1.5 g，谷氨酸 1 g，甘氨酸 1 g，香辛料 51 g，水解植物蛋白 1 g；用 0.1 mol/L 的氢氧化钠调节 pH 到 7.0；调节反应釜温度至 125℃并维持 2 h，2 h 后得到美拉德反应产物。使用均质机在 35 MPa 条件下均质，得到膏状牛骨风味的调味料成品。也可将所得美拉德反应产物在进风温度为 155℃，进料速度为 50 r/min，淀粉添加量为 5%的条件下喷雾干燥得到粉末状牛骨风味调味料成品。

上述方法得到的牛骨素的抽提率为 40%，蛋白质含量为 26%，脂肪含量为 0.5%，氨基酸种类齐全，具有良好的感官品质和牛肉风味。

骨加工联产技术不仅充分应用了骨资源，提高了骨的利用率，也降低了环境污染，减少了能量消耗。多种产品联产技术的应用实现了畜禽骨的精深加工，提高了畜禽屠宰副产物的附加值。

5.5 其他无机质的利用

5.5.1 骨炭

动物骨炭可提高风味和防腐能力，是一种添加剂，也是自来水的除氟漂白剂及酒类的酸中和剂。尤其是骨炭的除氟，可作为防治地方性氟中毒的根本方法。骨炭中有效的除氟成分为其中的复杂磷酸盐(骨盐：与羟基磷灰石有关)。传统制作骨炭的方法(即商业骨炭)采用碱处理脱脂，破碎后高温处理，但骨炭的除氟容量较低，采用快速焚烧方法制备的骨炭，除氟容量大幅度上升，特别是用炭化炉制作的骨炭除氟效果好；采用骨粉颗粒炒制的骨炭虽氟容量也高，但炭化效果不好，通水后出现较多棕色色素；另外，不作烧制的骨炭也有一定的除氟能力，但由于有机质的存在，难以充分暴露于高氟水，除氟效果不及被处理后的，且有机质在水中易腐败而使水质变坏，烧制处理使有机质炭化，但关键的是烧制条件。王连方等对不同方法制作骨炭的除氟效果进行研究，结果表明商品骨炭除氟效果最差，炉火燃烧制品除氟效果优于商品骨炭但不稳定，骨粉炒制骨炭除氟效果较好但制取成本较高，管式炭化炉烧制骨炭与炒制法相似且操作方便，利用骨炭除氟剂制作细末制成的再生骨盐除氟效果最好；王涌研究了饮用水骨炭除氟机理，通过对一系列动态、静态试验结果的分析，认为骨炭除氟既有离子交换作用也有吸附作用。唐古娜摘译的用动物骨炭制备的活性矿质浓缩液，解决了以往使用骨炭所引起的问题。工艺过程为先除去动物骨上的肉和脂质，干馏骨骼使其成为骨炭，保持干馏器中的温度，导入 800～900 ℃的热风直接作用于骨炭，使其除去骨炭中碳素及硫化物，得到高纯度磷酸钙为主的骨炭，粉碎，分出粗细粒骨粉，分别进行提取，每 40 kg 的骨粉加水 100 L，搅拌后静置一昼夜，将其上清液的 pH 调至 11.5，加热至沸腾，并保持 45 min 后将上清液表面的浮物捞出，冷却至 10℃左右，取出上清液，得 pH 为 12.5 的活性矿质浓缩液。去上清液后的残渣再加水 100 L 重复上述操作，最后得 pH 为 11.5～12.5 的活性矿质浓缩液，一次骨粉可循环三次提取。

5.5.2 骨肥

平地上铺 7 cm 厚的粗糠，糠上放一层木柴，木柴上放一层骨头，如此相间堆叠，层数随意，最上层仍铺粗糠，点火焖烧几小时后，熄火把骨取出捣碎过 50 目筛，所得细粉为黑色骨肥。

用氢氧化钠清洗碎骨，去除油脂，熬煮后滤去骨髓，用盐酸浸泡骨渣后，过 100 目纱布，再用氢氧化钠或小苏打中和 pH 至 6～6.5 时，析出物为磷酸氢钙。磷酸氢钙除用作肥料外，可作为高档牙膏中的摩擦剂，促进牙齿发白，还可用于医药、牙科及作为塑料稳定剂、食品添加剂等。用骨炭法制牙膏级磷酸氢钙，是将提取骨胶后的杂骨、骨渣在 900 ℃以上的高温下炭尽可能除去有机质，以便酸解操作。将杂骨中的杂物拣出后用水配成悬浮液，采用盐酸将磷酸盐浸出，酸解液用碱调 pH 除去铁、氟等杂质，经脱色、过滤，滤液再用碱中和至控制终点，加入镁型稳定剂陈化、分离和干燥即得成品。但骨炭法虽然综合利用畜骨，复分解且中和反应一步完成，所得产品成本较低，但其所用原料来源有限，产品色泽不理想，三废处理困难，很少被厂家采用。

参 考 文 献

安广杰，袁京，李学红. 2010. 美拉德反应制备鸡肉味香精.中国调味品，(10)：77-80.
蔡妙颜，李冰，袁向华. 2002.肉味香精研究概况. 冷饮与速冻食品工业，(4)：40-44.
陈海涛，姜海珍，孙宝国. 2009. 液体牛肉香精配方结构研究.食品工业科技，(12)：326-331.
陈美花，吉宏武，励建荣. 2010. 马氏珠母贝酶法抽提物美拉德反应产物呈味成分分析. 中国调味品，39(5)：42-47.
陈美花，吉宏武，励建荣，等. 2012. 马氏珠母贝酶法抽提物美拉德反应产物呈味成分分析.中国调味品，35(9)：42-47.
大连轻工业学院，华南理工大学. 2009. 食品分析.北京：中国轻工业出版社， 221-234.
代建华，赵永敢. 2008. 不同的提取工业对鸡骨素出品率的影响.肉类工业，(9)：25-27.
董宪兵，唐春红，张春晖. 2013. 组合酶水解鸡骨素工艺研究与水解液风味分析. 核农学报，27(5)：629-634.
方瑞，马美湖，蔡朝霞. 2009. 牛骨酶解物制备特色调味料的研究.肉类研究，(4)：18-27.
冯大炎. 1993. Maillard反应与Strecker降解及其对食品风味与食品营养的影响.安徽师大学报，(6)：79-84.
付莉，李铁刚. 2006. 简述美拉德反应.食品科技，(12)：9-11.
韩卫军，周辉. 2004. 微胶囊香精在肉制品中的应用. 食品工业科技，25(11)：155-156.
贺稚非，李洪军，何觉义，等. 1994. 骨泥营养食品中钙生物利用的研究.食品科学，(6)：25-27.
纪存朋，于建生，黄淑燕. 2009. 膜系统在生物技术中应用的研究进展. 化学工业与工程技术，30(5)： 24-28.
姜玉红，张翊. 2009. 硫酸软骨素含量测定的法定方法. 食品与药品，11(3)：68-70.
李琼. 2005. 畜禽鲜骨再生利用与肉类香味料开发研究. 上海：东华大学：6.
李睿，王海燕，尚永彪. 2010. 鸡骨的综合利用研究进展.肉类工业，(11)：54-56.
李燕妮. 2011. 超滤法分离提取鸡胸软骨中硫酸软骨素和Ⅱ型胶原蛋白.化学与生物工程，28(2)：49-51.
凌关庭，王亦芸，唐述潮. 1985. 食品添加剂手册. 北京：化学工业出版社.
刘锐，黄水民. 2010. 美拉德反应制备鸡味香精的研究.中国调味品，(10)：34，40-41.
刘小玲，许时婴. 2004. 从鸡骨中制取明胶的加工工艺.食品与发酵工业，30(9)：48-53.
刘源，徐幸莲，王锡昌，等. 2007. 盐水鸭加工过程中滋味成分变化研究.农业工程技术，(7)： 32-35.
鲁伟，任国谱，宋俊梅. 2015. 蛋白水解液中多肽含量的测定方法. 食品科学， 26(7)：169-171.
欧阳杰，武彦文. 2001. 脂肪香精——一种新型天然肉类香精的制备和研究.香料香精化妆品，(5)：12-14.
齐军茹，苏景如，彭志英. 2001. 生物技术在食品风味物质中的应用.食品科技，8：9-11.
宋焕禄，廖国洪，杨成坚. 2002. 酵母抽提物-猪肉酶解物-HVP之间Maillard反应产生肉香味化合物的研究.食品科学，(23)：117-122.
宋健. 2001. 微胶囊化技术及应用. 北京：化学工业出版社.
孙宝国. 2004. 肉味香精的技术进展.食品科学，25 (10)：339.
孙红梅，董宪兵，李银，等. 2014. 应用模糊数学优化鸡骨素美拉德反应工艺. 中国食品学报，14(6)：213-216.
孙红梅，李侠，张春晖，等. 2013. 鸡骨素及其酶解液的美拉德反应产物挥发性风味成分比较分析.分析测试学报，32(6)：661-667.
孙红梅，张春晖，李侠，等. 2013. 鸡骨素及其酶解液 Maillard 反应产物滋味成分研究. 现代食品科技，29(8)：

1872-1877.

吴晓，王琚，霍乃蕊. 2011. 微胶囊技术及其在食品工业中的应用.食品工程，(1)：3-6，20.

肖凯军，李琳，郭祀远，等. 2001. 电场作用下动态超滤分离鲨软骨黏多糖的研究.高校化学工程学报，15(4)：383-386.

肖作兵，孙宗宇，刘振杰. 2009. 一种虾肉香精的制备工艺.上海应用技术学院学报(自然科学版)，(4)：261-266.

徐德峰，张卫明，孙晓明，等. 2007. 鸡骨架蛋白酶解制备肉味香精反应底物的研究.中国调味品，(6)：36-38.

杨志坚. 1996. 食品微胶囊的设计与应用. 生命科学研究与应用，(4)：589.

张彩菊，张慜. 2004. 利用美拉德反应制备鱼味香料.食品科技与技术，(5)：11-15.

张慜，张鹏. 2006. 食品干燥新技术的研究进展. 食品与生物技术学报，25(2)：115-119.

张恒，邬应龙. 2010. 鸡骨的酶解及酶解液的电泳分析.食品与发酵工业，36(9)：102-105.

张志宇. 2010. 畜禽骨屠宰分割副产物开发肉味调料的研究. 成都：西华大学.

赵永敢，代建华，石晓. 2009. 鸡骨素提取工艺研究.食品工业，(3)：47-49.

郑明强，李新文，仇宏伟，等. 2010. 从鸡骨中提取骨胶原的酶解工艺研究.烟台大学学报(自然科学与工程版)，(4)：161-164.

钟秋，谢建春，孙宝国，等. 2010. "酶催化氧化鸡脂——热反应"制备鸡肉香味.中国食品学报，(4)：124-129.

Bhaskar N，Modi V K，Govindaraju K，et al. 2007. Utilization of meat industry by products：Protein hydrolysate from sheep visceral mass. Bioresource Technology, 98：388-394.

Cerny C. 2007. Origin of carbons in sulfur-containing aroma compounds from the Maillard reaction of xylose，cysteine and thiamine. LWT，8：1309-1315.

Cerny C, Briffod M. 2007. Effect of pH on the Maillard reaction of [13C5]xylose, cysteine, and thiamin. Journal of Agricultural and Food Chemistry，55(4)：1552-1556.

Church F C, Swaisgood H E, Porter D H,et al. 1983. Spectrophotometric assay using *o*-phthaldialdehyde for determination of proteolysis in milk and isolated milk proteins. Dairy Science，66(6)：1219-1227.

Dong X B, Li X, Zhang C H, et al. 2014. Development of a novel method for hot-pressure extraction of protein from chicken bone and the effect of enzymatic hydrolysis on the extracts. Food Chemistry， 157：339-346.

EI-massry K，Farouk A，EI-Ghorab A. 2003. A volatile constituent of glutathione-ribose model system and its antioxidant activity. Amino Acids，24：171-177.

Harma G P，Verma R C. 2005. Thin-layer infrared radiation drying of onion slices. Journal of Food Engineering， 67：361-366.

Hayakawa S, Nakai S. 1985. Relationships of hydrophobicity and net charge to the solubility of milk and soy proteins. Food Science，(50)：486-491.

Hyung J S， Song H B， Dong O N. 2000. Debittering of corn gluten hydrolysate with active carbon. Journal of the Science of Food and Agriculture，80(5)：614-618.

Kim J S, Lee Y S. 2009. Study of Maillard reaction products derived from aqueous model systems with different peptide chain lengths. Food Chemistry，116(4)：846-853.

Lan X H, Liu P, Xia S Q, et al. 2010. Temperature effect on the non-volatile compounds of Maillard reaction products derived from xylose-soybean peptide system： Further insights into thermal degradation and cross-linking. Food Chemistry, 120(4)：967-972.

Laroque D, Inisan C, Berger C, et al. 2008. Kinetic study on the Maillard reaction. consideration of sugar reactivity. Food

Chemistry，111(4)： 1032-1042.

Liu M, Han X M, Tu K，et al. 2012. Application of electronic nose in chinese spirits quality control and flavour assessment. Food Control，26(2)：564-570.

Luo X M, Fosmire G J, Leach R M. 2002. Chicken keel cartilage as a source of chondroitin sulfate. Poultry Science，81(7)：1086-1089.

Martins I F S. 2001. A review of Maillard reaction in food and implications to kinetic modeling. Trends in Food Science & Technology，(11)：364-373.

Morales F J， Martinus A J S V B. 1998. A study on advanced Maillard reaction in heated casein/sugar solutions： Color formation. Dairy Journal，8(10-11)：907-915.

Mosciano G，Long J，Holmgren C，et al. 1996. Organoleptic characteristics of flavor materials. Perfumer & Flavorist，21(2)：48-49.

Ogasawara M，Katsumata T，Egi M. 2006. Taste properties of Maillard-reaction products prepared from 1000 to 5000 Da peptide. Food Chemistry，(99)：600-604.

Purlis E. 2010. Browning Development in bakery products: A review. Journal of Food Engnineering，99：239-249.

Rowe D J. 1998. Aroma chemicals for savory flavors. Perfumer & Flavorist，23(4)：9-16.

Sara I F S M， Wim M F J， Martinus A J S V B. 2001. A review of Maillard reaction in food and implications to kinetic modelling. Trends in Food Science & Technology，11(9-10)：364-367.

Shahidi F. 1994. Flavor of Meat and Meat Products. London：Blackie Academic &Professional：6-7.

Shen S C, Tseng K C, Wu J S. 2007. An analysis of Maillard reaction products in ethanolic glucose-glycine solution. Food Chemistry，102：281-287.

Silvestre M P C. 1997. Review of methods for the analysis of protein hydrolysates. Food Chemistry，60(2)：263-271.

Sumau G，Turabi E，Oztop M. 2005. Drying of carrots in microwave and Halogen lamp-microwave combination ovens. LWT，38：549-553.

Sun H M，Wang J Z，Zhang C H. 2014. Changes of flavor compounds of hydrolyzated Chicken bone extracts during Maillard Reaction. Journal of Food Science，79(12) ：2415-2426.

Sun W Z, Zhao M M, Cu C, et al. 2010. Effect of Maillard reaction products derived from the hydrolysate of mechanically deboned chicken residue on the antioxidant， textural and sensory properties of Cantonese sausages. Meat Science，(86)：276-282.

van Boekel M A J S. 2006. Formation of flavour compounds in the Maillard reaction. Biotechnology Advance，24：230-233.

Varavinit S，Sujin S，Matebh I. 2000. Production of meat like flavour. Science Asia，(26)： 214-219.

Wang R，Yang C， Song H L. 2012. Key meat flavour compounds formation mechanism in a glutathione-xylose Maillard reaction. Food Chemistry，(1)：280-285.

第二篇　加工装备

第6章　骨加工前处理设备

动物骨在加工处理前，一般都需要进行机械或人工方式的骨肉分离、大块骨的清洗、破碎、除血、除杂等工序。对于畜类骨头的骨肉分离，一般常用人工方法进行分割和剔除，从而产生大量的类似三叉骨、脊骨、腿骨等含肉量较低的杂骨。而对于小型动物(如兔)、禽类和鱼类的胴体架结构特点，其骨与肉的彻底分离较有难度，因此可以采用骨肉分离的专用机械实施分离成为肉糜和骨渣，再进行不同方式深加工处理。

另外，较大的骨头若要进行深加工的提取和蒸煮，往往需要进行破碎处理，加大骨头与溶剂的接触面积来提高其有效成分的溶出率(即提取率)。因为不同类型骨头以及不同胴体部位的骨头结构形状差别很大，所以需要采用一种适用不同原料情况的机械设备，实现破碎处理。

作为食品原料的骨头，对其加工前的清洁程度要求较高，有时需要进行必要的清洗、除杂，这也是保证后续加工过程清洁和卫生的重要环节，下面也将作为一节进行单独介绍。

6.1　骨肉分离机

目前分离技术简而言之就是从“硬”的物质中将“软”的分离出来或从“软”的物质中将“硬”的分离出来。就实际应用而言，目前主要是从骨架中将肉分离出来，所以一般将分离技术概括为“骨肉分离技术”。实现骨肉分离的设备是骨肉分离机。

6.1.1　骨肉分离机的性能

骨肉分离机有以下几个典型的特点。

(1) 出品率。以鸡骨架为例，一般的骨肉分离机，其出品率均不会超过65%，使用一段时间，则降低到60%左右。

(2) 升温。肉泥在被分离的过程中，极易升温，使肉泥的品质变差。圆筒形分离腔制造的肉泥，升温最高可达12 ℃。

(3) 含钙率或者骨渣率。错误的认识是，出品率越高，骨渣率越高。殊不知，骨渣由于形状各异，骨渣率的高低，完全取决于分离腔孔眼的设计。先进的骨肉分离机，采用了“级差”式分离孔眼设计方式和可调式旋紧把手，把骨渣彻底分离出来。

⑷ 磨削次数。分离腔和螺杆在使用了一段时间后，要进行焊接和磨削。

6.1.2 骨肉分离机的类型

目前市面上的骨肉分离机主要有 3 种类型。

⑴ 挤压式分离机。使用活塞或气缸等装置，借助活塞或气缸的高压来推动产品通过孔板，将肉从骨架上挤压出来，残骨留在腔体内，然后将残骨取出，放入新的原料骨，如此往复循环，不能够连续进行工作。

⑵ 皮带式分离机。由特制的皮带围绕着带有筛孔的转鼓旋转，原料骨被输送到皮带和转鼓之间，借助皮带和转鼓产生的压力将肉从筛孔中挤出，残骨仍留在皮带和转鼓之间，直到被排出。

⑶ 旋转式分离机(分为高速和低速)。①高速旋转式，原料由专用绞肉机、肉泵或其他装置输送到料斗，螺杆在狭长的腔体内旋转，原料在腔体内由螺杆驱动。肉在螺杆的挤压下从腔体的孔槽间挤出，残骨在螺杆的驱动下从末端排出。螺杆转速至少为 1000～2000 r/min，外力源于螺杆和腔体。②低速旋转式，由一对供料螺杆完成原料的驱动和预破碎，工作螺杆和腔体配合完成肉的挤出。与高速旋转式不同，低速旋转式采用了锥形的分离腔体，分离的外力源于分离头组件，供料螺杆的作用相当于肉泵，见图 6.1 和图 6.2。

图 6.1　低速挤压式骨肉分离机

图 6.2　分离用筛网

6.1.3 各种类型分离机的优缺点(表 6.1)。

表 6.1　各种类型分离机的优缺点

序号	分离类型	优点	缺点
1	挤压式	骨的形状完好、没有被破坏，脱骨肉几乎不含骨	肉的组织结构被破坏，出肉率低，工作不能连续，占地面积大，维护费用较高，产品温升高
2	皮带式	低压分离，对肉的冲击最小，肉的组织结构很好，适合某领域的专业应用	产能低，不能使用多种原料，维护成本非常高
3	高速旋转式	价格便宜，肉的组织结构较好，占地面积小，维修保养费用相对较低，可连续工作	对原料骨有限制，螺杆和腔体不能调整或调整范围小，需要配套的肉泵或专用绞肉机上料，分离肉的钙含量较高，产品温升较高
4	低速旋转式	一步完成，不需要预处理，可连续工作，产品温升极低，肉的组织结构好，螺杆和分离头可调整，适用于多种原料，分离肉用途广泛，分离肉钙含量极低，保质期长，多种分离头结构，满足不同产品加工工艺要求	分离头组件需要专业打磨，初期投资高于高速旋转式

经过骨肉分离机分离得到肉泥可制作包子、水饺和馅饼的肉馅或者各种肠类肉制品的填充肉糜。骨渣可用来提取骨素、软骨素等产品。

6.1.4　骨肉分离机现状

国外对畜禽类骨肉分离机的研究和使用早于国内。目前国内大型的养殖，尤其是禽类养殖屠宰厂使用的骨肉分离机多为进口的分离机，多以美国 Beehive 公司、加拿大派斯(Poss)公司、荷兰马瑞奥施托克(Marel stork)公司以及韩国、日本公司的部分产品。其中美国 Beehive 公司是骨肉分离机的发明者。

国内的肉食机械设备厂家看到骨肉分离机的巨大市场前景和利润空间，纷纷推出自己的骨肉分离机产品。主要集中在东北的黑龙江、沈阳地区，华东的诸城地区、华北的石家庄和中原地区的洛阳等。由此大大降低了国内厂家采购成本，也加速了此种新机器的使用范围。但是目前国内产品存在的缺点也较为明显，尤其集中在分离用的螺杆和筛网的设计、加工工艺和精度以及材质问题。造成同样的处理量，能耗偏大、分离效果差、肉糜内含骨渣量偏多的问题。

经过与实际生产厂家的结合试验和科研院所的联合开发，目前有少数厂家在主要的技术参数上基本接近进口产品，而造价则为其 50%左右。

6.1.5　骨肉分离机操作方法

(1) 空载试运转。将机头内涂抹食用油或动物油脂，然后点动电机，仔细听有无碰擦声，如有碰擦立即停机检查、调整，排除碰擦声后，再涂抹油脂，开机空载试车。一般空载开机不超过 0.5 min。

(2) 负载运行。机器开动立即向料斗内投入原料，投料应均匀、连续，避免空转，以防骨渣出口堵塞。

骨渣出口调节：每次清洗组装机头后都要进行骨渣出口调节。方法是：松开 4 个螺栓，先用手向里旋转调整螺母，直至转不动，再用圆螺母勾扳手轻轻紧一下，然后逆时针转动两圈(螺距为 2 mm)，最后对角拧紧 4 个锁紧螺栓。再开机，若达不到要求再继续调整；由于原料差异，往往需要进一步调整骨渣出口；观察骨渣出口状态；当出骨渣缓慢，排出的骨渣表面干热、发白时，说明骨渣出口偏小，应立即停机，调大出口，直至达到出骨渣顺畅且骨渣含肉较少。当骨渣中含肉较多时，应调小骨渣出口，松开锁紧螺栓，顺时针转动调整螺母半圈至一圈，其他方法同上。

特别注意的是骨渣出口绝不允许封闭或堵塞，如发现不出骨渣，应立即停机，清除堵塞，调大骨渣出口，以免损坏机器。

6.1.6 机器拆卸、清洗、保养、维修

减速箱半年更换一次齿轮油，轴承座每年更换一次润滑脂。机头夏天每天清洗一次，春、秋 1～2 天清洗一次，冬天每周清洗一次。

1. 清洗机头的拆卸程序

(1) 松开并卸下机头固定螺栓，卸下机头。

(2) 松开并卸下压紧螺母。

(3) 用钢棍插入分离螺旋的孔中，然后顺时针转动分离螺旋，边转边顺力外拉定位器，将定位器连同分离螺旋一同拉出。注意：不得用力转动和外拉，当转动和外拉阻力较大时，应将 4 个筛片压紧螺母从拉杆上卸下分离螺旋与定位器及压盘、筛片。

(4) 将筛片与分离螺旋分开，将泵体内零件倒出。

(5) 用毛刷将机头零件上的肉泥和骨渣刷洗干净，晾干；注意定位器和分离螺旋一体，不需要拆卸。

(6) 将料斗和输送螺旋清洗干净。安装顺序与上述颠倒。

2. 骨渣出口间隙调整

(1) 用手将调整螺母拧到头，使分离螺旋锥面与定位器锥面接触，然后倒回一圈半至两圈拧紧 4 个螺栓，将调整螺母固定。

(2) 易损件及时检查修复或更换，7～10 天检查一次刀盘、刀片、筛片、螺旋等易损件，有磨损应及时修复或更换。

(3) 螺旋和筛片间隙超过 1 mm，应首先将筛片内孔车圆，然后补焊螺旋叶片，再车圆螺旋叶片。

6.2 破　骨　机

对动物骨加工时，前期的破碎处理非常关键。破碎粒度大小对骨加工后道工序加工难度及出品率有很大影响。之前常用的破骨机有几种，但均为延用其他非食品行业破碎机，针对需要处理牛骨、猪骨、羊骨及其不同部位的骨头时，由于形状和硬度均不相同，破骨时不能达到破碎均匀的目的。为使其破碎完全，往往通过加大主动电机的功率，加强切刀的强度来实现破碎。但是，这样大功率电机在轧相对较小和硬度较小的骨头时能耗就偏大。高硬度的刀具在碰到类似牛腿骨高硬度的骨头则容易损伤，破损的刀头小块又会对其他刀具造成损伤。所以，传统破骨机不能够很好满足原料多样性和使用的可靠性，而且维修率高，能耗偏高。一般破骨机有以下几种：锯骨机、切骨机、齿轮啮合破骨机、旋转刀片破骨机等。

6.2.1　锯骨机

锯骨机从刀片的运行轨迹来讲，可以分为旋转锯片和锯带循环两种运行方式。这两种锯骨机为平面式机身设计，不锈钢封板，符合食品卫生并易于清洗；不锈钢机门，表面经特殊处理，容易清理及保养。锯带循环形式的带有压力张紧装置，便于锯带安装及调整；锯带稳定装置，锯切时锯带稳定不会游走，厚度调整板加强设计，便于调节加工厚度，移动时不会摇动，并附有安全压杆设计，提高工作安全性。旋转锯片形式则与工业用的砂轮结构类似，带有锯片的防护装置和防飞溅的保护。此两种机器具有防水性佳、容易清洗、安全卫生、功率大、结构紧凑、外形美观、操作简便、效率高、耗电小、清洁保养容易、锯骨效果好等优点(图 6.3)。

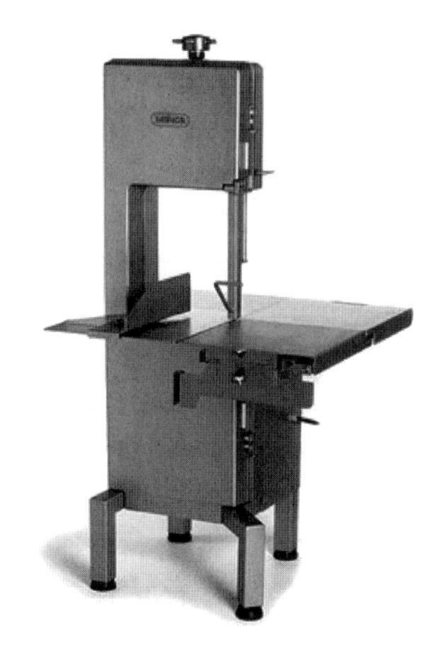

图 6.3　立式锯骨机

锯骨机适用于各类中小型动物骨头、冷冻肉，带鱼骨，冷冻鱼，冰块的加工等；用于小块冻肉、排骨的切割；广泛适用于大型集中式食品加工厂、屠宰场、肉联加工厂等地使用；但是对于处理形状不规则的大量骨块不太合适。人工操作时必须穿戴由不锈钢丝编织而成的手套，可以有效防止设备对人手的伤害。

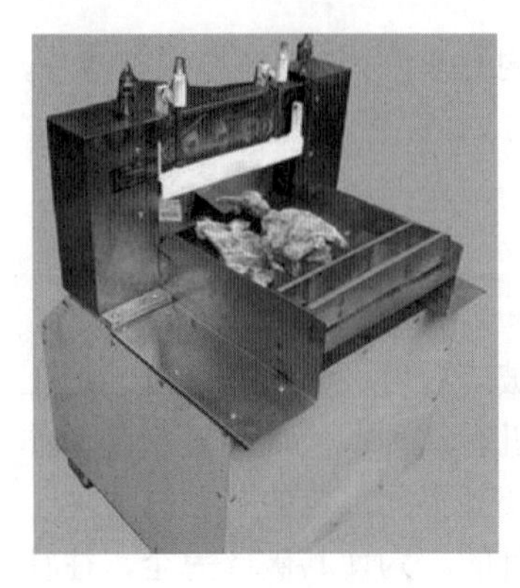

图 6.4　立式切骨机

6.2.2　切骨机

立式切骨机一般使用在小型的加工厂或生产单位(图 6.4)。其原理是通过一台手动控制的液压泵来带动类似龙门闸刀的刀片，将放置在不锈钢平台上的大骨或冻肉等物体通过液压的力量将其切断。特点是液压助力，切力较大，而且可以根据需要切任何形状物体，能够通过控制液压泵来控制下刀的速度。缺点是处理量小，被切物体需要人工辅助，操作带有危险性。但是其结构简单，造价低，操作方便，在许多农贸市场和小型的定点屠宰场广泛使用。

6.2.3　齿轮啮合破骨机

齿轮啮合破骨机是一种根据齿轮啮合原理设计制造的破骨机(图 6.5～图 6.7)。它包括机架、减速器、联轴器、刀片组、投料斗、出料斗等组件。所有的组件设在机架上，电机的减速器通过联轴器连接主动轴上的若干个主动刀片；从动轴上的刀片与主动轮之间为啮合配合。当需要破碎的骨头通过输送进入机箱顶部的进料斗，通过刀片的剪切、咬啮作用，破碎后的碎骨通过出料口进入下道工序。使用该型破骨机可降低能耗和生产成本，能够适应原料多样性，而且操作简单、维修率低。

设备的具体实际运行过程如下：

破骨机的机架 1 上设有一个减速器 2，该减速器通过六角螺栓 3 固定于机架上；减速器的输出端与一联轴器 4 相连接；主动轴 5 和从动轴 6 均安装在机架上，且均由短圆柱滚子轴承 7 和轴承座 8 支撑。主动轴的一端设有主动轮 9，该轴端也与联轴器相连接，主动轴上设有多个主动刀片 10，主动刀片之间为均匀布置且设有间距，主动轴的两端设有多个用于固定主动刀片的圆螺母 11，防止主动轴在轴向上的移动；从动轴的一轴端设有从动轮 12，从动轮与主动轮之间为啮合配合；从动刀片与主动刀片之间为啮合配合。当设备启动后，从动刀片与主动刀片开始旋转，将掉落在刀片之间的各类骨头通过啮合、剪切，将大的骨头粉碎为相对均匀的碎块。而且主动刀片与从动刀片之间的间距一般为 15 mm，这样可保证刀片相互咬合时，即使有碎渣也不至于卡住。从动轴的两端设有多个用于固定从动刀片的圆螺母 11′，防止从动轴在轴向上的移动；主动轴和从动轴均设在一机箱 14 内，两轴端与机箱 14 相连接，该连接处设有尼龙垫 15，具有缓冲和密封作用；机箱的顶部设有进料斗，起盛装物料、保护和防止飞溅的作用；其底部设有出料斗，防止轧碎后骨头乱溅，并顺利进入下道工序。

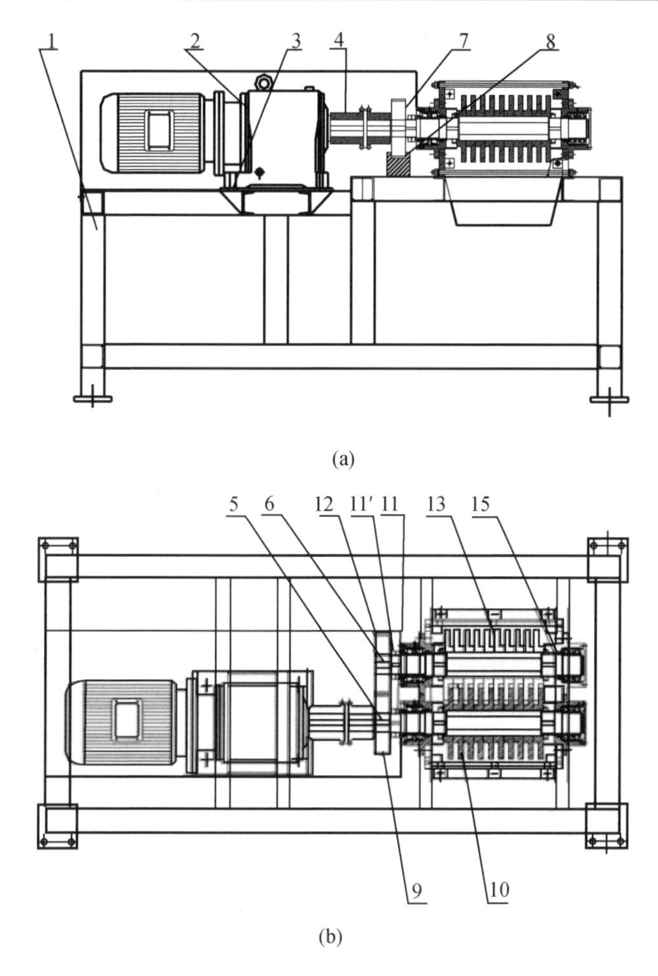

图 6.5　齿轮啮合破骨机正视图(a)和俯视图(b)

1. 机架；2. 减速器；3. 六角螺栓；4. 联轴器；5. 主动轴；6. 从动轴；7. 短圆柱滚子轴承；8. 轴承座；9. 主动轮；10. 主动刀片；11，11′. 圆螺母；12. 从动轮；13. 从动刀片；14. 机箱；15. 尼龙垫

图 6.6　齿轮啮合破骨机图

图 6.7　齿轮啮合破骨机齿轮

上述的破骨机中，主动刀片和从动刀片的个数均可按需要进行调整；主动刀片之间的距离和从动刀片之间的距离均可根据需要进行调整；主动刀片与从动刀片之间的距离可在 10～15 mm 的范围内进行调整。

使用上述破骨机时，关键是在投入骨头前需要有人工或设备对所投入的骨头进行选捡，防止有大块的硬物(类似金属块、铁钉等)进入设备，进而损坏刀片。这种设备结构简单，维护方便，造价低，能够适用于多种骨头的破碎。但是，其缺点也较为明显，即破碎的粒度调整不方便。针对需要破碎为较小粒度的骨头，实际使用往往是两台不同厚度刀片的破骨机串联，分为粗碎和细碎两个阶段。

6.2.4　旋转刀片破骨机

旋转刀片破骨机是一种爪型粉碎骨的设备，主要破碎部件为定刀和动刀。刀架优化设计，每一组动刀在上一个刀架的基础上旋转一个角度，使刀具分散受力，提高了单个刀片的剪切力，降低了对机器的冲击力，使机器运转平稳。工作时，待加工的大骨由料斗进入破碎腔，经动刀、定刀之间的强力剪切力而破碎，由机器下部排出。可与输送带配合使用，采用自动化进出料，提高进料速度和生产效率，减轻劳动强度。该机刀架的设计，能使刀具分散受力，提高单个刀片的剪切力和耐冲击力。前置刀片，加大刀片切削角度，提高切削效率，粉碎颗粒均匀。投料斗需要进行隔音处理，否则硬度较大的骨料进入会有巨大的响声(图 6.8)。

图 6.8　旋转刀片破骨机

而刀具一般选用优质合金钢经特殊热处理，耐磨性能优越，刀具安装可伸缩调整，用钝后可多次刃磨，反复多次使用。电机配有过载保护装置，进料部分与电源连锁保护，保障使用人员安全。此种破骨机具有操作简单、清洗维护方便、结构紧凑、工作稳定、产量大、温升低、不藏料、粒度可调等特点。能适合干、鲜牛大骨、猪骨、羊骨、驴骨等各种动物大骨和鱼骨类的破碎，破碎范围 5～80 mm。具体型号见表 6.2。

表 6.2　旋转刀片破骨机型号

型号	产量/(kg/h)	粉碎口径/mm	功率/kW	外形尺寸/cm(长×宽×高)
SGJ-300B	100～200	290×220	4	100×70×109
SGJ-360	200～400	360×260	7.5	112×78×112
SGJ-360B	200～400	360×260	7.5	112×78×132
SGJ-420	300～600	420×280	11	120×90×160
SGJ-480	500～1000	480×330	15	140×99×190
SGJ-660	800～2000	660×350	22	160×120×200
SGJ-720	1500～2500	720×500	37	200×145×310
SGJ-910	2000～5000	910×820	55	290×200×350
SGJ-1050	3000～6000	1050×820	75	290×205×350
PGJ-850	5000～6000	860×600	22	220×150×235

1. 旋转刀片破骨机的粉碎原理

根据物料的特性，旋转刀片破骨机的粉碎原理主要有以下方法：

(1) 压碎：物料受两平面间缓慢增加的压力作用而粉碎。多用于大块物料的初粉碎。

(2) 劈碎：物料受楔形刀具的作用而被分裂。多用于脆性物料的破碎。

(3) 剪碎：物料在两个工作面之间，如同承受载荷的两支点梁，除了在作用点受劈力外，还发生弯曲折断。多用于硬、脆性大块物料的破碎。

(4) 击碎：物料在瞬间受到外来的冲击力而被破碎。

(5) 磨碎：物料在两个研磨体之间受到摩擦、剪切作用而被磨削为细粒。多用于小块物料或韧性物料的粉碎。

2. 粉碎方法

破骨机的粉碎操作中，应根据物料的物理性质、块粒大小以及所需的粉碎程度而定。实际操作中，通常采用两种或两种以上的粉碎方法组合进行。

(1) 粉碎比与产品粒度。锤式破骨机有很高的粉碎比，单转子式的粉碎比在10～15之间。产品粒度大小主要取决于出料格栅间隙的尺寸。缩小出料格栅间隙可加大粉碎比，减小粒度，但是小间隙会影响破骨机的生产能力。

(2) 转子速度。锤式破骨机的转速，取决于破碎时所需的动能。锤片质量越大，转速越高，则其破碎力越强，但旋转时的离心力也越大。因此，锤片质量与圆周速度的增大受到机械强度的限制。单转子破碎机的圆周速度为40～50 m/s，转速为2800～3200 r/min。

3. 破骨机的生产能力

生产能力与转子的长度、卸料隔栅的间隙宽度、锤片的质量、转速、粉碎比、加料情况及物料的性质有关。在生产厂家选型时，根据自身整个生产线的加工能力来选择破骨机的型号。

6.3 洗 骨 机

一般自身有屠宰场的骨加工企业，其原料骨没有经过中间环节，表面较为干净清洁，只含有血迹和油脂、碎肉等。否则，外购的骨源会经过多个环节，造成原料表面附着不少污物和杂质。这样会对后续加工造成污染，尤其是牛骨、猪骨、羊骨、马骨、驴骨等大型畜类骨的加工。在热压提取之前的必要清洗处理是不可减少的环节。在实际生产过程中，往往借用果蔬加工中的鼓泡清洗机和旋转笼式清洗机稍作改进后使用，效果能够达到清洗目的。

6.3.1 鼓泡清洗机

工作原理：利用鼓风机把空气送进洗槽中，使洗槽中的水产生剧烈地翻动鼓泡，使黏附在物料表面的污染物加速脱落下来。该设备采用鼓泡冲浪的形式，用于骨原料的清洗。

鼓泡清洗机主要由洗槽、输送机、喷水装置、空气输送装置、支架及电机、传动系统等组成(图 6.9)。

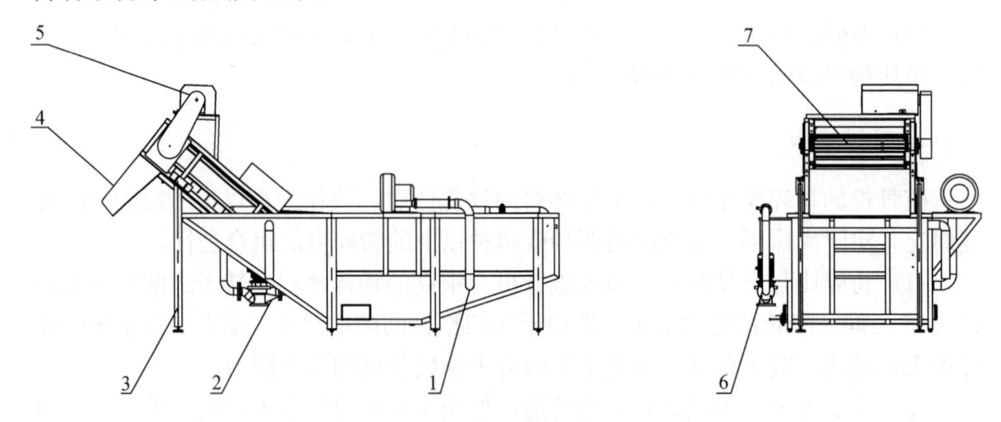

图 6.9 鼓泡清洗机

1. 循环管；2. 鼓泡装置；3. 支架；4. 出料口；5. 电机；6. 循环泵；7. 输送链板

性能特点：

(1) 骨块原料在清洗过程中受水流和气泡的双重作用，不停地作任意方向旋转翻滚，可彻底清洗，除杂、去血水、去除残存碎肉等。

(2) 循环水将原料冲向出料提升机，在提升过程中，单独的新鲜水对原料进行再次冲洗，防止循环水中的杂质带入下道工序。

(3) 清洗水经过滤后可以循环使用。

(4) 该设备配有无级变速电机，速度可调。

鼓泡清洗机的技术参数见表 6.3。

表 6.3　鼓泡清洗机的技术参数

名称	配置说明	外形尺寸/mm (长×宽×高)	建议处理量/(t/h)	建议功率/kW
GQXJ-1	材质 SUS304 不锈钢，无极可调，鼓风机，冲浪泵	3000×800×1200	≤1	2.2
GQXJ-2		3500×1000×1200	1～2	3
GQXJ-3		5000×1100×1200	2～3	4.4
GQXJ-5		5000×1300×1200	3～5	5.5

6.3.2　旋转笼式清洗机

旋转笼式清洗机由电机、水泵、滚筒、支架、托轮、板刷、喷淋水管、料斗、盖板、水箱、阀门、传动轴、电机架、电气控制开关等一些零部件组成(图 6.10)。通过链条由电机链轮带动长轴上链轮，再由过渡轴的链轮和滚筒上的不锈钢链条啮合而使滚筒实现转动。物料进入滚筒后通过喷淋管冲洗以及板刷刷洗达到清洗效果，滚筒下方有两个水箱，靠近出料的清水水箱，进水管接清水，靠近进料边是循环水箱，从冲孔滚筒洗过物料出来的水源，经过水箱中的过滤网过滤后二次利用。

图 6.10　旋转笼式清洗机

1. 工作原理

物料由进料斗送入，启动高压水泵、转动筒体，物料在被筒体内螺旋板推进的同时进行漂洗、喷淋洗或高压水清洗，有固定转速和无极调速两种机型。

2. 结构特点

该机采用整体旋转式，进料口、出料口、筒体全部采用不锈钢板制成，并配有高压水泵喷淋冲洗装置，可选用自来水或热水进行直接冲洗，物料由内螺旋导向板向前推进，实行连续生产，自动出料，对特殊物料可反复倒顺清洗，直到洗净为止。

3. 技术参数(表 6.4)

表 6.4 旋转笼式清洗机的技术参数

型号	产量/(kg/h)	滚筒尺寸/mm	功率/kW	外形尺寸/cm(长×宽×高)
XG-500	100～300	ϕ500×2000	2.6	2700×700×1150
XG-720	300～600	ϕ720×2000	3.7	2800×850×1300
XG-900	600～1000	ϕ900×2300	4.5	3150×1200×1850
XG-1250	800～2000	ϕ1250×3000	6	3750×1700×2400

6.4 骨 泥 磨

近年来，禽类骨肉分离机在国内加工鸡骨架方面异军突起，生产鸡肉糜方面的良好效益引起了肉制品加工业和肉鸡屠宰业有关厂家的关注。通过调查研究，从设备及生产的产品两个角度，对禽类骨肉分离机和骨泥机组的应用特点进行探讨。

6.4.1 设备工作原理对比分析

1. 禽类骨肉分离机的工作原理

禽类骨肉分离机是一种采用机械压力筛分手段，将禽胴体或骨架上的肉质连续从骨头上分离出来，具有自动剔肉去骨功能的机械。主要适用于禽或小型动物胴体或骨架的剔肉去骨加工，主产品为肉糜，副产品为碎骨。由于采用连续筛分原理，物料加工时间短，一次性分离干净，加工过程中温升极小，从而避免了肉质细胞破裂和肉质成分的变化，分离出的肉糜黏稠，具有一定的乳化性，可在各种肉糜制品中大比例使用。

禽类骨肉分离机主要由机架(含封皮)、传统系统、分离系统及电控系统四大部分组成。

以鸡架为例，其骨肉分离加工流程见图 6.11。

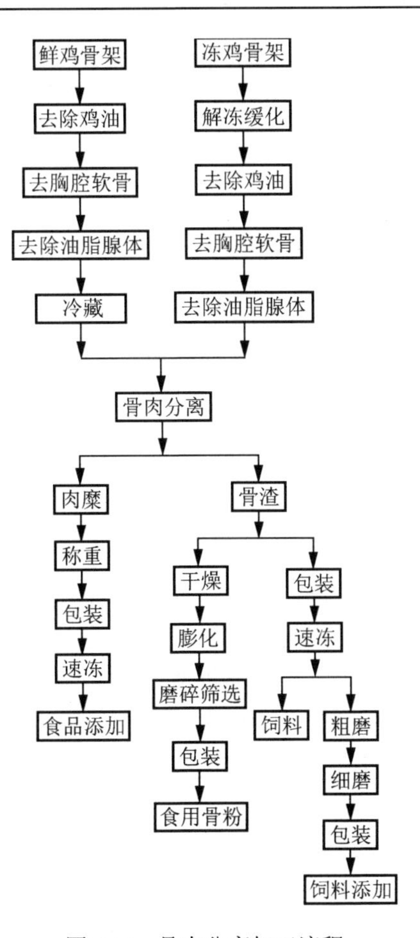

图 6.11　骨肉分离加工流程

2. 骨泥机组的工作原理

骨泥机组是由粗碎机、精碎机、粗磨机、细磨机和电控柜等 5 部分组成。粗碎机与精碎机是通过齿辊子互相滚动，使骨块在通过两辊之间时受挤压和剪切作用而破碎；粗磨机、细磨机是利用特殊齿形的动、定转齿磨盘间高速相对运动，将骨料吸入并剪切研磨成超微粒骨泥。由于采用挤压、剪切、研磨原理，工作过程中物料升温较快，在控制原料温度的前提下，研磨过程中需加入大量冰块(约物料的 50%)，以降低工作温度，因此产品出品率很高。

骨泥加工工艺：解冻鸡骨(成品鸡架)→加入轧碎→进一步轧碎→兑碎冰粗磨→骨泥(浆)。

骨泥机组的技术参数见表 6.5。

表 6.5 骨泥机组的技术参数

参数	粗碎机	精碎机	粗磨机	细磨机
电机功率/kW	7.5	7.5	7.5	7.5
转速/(r/min)	720	960	2900	2900
入口骨料大小/mm (长×宽×高)	250×80×50	150×15×10	15×3×2	有粗糙感
出口骨料大小/mm (长×宽×高)	150×15×10	15×3×2	有粗糙感	口感良好
流量/(kg/h)	500～600	150～200	150～200	80～100
外形尺寸/mm	1080×800×1350	480×480×1100	480×480×1070	480×480×1070

3. 设备应用对比分析

(1) 适用范围对比。根据两种设备的工作原理可知，禽类骨肉分离机是实现骨肉分离的设备，加工过程中对肉质破坏较轻，适于骨骼复杂、内藏肉质较多、手工无法剔除的禽兔骨架上的肉质回收；而骨泥机组采用破碎、研磨，将骨质加工成细微骨泥，加工过程中对肉等工艺质破坏严重，较适于骨质较多、肉质较少的畜类骨骼的研磨，因此禽类骨肉分离机适于禽类(鸡、鸭、鹅)骨架加工，骨泥机组适于畜类(牛、马、羊、猪)骨棒加工。

(2) 禽类骨肉分离机对生产条件要求较低、投资风险少，更易于被中小企业所接受，详见表 6.6。

(3) 每吨原料(鸡架)生产成本与效益对比分析(注：用水费、设备折旧等费用不计)，详见表 6.7。

表 6.6 生产条件对比

设备	操作人员/人	耗电/kW	车间面积/m^2	生产效率/(kg/h)	出品率/%	设备投资/万元
禽类骨肉分离机	2	4	10	200	76	5.2
骨泥机组	6	30	30	100	150	15.2

表 6.7 生产成本对比

项目	鸡肉糜	鸡骨泥
原料成本/(元/t)	3000	3000
人员工资	5 h×2 人×5 元=50 元	10 h×6 人×5 元=300 元
电耗折合	5 h×4 kW×0.9 元=18 元	10 h×30 kW×0.9 元=270 元
产成品	肉糜 760 kg；骨渣 120 kg	1500 kg
销售价格/(元/t)	肉糜 5000；骨渣 600	2800
生产成本/(元/t)	3068	3570
销售额/(元/t)	3944	4200
纯利润/(元/t)	876	630

6.4.2　鸡肉糜与鸡骨泥在肉制品中的应用分析

鸡肉糜和鸡骨泥都可以广泛应用于各种肉糜制品中，以降低肉制品成本，改进风味，增加营养含量，在肉制品中使用的根据两种产品的质量特点比例、作用及效益都有所不同。

1. 鸡肉泥与鸡肉糜营养成分对比（表 6.8）

表 6.8　鸡肉泥与鸡肉糜营养成分对比

成分	鸡骨泥	鸡肉	鸡骨架肉糜
水分/%	65.6	66.3	59.8
蛋白质/%	16.8	17.2	16.2
脂肪/%	14.5	15.8	15.8
铁/(mg/100g)	3.61	0.5	5.4
锌/(mg/100g)	5.5	—	2.2
钙/(mg/100g)	3950	0.026	34.3

2. 肉制品中肉糜添加量

在肉制品中适当添加鸡肉糜，可代替部分鸡胸肉或猪肉，降低肉制品成本，一般直接添加量为 20%；经斩拌机斩拌后，添加量可达 40%。在肉制品使用鸡骨泥，主要起增加钙含量和改善风味的作用，一般添加量为 3%～5%。近年来，有些厂家为减少骨泥中自由水分，增加骨泥的添加量，加工骨泥后使用斩拌机进一步乳化，同时加入大量大豆组织蛋白吸收骨泥中自由水分，改善骨泥的质量，这种加入蛋白质进行乳化的骨泥在肉制品中添加量为 10%～12%。根据国内调查和国外资料统计，鸡肉糜在肉制品的应用比例见表 6.9。

表 6.9　肉制品中肉糜添加量

品种	加入量
鸡肉火腿	35%～45%
猪肉火腿	不超过 25%
午餐肉、法兰克福肠	30%
鸡肉蛋白火腿肠	35%～45%
三明治火腿肠	25%～35%
野餐、午餐肠	20%～35%
鸡肉肠	10%
猪肉肠	15%
鸡肉饼、肉棒、热狗、丸子、饺子	20%～35%
猪肉饼	15%～25%
儿童肠、红肠、松江肠	10%～20%

6.4.3　肉制品中加入鸡肉糜和鸡骨泥的效益对比分析

1. 肉制品中加入鸡肉糜的经济效益

在肉制品中加入鸡肉糜，可代替部分猪肉或鸡胸肉。一般情况下，鸡肉糜的售价为同期猪精肉的 50%。猪精肉的饱和吃水率为 30%，即 1 kg 猪精肉可吸收 0.3 kg 水，成为 1.3 kg 的肉馅，考虑到淀粉及水等因素，1.3 kg 鸡肉糜相当于猪精肉 1 kg 出品率，即用 1.3 kg 鸡肉糜可代替 1 kg 猪精肉。猪精肉按 10 000 元/t，鸡肉糜按 5000 元/t。则每使用 1.3 kg 鸡肉糜可替代 1 kg 猪精肉可降低原料成本。

每吨肉制品中可加入 150～200 kg 鸡肉糜，考虑到淀粉等非肉成分影响，按 150 kg/t 成品的加入量计算，则每吨肉制品添加 150 kg 鸡肉糜可降低原料成本(150 kg÷1.3)×10 元/kg－150 kg×5 元/kg=404 元。

2. 肉制品中加入鸡骨泥的经济效益

纯骨泥市场价约 2800 元/吨，加入大豆组织蛋白的乳化骨泥市场约 4000 元/t，由于加入大量大豆组织蛋白的乳化骨泥对肉制品原配方产生影响，下面按使用纯骨泥进行经济效益分析。根据鸡骨泥加工原理，1.5 kg 鸡骨泥中含有 1 kg 鸡架成分及 0.5 kg 水，其中 1 kg 鸡架成分可替代 0.7 kg 猪精肉，即鸡骨泥可替代猪精肉。每吨肉制品中可加入鸡骨泥 50 kg 以下，即可替代猪精肉 23 kg，可节约原料成本 23 kg×10 元/kg－50 kg×2.8 元/kg=90 元。

由以上分析，骨肉分离机的使用经济效益要远远大于骨泥机组。此外，经研究，动物骨内因为环境和饲料的问题残存重金属离子，骨泥的安全性问题也待研究。

第 7 章　热压抽提设备

国内骨素生产厂家使用的热压抽提设备是由之前的植物提取罐改造而来，但是提取压力偏低、出品率不高、通用性差；进口设备不能满足国内多品种原料生产的现状，导致提取设备不能很好地通用；常规热压抽提设备对于畜禽骨提取出品率偏低、存在物料中心部位不能煮透而导致提取不完全、在提取过程中出现油乳化而不易分离的情况。近年来，通过引进消化吸收，我国骨素提取设备日益完善，并处于先进水平。依据原料进出口方式，可将我国的骨素热压抽提设备分为上进上出式、上进下出式、上进下排渣式、中间出料式和卧式杀菌锅提取式，下面就其各自的特点做出分析。

7.1　大开盖形式热压抽提罐

进口或仿制进口的大开盖上进上出式设备，由于采用吊笼的方式，车间需要配套行车和较高的操作高度，进而增加了固定投入。

但是该设备应用优势较大，生产效率高，能够实现生产连续化。以一个容积为 6 m^3 提取规模的骨素工厂为例，日处理原料骨的量可以达到 20～24 吨，可以消化日屠宰 8000 头生猪的大型屠宰场产生的原料骨。出品率一般可以达到 30%～33%，生产成本较低。进出料效率高，生产不间断，人员操作简便劳动强度低。罐体耐压范围广，既可以进行负压低温、常温常压提取，也可以高温高压提取，高压时可以达到 0.4～0.5 MPa。适用物料范围广，可以针对多种物料提取。加热方式采用直接加热和夹套加热、冷却相结合，使得操作弹性更大，应用范围更广。

7.1.1　骨素热压抽提装置的设计

1. 结构组成

骨素热压抽提装置主要由罐体(包括 SUS304 不锈钢管壁、上封头、排空口、排渣口、出液口)、蒸气加热系统(包括立管蒸气进口、蒸气出口、循环口、辅助管、盘管、盘管蒸气进口、立管保温层等)和控制系统(包括传感器、计算机、执行调节机构等)组成(图 7.1)。

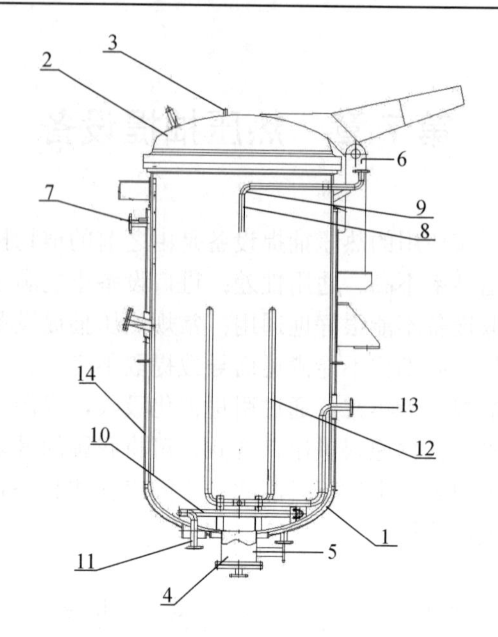

图 7.1　骨素热压抽提装置的结构示意图

1. 抽提罐；2. 上封头；3. 排空口；4. 排渣口；5. 出液口；
6. 循环口；7. 蒸气出口；8. 辅助管；9. 90°弯头；10. 盘管；
11. 盘管蒸气进口；12. 立管；13. 立管蒸气进口；14. 保温层

2. 工作原理

热压抽提罐的工作原理是在较高温度与压力下的煎煮抽提过程。破碎的鲜骨浸泡在水中，采用蒸气加热，经过一定时间，将蛋白质、脂肪、矿物质、风味物质等提取出来。该装置采用吊笼的方式将粉碎后的骨头投入抽提罐中，投料量大，投料速度快。罐体耐压程度提高，有助于解决常规抽提罐提取不彻底、不易分离油脂、通用性差、不能够在广泛压力范围内进行操作的问题。

3. 抽提罐主要部件

1）抽提罐的自动开盖锁盖机构

当内部物料吊装好后，罐盖需要稳定缓慢地与罐体闭合。具体的工作过程为：罐盖以安装在轴座 2 上的轴 8 为圆心（图 7.2），通过电动缸 1 的螺杆伸缩带动推杆臂 12 来缓慢将罐盖闭合。轴座 2 通过连接螺栓 3 安装在罐体侧板 10 上，保证轴 8 的稳定牢固。调节螺栓 4 是用来微调罐盖与罐体法兰之间的间隙，可以保证罐盖与罐体法兰配合紧密。而止推环 6 的作用是为了使限定轴 8 在一定范围内调节而不至于使轴 8 与轴套 5 活动范围太大。装在电动缸底板 14 上的电动缸 1，在开盖和闭盖动作中是能做圆周运动的。电动缸 1 的螺杆与轴套 5 的连接通过推杆臂 12 来实现，而翻盖臂架 11 与轴套 5 焊接在一起，通过电动缸的伸缩来使其沿轴 8 做圆周运动。配重 7 是为了减轻电动缸 1 运行时的冲量，使其运行更加稳定。

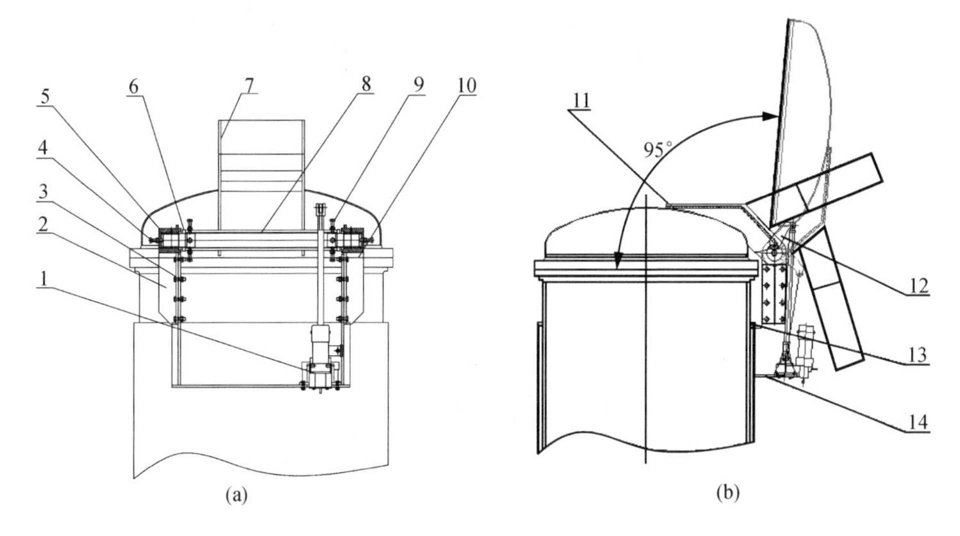

图 7.2　开盖机构正视图(a)和侧视图(b)

1. 开盖电动缸；2. 轴座；3. 连接螺栓；4. 调节螺栓；5. 轴套；6. 止推环；7. 配重；8. 轴；9. 固定螺栓；10. 侧板；11. 翻盖臂架；12. 推杆臂；13. 垫板；14. 电动缸底板

2) 自动锁盖机构

当罐盖闭合后，通过安装在底座 12 上的锁盖电机 1(图 7.3)推动螺杆带动滑块 6，再带动拨块 13 与罐体连接块 14 使罐体旋转圈旋转而锁闭。安装在锁盖电机底座 2 的锁盖电机 1 带动丝杆通过联轴器 3 在轴承 A 和轴承 B 中间通过正反转使滑块 6 在拨块 13 的凹槽内运动。同时，丝杆顶端的扇形齿轮 10 与手柄齿轮 11 也会啮合转动，手动轮 8 也会随锁盖电机 1 来回转动。若遇到停电状况时，手动装置就会使用，通过转动手动轮 8，带动扇形齿轮 10 与手柄齿轮 11 而使罐体旋转圈旋转而打开。

两机构之间的相互工作关系：

(1) 开盖与锁盖需要按照设定进行操作，即若旋转锁盖不到位则开盖机构不会动作，若开盖机构不到位，旋转锁盖不会启动。从安全角度，防止错误操作时对开盖和锁盖机构的损坏。开盖机构和锁盖机构是否到位是通过两端的行程开关来实现的。

(2) 压力互锁。罐内只要有压力不归零，任何开盖、锁盖机构不会动作。即使错误操作，也不会有误开盖情况。

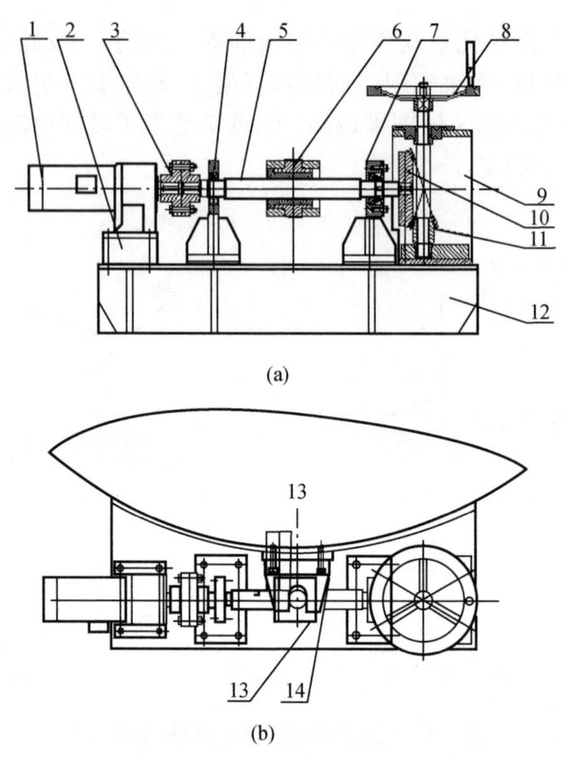

图 7.3　锁盖机构正视图(a)和俯视图(b)

1. 锁盖电机；2. 电机底座；3. 联轴器；4. 轴承A；5. 螺杆；6. 滑块；7. 轴承B；8. 手动轮；9. 保护外罩；10. 扇形齿轮；11. 手柄齿轮；12. 底座；13. 拨块；14. 罐体连接块

7.1.2　抽提罐的加热装置

1. 直喷加热立管设计

为了使蒸气对物料加热更加均匀，只从底部和夹套加热，传热存在温度梯度，中心部分的物料不能充分加热，蒸气不能进入物料中心内部。造成提取效果差，提取不充分，能源与时间的浪费，能效比低。由此，对中心部位加热采用两根直喷立管，立管按照上面计算方法进气量与出气量匹配，按照均布四周的正三角形排列出气孔，保证立管四周均匀加热(图 7.4)。

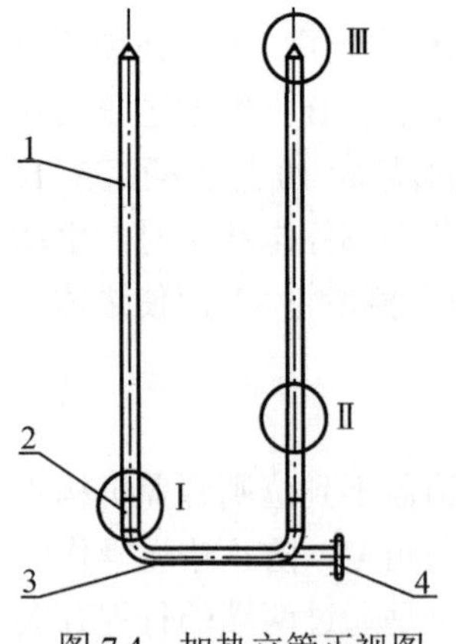

图 7.4　加热立管正视图

1. 加热立管；2. 立管与底部连接；3. 连接管；4. 进气口

增加直喷加热能够有效地提高蒸气使用效果，提升生产效率，使得吊笼内部物料不仅可以从底部周围的夹套和立管方向受到蒸气加热，而且能够在立管喷出的蒸气压力下冲力翻腾，充分加热和搅拌，进而使提取效果更佳。

2. 抽提罐底部盘管加热器

为了避免蒸气发生“短路”情况，即尽量使蒸气全部接触物料，而不会由于局部蒸气量过大，冲开物料，形成通道，造成无效的逃逸。进入罐的蒸气，应当尽可能均匀分布于整个罐底，可以通过设计的盘管加热器(蒸气分布器，图 7.5)来实现。环形的圆管有两个进蒸气口，圆环形蒸气管中心部分再由十字的打孔圆管接通，保证在底部尽可能地均匀分布蒸气。圆管打孔的方向与管轴线成 45°，这样可以防止管上掉落的渣落在孔内而造成的堵塞。

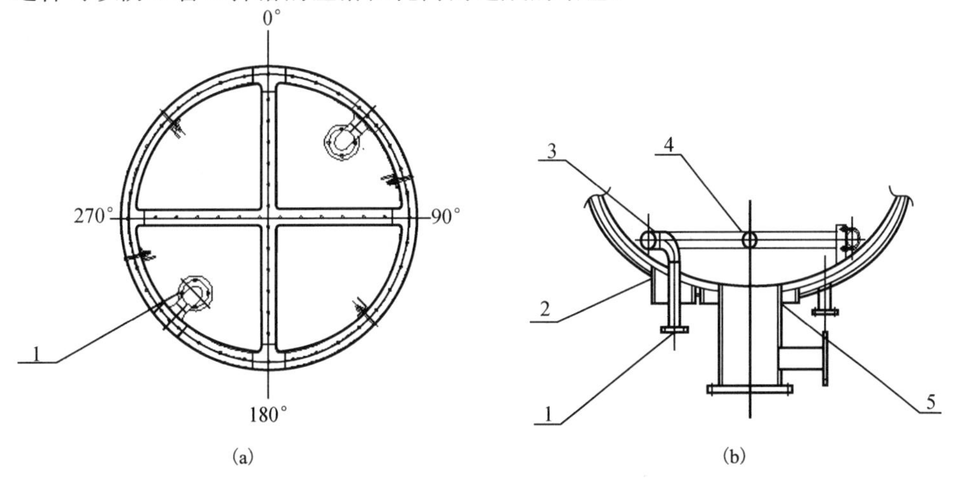

图 7.5　盘管加热器俯视图(a)和正视图(b)

1. 进蒸气口；2. 护套；3. 加热盘管；4. 中心十字管；5. 排渣口

3. 抽提罐加热方式相互关系

抽提罐的加热方式分为三种，是按照不同的温度阶段、针对不同的物料和产品来选择的。

首先，针对不同温度阶段。在吊笼进入抽提罐内部后注水完成，开启蒸气阀门，蒸气通过底部盘管进汽口进入加热盘管来加热水。待温度升到 50 ℃左右后，再开启加热立管的蒸气阀门，对吊笼内部进行加热。等到温度升到 90～95 ℃，关闭加热盘管和加热立管的蒸气阀门，同时开启罐体夹套的蒸气阀门，采用罐体夹套加热。保温恒温阶段采用夹套加热。

其次，若针对不同产品时，三种加热方式需要结合使用。若目标产品为不需要乳化的清汤产品，从升温到保温直至出料加热方式，可始终采用罐体夹套的加热实现，目的就是为了尽量减少直喷蒸气带来的剧烈沸腾而使油脂乳化。若目标产品为高汤产品，加热盘管和加热立管则需要同时对物料从内部到外部的快速加热，包括在保温时，采用直喷加热保持汤液微沸状态可以使高汤的状态更加稳定持久。加热立管的设置，对吊笼内部堆积物料更加均匀的加热，尤为必要，对提高产品提取率和温度均一也非常关键。

7.1.3 抽提自控系统

在提取生产中，目前普遍存在生产设备及检测和控制技术落后的现象，工艺环节需要手动操作，产品质量不稳定，批次与批次之间产品质量存在较大差异。生产过程中的关键生产记录也是由人工填写，这样人为因素较多，数据差异大，效率较低，且手工记录也不便查询，难以形成追溯体系。

在设置自控体系和关键控制点时，不仅要有现场操作人员，还需要工艺和生产管理负责人，这样的控制点才能够符合现实生产的需要，达到控制的目的。所以为了避免这种情况的发生，此设计中，提出工艺关键点的自动控制，采取分散控制、集中管理的方式(图 7.6)。

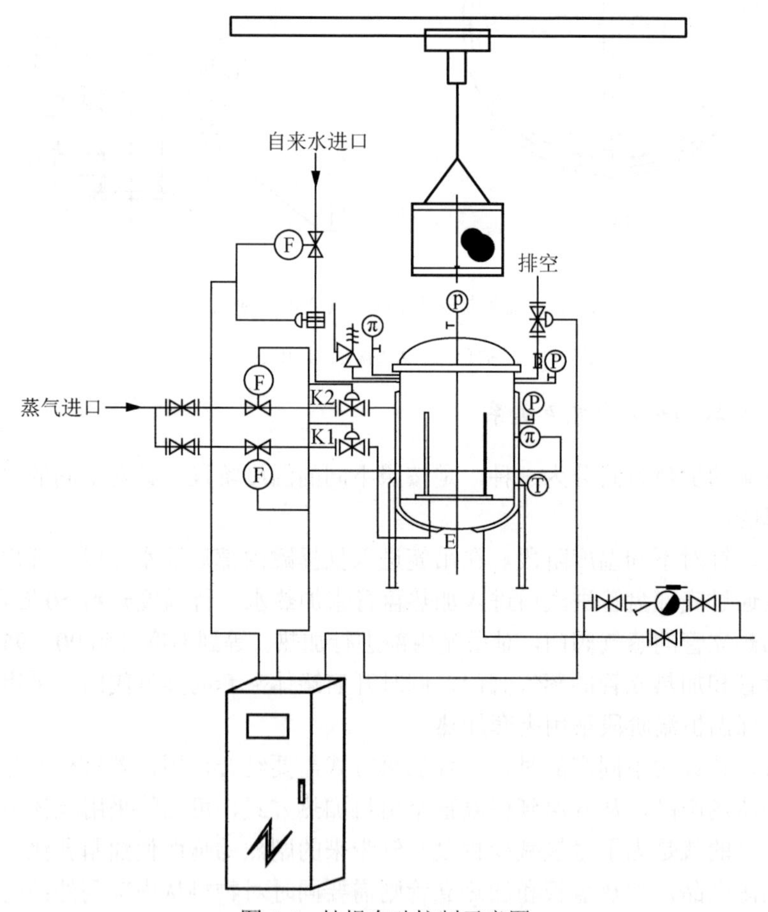

图 7.6 抽提自动控制示意图

(1) 因为料水比是 1：2，内容物料可以称量，加水量由流量计来控制，能够累积计算，到达需要水量时就可以控制进水蝶阀关闭。

(2) 工艺中，对进蒸气量的控制要求较高，所以对夹套和直喷蒸气采用比例-积分-微分控制器(PID)调节的隔膜式蒸气阀进行控制，信号反馈来自罐体的温度计和蒸气流量计。

(3) 包括罐体的温度、压力与开盖、锁盖的行程限位开关都通过数据线在控制柜内显示，保证操作人员可以实时监控生产情况并进行控制。

(4) 每个生产过程通过内置的长途记录仪记录，并设定密码保护，每批次生产结束后存档，以备查阅形成追溯。

以上几个关键控制点，采用自动控制，能够精确地控制工艺参数，保证批次间质量稳定和减少人为因素干扰，也可以形成操作规范，减少产品品质对人的依赖。

7.1.4　生产的远程控制

根据生产的需要和工厂自身的定位，可以设计能够远程监控的系统。这样虽然前期投入会大一些，但是带来的好处是能够实现生产线的时时在线监控，对生产质量、产品品质、产品回溯都有非常大的好处。根据生产线的特点，控制系统一般可分为生产控制系统和辅助管理系统(此处以西门子公司的控制系统为例)。

1. 自动生产控制系统

自动生产控制系统主要由上位机(WINCC)控制系统、PLC 系统、触摸屏、现场总线(Profibus)、传感器、自动执行器等组成(图 7.7)。

2. 辅助生产管理系统

辅助生产管理系统主要由生产计划下达系统、生产数据记录系统、生产数据统计系统、报警系统、生产报表系统组成。

主要特点：使用高效，操作简单，管理方便，计算机软件免维护，维修快捷等。

3. 控制元器件组成

S7-300 系列由 CUP313C-2DP、SM321、SM322、SM331、SM332、IM153、中控上位机、变频器、电磁阀及低压电器等组成。

4. 执行机构组成

执行机构由温度传感器、压力传感器、pH 传感器、流量计、液位传感器、称重传感器、气动阀、调节阀、泵、搅拌设备、分离设备、输送设备等。

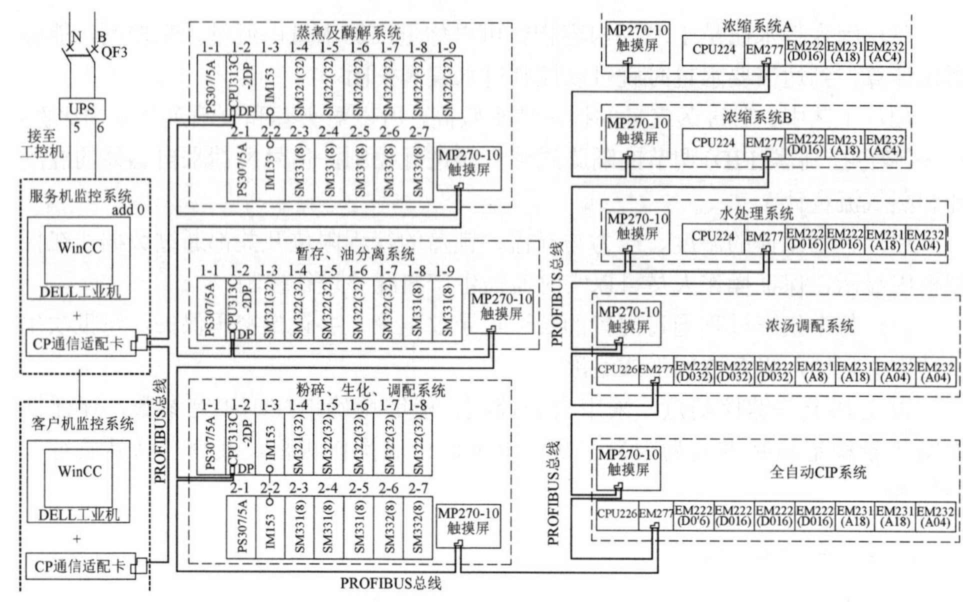

图 7.7　自动生产控制原理图

7.1.5　自动生产控制系统表述

1. 上位机控制系统

商用计算机 2 台，组成一备一用系统。两台计算机之间采用 1000 Mb/s 通信速率的以太网连接，并连接有西门子Profibus现场总线，总线通信速率达到15 Mb/s，以达到快速数据交换，系统硬件相同，软件相同，如有一台计算机出现硬件故障，可用另一台计算机直接代替使用，无缝转换，不会出现控制中断现象。

上位机功能：上位机可以监视现场各传感器数据，如温度、液位、流量等数据和各阀门、泵的工作状态。在授权的状态下，也可以进行阀门、泵等的生产控制，并对生产控制操作员，和对主要操作进行记录，这些记录可以为生产管理提供生产安全分析，达到总结生产操作经验，提高生产效率，方便管理的目的。

2. PLC 现场控制系统

(1) PLC 系统方案采用主从站控制方法，主从站之间采用西门子现场总线 Profibus 总线，通信速率可达到 15 Mb/s，稳定可靠。

主站主要功能：连接各从站的通信控制数据，使各从站之间可以配合自动无冲突可靠工作。例如，一个从站系统中，输出泵出现过载保护故障，此从站通过通信，告诉下一从站，使以下从站暂停工作。

各从站具有独立的 CPU 控制，可以独立工作，如有一个从站出现故障，不会影响其他从站，其他从站依旧自动控制运行，大大提高了运行的可靠性和各工序的独立性，又具有各工序的通信联系运行。

(2) 触摸屏作为现场的操作员界面和现场从站 PLC 系统一一对应，配合使用，组成一个独立的控制系统，以控制基本独立的工序。其目的是：如果主站 PLC 系统故障，从站是一个具有操作界面，具有 CPU 的一个控制系统，操作人员可以在触摸屏中进行自动的生产操作。

这样，系统既有整体的运行功能，又具备功能的独立生产能力，出现故障后，使系统影响生产的范围最小化，故障排除后，不影响其他工序生产就可以无缝地整体自动运行。

3. 现场总线系统

(1) 现场总线系统包括总线、总线连接头、通信板卡(CP5611)。

总线采用树状结构，主站 PLC、从站 PLC、触摸屏和上位机都是其总线上的支节，和大树一样，如果有一个支节出现断开，其他支节还是通过主杆进行通信，使其故障范围最小化。总线和报警系统也联系，若有哪个支点出现故障，就直接能进行报警提示。

(2) 传感器和执行器组成了这个系统的眼睛和手脚，主要部件采用了进口的传感器，如流量计等。

7.1.6 Profibus 现场总线与以太网的优缺点

1. Profibus 现场总线的优点

Profibus 现场总线是西门子的专利，成熟可靠，已经有几十年的运行经验，稳定性好。通信速率高，对于现场总线来说，15Mb/s 的通信速率是同行业中最快的。时实性高，抗现场干扰能力强，没有以太网容错技术产生的控制时差问题。可靠的总线接头系统，采用 D 型九针接头，方便连接更换，也不容易被现场中的气体腐蚀。

2. 以太网用于现场的优缺点

以太网容易受到现场电力电磁的干扰，虽然具有容错技术，但是牺牲了实时性，目前的以太网接头采用水晶头结构，不抗振动，也容易被现场的气体腐蚀。因此以太网有通信速率高的优点，多用于管理层通信，因为管理层环境好，管理层通信数据量大。

7.2 上进下出式热压抽提罐

此种形式抽提罐是沿用植物动态提取方式的上进下出式设备，一般用在以生产调味品、香精类产品为主的调味品企业，生产的品种多但单种批量相对小。这种类型企业一般不具备原料优势，建有低温冷库，原料提取前还需解冻环节，解冻后的骨头会产生大量血水，在输送过程中卫生条件的控制较难。

7.2.1 设备特点

此种设备由于沿用植物的多功能抽提罐，上下均有料口，而且为保证物料在抽提过程中运动，一般增加搅拌装置，转速较低(一般 12～24 r/min)，物料抽提彻底。

但是，由于设计了搅拌装置，所以一般该设备耐压设计较上开盖式设备低，同时按照国内技术下排渣口最大能做到 0.3 MPa，因此使用压力范围变窄，相对高压提取方式来讲出品率有所降低。设备在投料时需经输送带输送，输送带一般宽 400 mm，投料口直径≤500 mm，投料一次(按照 6 m^3 计算)需要 30～40 min，生产效率降低。若多罐同时使用，各罐之间需要增加输送装置，占用较多操作空间。此外，破碎后的动物骨直接接触罐壁，加热控制要求较高。如果蒸气压力控制不好，容易形成焦煳现象。

该设备源于传统的植物抽提罐，有相对成熟的制造工艺和模具，造价相对较低，但是配套装置的设计，使得设备造价有所提高。综合以上不足之处，可借鉴中药提取设备的使用经验并对设备进行改进，采用计算机自动控制，实行自动清洗、自动称量、自动输送。

此处阐述的多功能抽提罐，也可以在一定条件下进行酶解处理，而且增加了乳化搅拌装置，这样使得一罐多能，可以节省投资，增加设备的使用效率。

7.2.2 设备基本技术参数

罐体内部设计压力为 0.35 MPa，夹套设计压力为 0.4 MPa，夹套媒介进出口为四个，保温层硅酸铝材质 50 mm，外包为 2 mm 不锈钢拉丝板。

罐主体搅拌为下部配置带贴壁刮板，上部搅拌为两层斜叶平桨，搅拌速度 12～40 r/min，通过变频器控制。罐体直桶 1/3 处设计有转速为 2900 r/min 的乳化搅拌，通过变频器控制，搅拌轴与罐轴线夹角 60º。

进口为耐压垂直投料孔，出口为带旋转卡箍的气动出渣口。底部出渣盖上装有拱形滤板，滤板上安装40目可拆卸不锈钢丝网。提取时，使用12 r/min低速的主体搅拌间歇正反转对物料进行混匀，促进热交换；酶解时采用主体搅拌24～36 r/min，使酶解剂与物料充分混合酶解；调配时将采用主体搅拌40 r/min，配合罐体乳化搅拌2900 r/min对罐内物料进行分解乳化。

7.2.3　设备使用方法

下面结合图7.8对设备做进一步说明，但本实用新型并不局限于以下实施例。

新型提取酶解调配罐在投料口15加入物料达到罐体容积的1/2，通过进料口注水达到需用要求。开动主体搅拌系统16，调节变频控制器达到需要转速。一般

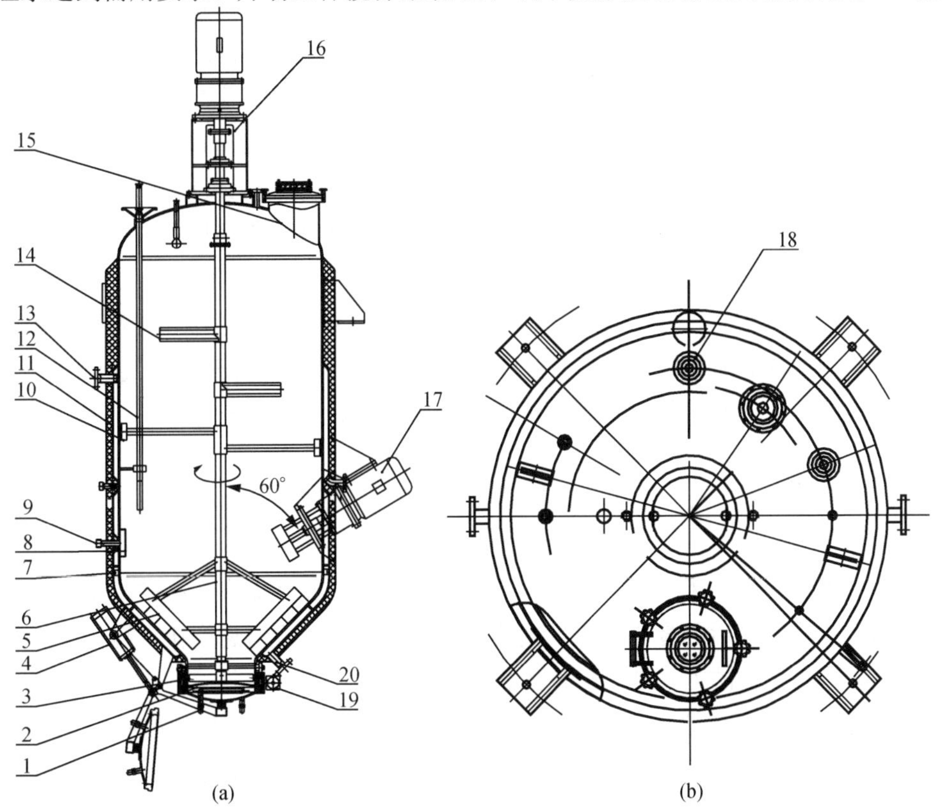

图7.8　上进下出形式热压抽提罐正视(a)和俯视图(b)

1. 下出料口；2. 排渣门滤板；3. 下排渣门刮板；4. 开门气缸；5. 搅拌刮板；6. 主搅拌轴；7. 夹套加强筋；8. 温度探头护板；9. 温度探头座；10. 搅拌轴支撑；11. 筒体夹套；12. 可调节上出料口；13. 夹套进汽口；14. 上搅拌桨叶；15. 投料口；16. 主体搅拌系统；17. 乳化搅拌；18. 上排汽口；19. 旋转气缸；20. 冷凝水口

用于提取固体物料为小块状与液体混合，阻力很大，且主搅拌轴很长，搅拌轴支撑 10 为维持搅拌轴的稳定性和耐用性非常关键。之后，开启夹套进汽口 13 加热，观察安装在温度探头座 9 上的温度传感器，当升温达到提取温度时，上排汽口 18 与设于罐外的板式冷凝器和冷却器相连接，可用于将加热产生的二次蒸气冷凝回收，也可将蒸气带出的香气物质通过外部设置的分离器分离。

在提取过程结束后，打开冷凝水口 20 将夹套内的冷凝水排空。开启夹套筒体 11 上的冷凝水口 20 和夹套进汽口 13，使冷却水进入夹套对物料进行降温。由于经常进行冷热交替使用，所以夹套加强筋 7 对夹套进行加固，防止疲劳。待降温到酶解所需温度时，利用提取的余温进行酶解操作。酶解时，主体搅拌系统 16 的搅拌刮板 5 需要起作用，防止在酶解过程中物料黏稠而粘住罐壁，而且为防止酶解残渣堵塞主体搅拌系统 16 带动的下排渣门刮板 3 将下排渣门滤板 2 上的物料刮净。将搅拌的转速进一步调节为合适转速进行酶解操作。

酶解完成后，冷凝水口 20 和夹套进汽口 13 关闭。打开上投料口 15 加入需要的辅料，再调节主体搅拌系统 16 转速，并开启乳化搅拌 17 将加入的辅料均匀分散，并与酶解液充分混合。

整个过程完毕后，通过可调节上出料口 12 尽量将上部清液抽出，剩下液体通过下排渣门滤板 2 过滤后，经下出料口 1 排出。剩余残渣则打开旋转气缸 19 和开门气缸 4 的排渣门组件将剩余不可溶残渣排出，完成一次生产过程。

7.3　上进下排渣式热压抽提罐

该类型设备集合了上部大开盖和下排渣抽提罐的各自优势(图 7.9)。采用固定料斗的方式将粉碎后的骨头投入抽提罐中，投料量大，投料速度快。罐体耐压程度提高，直接投料的方式增加罐体的容积率。

但是由于上下盖之间及流程之间的互锁，蒸气加热和冷却的控制，都延长了提取周期，对控制系统的设置要求较高。由于没有设计搅拌装置，对于含肉率较高的鸡骨，下出料的方式存在堵塞问题，因此，要求提取时的压力和温度不宜太高，这样对提取率有所影响。该设备由于结合了前两种设备的优点，因此在造价上会相对较高。

图 7.9　上进下排渣抽提罐

7.3.1　进料方式

一般采用固定料斗的方式将定量的骨头投入抽提罐中。料斗一般也采用翻斗或活动下盖形式，行车行进到抽提罐顶取出销钉将物料卸入抽提罐。一般罐体中已经有水，投料时存在水飞溅的情况。投料量相对其他两种形式稍大。

7.3.2　加热方式

同样采用直喷和夹套加热方式，设备由于下盖排渣和工艺要求原因，直喷加热的设计也制作在下盖的滤网之下，夹套加热更需要严格控制，因为直接接触罐壁的物料很容易因蒸气冷凝时放出的大量潜热而焦煳，影响汤液的味道。

7.3.3　外循环

由于此种抽提罐的特殊使用情况，既没有第一种抽提罐吊笼的间隙，也没有第二种抽提罐的搅拌，所以外循环的方式就显得非常重要，而且一般在提取过程中外循环都需要始终参与，由此对泵的要求很高。在加热和冷却中能够提高传热传质效果。

7.3.4　控制

类似于第一种提取的上开盖控制和第二种抽提罐的排渣下盖控制。上开盖的开盖与锁盖需要互锁装置和控制，下开盖的保护装置旋盖和开盖同样需要互锁。所以对控制系统的设置要求比较高，上开盖和下开盖的控制也应当按照互相锁定的原则。

7.3.5 出料

在压力归零料液排出后，上开盖打开后下开盖才能启动。对于含肉率高的鸡骨，下出料方式同样存在堵塞问题，又没有搅拌的辅助，所以提取时的压力和温度不宜太高。而且下出料方式同样需要配备输送装置将排出骨渣及时输送走，以避免排渣时产生残余汤液和热蒸气污染工作环境。

7.3.6 特点

该类型提取设备集合了大开盖和下排渣抽提罐的各自优势。投料速度快，耐压程度提高，直投方式增加罐体容积率。但是由于上下开盖方式，而且物料直接与罐壁接触对整体系统的控制要求较高。上下开盖之间的互锁和流程之间的互锁，进蒸气加热和冷却的控制，提取周期相对较长。

7.4 中间出料式热压抽提罐

此种设备最早是在20世纪80年代用于植物提取的，设备制造简单，造价低廉，多被一些小型加工厂所使用。设备优势在于使用了箅板，而箅板的面积及孔径均较大，孔径一般为6～8 mm，循环效果较其他类型设备好(图7.10和图7.11)。

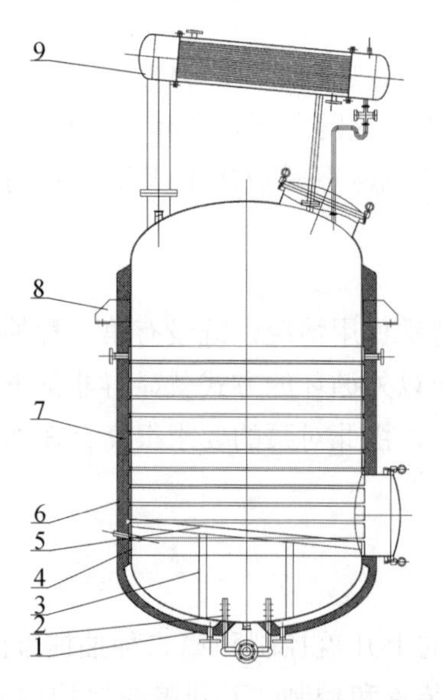

图7.10　中间出料热压抽提罐示意图

1. 下封头外包；2. 直喷加热管；3. 箅板支撑；4. 内胆；5. 箅板；
6. 盘管夹套；7. 保温层；8. 罐支耳；9. 回流冷凝器

图 7.11　中间出料热压抽提罐图

但是，该设备采用输送带方式进料，进料口较小，进料速度较慢，影响生产效率。同时由于没有辅助的搅拌装置，投料下落时分散不均匀，造成容积率和出品率都降低的问题，而且加大后期的浓缩负荷，需要人工手动摊开来解决此问题。出料方式费时费力，需要人工清理骨渣，骨渣含有热蒸气和部分汤液，而且出料口较小(一般为 350 mm×400 mm 椭圆孔)，清理难度较大。

此种类型设备投资小，应用相对广泛。随着社会发展进步，这种加工方式会逐渐被更加安全、生产效率和自动化程度更高的提取方式所代替。

7.5　卧式杀菌锅提取罐

设备规模相对较小，对汤液要求较高。这种提取方式适合于生产量相对较小的企业，由成熟的设备改进而来，操作和使用较为方便。需要掌握其特点，结合杀菌锅的工艺，能够采用多阶段升温方式保证罐体内部温度均一。

7.5.1　工作原理

一般杀菌锅常规为两个笼车，进出罐可以人工或自动控制。笼车的表面间隙孔呈条状或孔状，笼体孔径可以按照 6～8 mm 冲孔，孔中心间距 10～12 mm。笼车在使用时，应注意地面和轨道的清洁，避免油等杂物随笼车进入杀菌锅内。由于设备的放置方式和使用特点，出料时笼车一般需要人工将其顺轨道拖出，笼车内骨渣则还要专门的倾倒机构来完成。如果人工进行，由于刚提取结束时骨渣和笼车温度很高，需要降温后再进行操作，这样会影响整个生产效率。常用的方式为倾倒后进入料斗再用螺旋输送器输送到车间外部或用杂料车运走。

具有旋转功能的杀菌锅提取效果要高于静止式的，但提取温度和压力会相对较低(设计压力一般为 0.28～0.35 MPa)，所以选择时两者需要综合考虑。卧式杀菌锅在罐头行业应用广泛，所以只需要对使用压力范围和内部的部分结构进行改进即可使用，造价也会相对较低(图 7.12)。

图 7.12　卧式杀菌锅图

7.5.2　回转式杀菌锅

回转式杀菌锅是食品在笼内随着旋转装置连续缓慢回转，使其传质传热更迅速均匀，能够大大缩短整个提取过程的时间。同时，可避免物料周围产生过热现象。温度控制系统可灵活地根据不同包装物的特点进行自动控制，压力控制系统配合标准模式自动调整压力，根据不同情况，进行反压较正，这对防止容器的变形和破损、提高成品率十分有利。可以通过对 T-t、p-t 记录曲线的分析、检查，能够有效地对生产过程和品质进行管理。

此种杀菌锅使用在骨提取中也是不错的选择，但存在骨渣容易掉落的问题。

该设备具备以下优势：

(1) 设备消化吸收国外的高压灭菌装置先进技术，结合我国国情而研制，具有技术起点高、工艺先进、产品稳定和实用性好等优点。

(2) 主要部件采用不锈钢制造，符合食品卫生要求，抗腐蚀性强，设备使用寿命长，设备经质检部门检查合格，保护装置安全可靠。

(3) 升温时间短，载货小车在罐内连续地回转，加快了热传导速度，也缩短了升温时间。

(4) 采用 PLC 程序自动控制。

设备在控制方面，选用可编程序控制器来实施整个程序的自动控制。

a. 温度控制：在调定值后，温度的显示误差为±0.5 ℃，它能保障加热均匀。

b. 压力控制：在调定值后，压力的显示误差为±0.01 kg/cm^2。

c. 液位控制：该套设备中的热水罐上配有三支电极棒，工艺罐上配有两支电极棒。它可控制容器内的液位，当水量达到预定水位时，能自动停泵或关泵，并发出信号或转入下一程序。

d. 工程进行：在加热和冷却过程中，均有时间的预定值。它由时间控制器来执行，罐内水的温度及压力均由蒸气及时间控制器等外部件来控制。故此不会出现差错。所以，根据不同制品的不同需要，只要设定出工程所需要的时间、温度和压力，直接利用触摸屏上相应的数字输入画面即输入数据。

e. 警铃报警，该套设备在三种情况下可以发出铃声。

① 热水罐内的水到达最高水位时，铃声通报，并及时与内部相连，排水阀自动开启排水，故障消除后，恢复机器设备的自动运行。

② 准备阶段完毕，铃声通报操作人员可转入下一步程序工作。

③ 全部杀菌程序结束，铃声通报，人工驱动相应的电器开关，使止动杆退出工作状态，开启罐门排渣。

f. 停电保护，当设备运行中发生突然停电时，也能保证机器处于安全状态。来电以后，可以人工驱动电器开关，使设备继续投入运行，直到程序结束。

g. 使用范围广，适应性强，由于控制元件的温度或压力调整范围都比较大，所以，该套设备可以运用多种压力下的提取。另外，全部程序不仅可以自动控制，也可以运行手动操作，即人工驱动电器开关、控制阀门、电机的投入与撤出，并可以测试单件动作。

h. 运行及动作表示，设备运行中的状态由触摸屏上的指示灯来显示，装置的运行程序由触摸屏相应画面表示出来，使人对于工艺流程原理一目了然。

i. 特殊的安全装置。罐门开启，装置的回转，水的注入与排出，容器的温度、压力、液位的控制等都从安全上考虑过，在不安全的状态下，设备不能运行。

7.6　各种提取形式对比及特点

以上分析的几种提取形式是适合于不同情况、不同使用特点的企业。选择设备一定从企业的实际情况出发，又具有一定前瞻性。

7.6.1　五种类型骨素热压抽提设备优缺点比较（表 7.1）

表 7.1　骨素提取设备类型优缺点比较

类型	优点	缺点	应用范围
上进上出式	进出料速度快，生产效率高，劳动强度低，设备使用安全	设备结构设计复杂，需要配套行车和单独进料机构，造价高	多应用在大型骨提取物加工企业中
上进下出式	上下均有进料口，进料方便；增加搅拌装置，保证物料提取充分，设备成本低	进料速度慢，生产效率低，设备操作复杂，清洗困难	多应用于中小型骨提取物加工企业及调味品生产企业
上进下排渣式	投料采用直投方式，投料量大，投料速度快，设备安全性高	设备安全性能要求高，因此成本较高	设备成本高，应用的企业较少
中间出料式	设备结构简单，成本低	进出料速度慢，劳动强度高，生产效率低，产品安全性能较低	设备投资规模小，应用相对广泛，属于一种过渡型设备
卧式杀菌锅提取式	操作使用方便，设备成本低	需要根据产品和工艺要求，对设备进行改装	广泛应用于罐头行业，适用于骨素提取量相对较小的企业

7.6.2　设备设计的共同之处及使用要点

1. 加热方式

这几种设备均采用蒸气直喷与夹套加热相结合的方式。最初升温一般采用直喷方式，此处要求直喷蒸气必须经过孔径小于 0.5 μm 的蒸气过滤器再与物料直接接触。待升温达到要求温度后，采用夹套加热方式进行保温，此外也会根据产品要求不同，全部采用夹套或调整直喷和夹套加热的时间比例。

2. 外循环装置

因为在罐体内部从轴向和径向存在温度梯度，加热过程中，会配置一定流量的循环泵，在加热过程中配合提取液体流动，尤其对于提取容积相对较大的罐，循环泵的作用显得更加重要。但是，以不同的产品决定循环泵的使用为原则，一般循环泵配置变频的调节可以灵活地适用于多种产品。

3. 安全控制系统

几种设备对安全控制系统要求均较高，要求有压力保护和温度对应系统，而且罐体内温度要保持均一性。

4. 生产过程控制与记录

对整个生产过程都可以进行控制记录，包括进料、加热形式和快慢、循环的控制、进液、出液、排空、泄压、排渣等。绘制温度与时间、循环的强度与时间的关系等曲线，保证生产安全、顺利地进行。不同产品采用不同提取工艺，非接触式监控都可以实现。

7.6.3 生产设备的选型和设计依据的原则

生产设备的选型和设计依据产品工艺而定，即工艺决定设备，设备影响生产工艺和产品设备是由要生产的产品和所使用的工艺来决定的，设备只是为这两个因素来服务的硬件条件。但是设备的配置是否合理、高效，适合工艺和操作要求又影响到产品的质量。企业应根据市场调研结果，确定目标客户，形成产品定位，选择合适的设备，避免投资浪费，使其发挥最大功效。

7.6.4 发展前景及展望

我国畜禽骨素热压抽提设备已经形成一个比较完整的体系，随着国内技术水平的提高，设备将更加趋向于集约化、自动化、数字化、模块化的发展。畜禽骨素热压抽提设备的研究与骨素产业的发展是相互推动的，随着骨素加工水平及骨素市场需求量的提高，我国骨素提取设备的技术水平将会有更大的进步。

第8章　浓 缩 设 备

浓缩既是从液态食品中除去水分的过程，也指溶液浓度提高的操作过程。浓缩过程广泛应用于食品加工行业，而针对骨汤的浓缩，由于其成分和物化性质特殊，需要选择合适的浓缩设备进行加工处理。选型要求和应考虑以下几个因素。

(1) 料液的性质：包括成分组成、黏滞性、热敏性、发泡性、腐蚀性等；另外是否含有固体、悬浮物、是否易结晶、结垢等，主要针对于骨汤需要考虑其蛋白质含量高，容易发泡和容易煳壁的问题。

(2) 工艺要求：包括处理量、蒸发量，料液和浓缩液的进出口的浓度和温度、连续作业和间歇作业等。骨汤的浓缩温度通常控制在 50～70 ℃。

(3) 产品质量要求：符合卫生标准以及色、香、味和营养成分等。

(4) 当地资源条件包括热源、冷却源、水质、水量和原料供给情况等。

(5) 经济性和操作要求包括厂房占地面积和高度、设备投资限额和传热效果、热能利用、操作和维修是否方便等。

在骨加工行业内使用较为普遍的几种浓缩设备主要有外循环升膜式浓缩器、外循环降膜式浓缩器、板式蒸发浓缩器、蒸气再压缩浓缩器、膜浓缩器。

8.1　外循环升膜式浓缩器

一般外循环升膜式浓缩器由加热室、分离室、冷凝器、集液槽及循环管等组成。料液在加热管中部沸腾气化，在加热管内料液沿管内壁呈膜状上升，不断蒸发并在真空的共同作用下，喷射到分离室内，产生二次蒸气顺真空方向进入冷凝器，流速可达 100～160 m/s。液体料液继续留在分离室底部通过循环管进入加热器底部继续蒸发。

优点：占地少，传热效率较高，料液受热时间短，在加热管内停留 10～20 s。适于浓缩热敏、易起泡和黏度低的液料。缺点是一次浓缩比低，进料量需严格控制。由于骨汤的成分主要是胶原蛋白和多肽以及油脂等，在浓缩过程中容易形成泡沫，而且会随着浓度的升高而变得黏稠，传热效果差。因此，外循环升膜式浓缩器物料流动速度快，结构简单，造价低，维护和操作简单，成为大多数厂家的选择。

8.1.1　设计原理

1. 加热器设计

下面以 5000 L/h 单效外循环升膜浓缩器为例，介绍目前国内大多数厂家在使用的骨汤浓缩器(图 8.1)。设计要求蒸发量达到 5000 L/h 而非处理量，蒸发量是指在一定工况状态下，浓缩器 1 h 内所蒸发的溶剂量，而处理量则是指在一定的工况条件下，1 h 内经过浓缩器的物料量。蒸发量为 5000 L/h 的浓缩器的物料处理量要大于处理量 5000 L/h 的浓缩器。

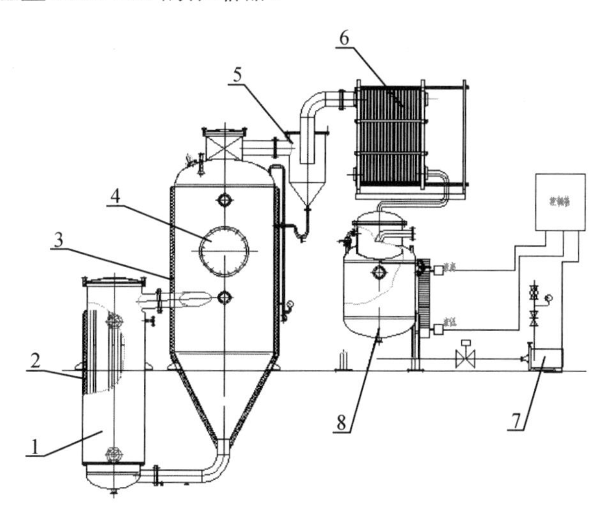

图 8.1　单效外循环升膜浓缩器图

1. 加热器；2. 加热器保温；3. 蒸发室；4. 观察孔；5. 气液分离器；6. 冷凝器；7. 排水泵；8. 集液器

根据传热面积计算可知根据传热基本方程式：

$$F=\frac{Q}{K\Delta t}$$

对单效外循环升膜浓缩罐，总热量 Q 可算出；传热系数 K 可根据化工原理中所讲的方法计算，但在实际中往往是根据经验选取。

自然循环的状况下，K 的取值范围为 814～2908 W/（m²·℃）。

温差：
$$\Delta t=T-t$$

式中：T——加热蒸气温度(℃)；

t——浓缩液温度(℃)。

另外，加热器的设计还需要注意以下的几个问题：

(1) 带有蒸气进气挡板及分布器：能够保证加热时蒸气均匀分布不会造成局部受热而结焦。

(2) 进蒸气口可以在加热器的不同高度设置：能够较好杜绝在浓度较高时，升膜不利于物料流动的弊端。通过依次控制加热器不同高度的进气阀，在不同浓缩浓度时控制进蒸气量而消除在加热器上端管壁上黏附的薄薄的物料被高温蒸气烤煳。

(3) 不凝气体排空：增加加热器死角处排空阀门，并将其与真空系统相连，及时排出不凝气体，加快蒸气流动速度，使所有加热器面积成为有效面积，确保加热效率。

(4) 在加热器上设计视镜：可以观察到液体被加热后的气化状况，在加热器下部增加长条视镜进而可以观察到冷凝水积液状况。

(5) 加热器底部采用碟形封头：尽量短的直段，保证浓缩液与加热管距离短，出料方便。

(6) 在加热上部、下部设计两个温度探头：测量物料进入加热器前和出加热器口温度。

2. 蒸发室设计

(1) 蒸发室直径计算：

$$D=\sqrt{\frac{WV_0}{\frac{\pi}{4}w_0\times 3600}}$$

式中：W——单位时间二次蒸气流量(kg/h)；

V_0——二次蒸气比容(m^3/kg)；

w_0——自由截面的二次蒸气流速(m/s)：

$$\omega_0=\omega\sqrt[3]{\frac{4.26}{\rho_0}}$$

ρ_0——二次蒸气密度(kg/m^3)。

(2) 蒸发室高度计算：

$$H=\frac{WV_0}{3600F\delta}(\mathrm{m})$$

式中：F——蒸发室截面积(m^2)；

δ——允许蒸发体积强度 [$m^3/(m^3\cdot h)$]，一般$\delta=2.9\times 3600\ m^3/(m^3\cdot h)$；

W——单位时间二次蒸气流量(kg/h)；

V_0——二次蒸气比容(m^3 /kg)。

(3) 蒸发室与加热器的连接采用螺旋放大的涡旋结构，使得进入蒸发室的气液混合物尽可能大的接触面积，增加蒸发表面积(图 8.2)。

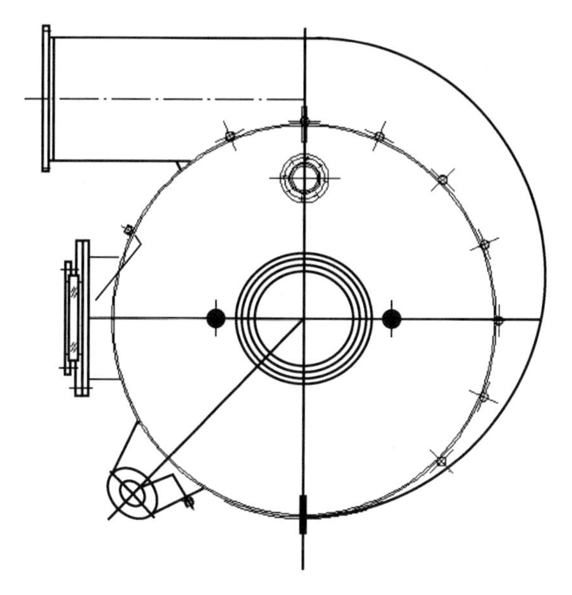

图 8.2　渐开线形式蒸发室图

(4) 为方便观察，顶部尺寸 *DN*150 视镜配 200 W 强光视灯，增加人孔视镜 *DN*400 的全玻璃视窗，可以全景观察蒸发室内物料蒸发和循环状况。

(5) 为保证清洗效果，采用带无死角的万向清洗头。

3. 气液分离器设计

采用离心式捕集器对二次蒸发产生气体进行分离处理。将其安装在浓缩装置的蒸发分离室顶部或侧面。其作用主要防止蒸发过程中形成的细微液滴，被二次蒸气夹带逸出。对气液进行分离，要减少料液的损失，同时防止污染管道及其他浓缩器的加热面。

单位时间内，单位捕集室体积所能处理的二次蒸气体积量[$m^3/(h \cdot m^3)$]：

$$A = (W \times V_B)/V_D$$

式中：W——水的蒸发量，即二次蒸气量(kg/h)；

V_B——二次蒸气比容(m^3/kg)；

V_D——捕集室的容积(m^3)。

一般离心式捕集器 $A = 4000 \sim 4500\ m^3/(h \cdot m^3)$。

4. 冷凝器设计

(1) 根据现在使用情况，列管冷凝器主要存在着以下缺点：清洗不便、造价高、设备尺寸大、换热效率低。

(2) 考虑使用板式换热器来冷凝。主要考虑下面因素：

a. 冷却塔的冷却循环水使用经过软化后的水，再增加过滤装置后水质进一步提高，结垢情况要轻很多。板式换热器螺栓拆卸方便，而且结构轻便，维护成本低。

b. 经过核算要达到同样冷凝效果，板式换热器冷凝面积为管式的89%，则板式冷凝器只需要200 m^2，占地面积和质量则为列管冷凝器的55%和65%，可以大大降低设备造价。

c. 冷却水量计算：

可通过冷凝器的热量衡算，得

$$D(i-c_{水}t_2)=Wc_{水}(t_2-t_1)\ (\text{kg/h})$$

水热焓可用水温表示，且不考虑不凝气的热量及热损失。

$$W=\frac{D(i-c_{水}t_2)}{(t_2-t_1)c_{水}}$$

式中：D——进入冷凝器的蒸气量(kg/h)；

i——蒸气热焓(J/kg)；

t_1——冷水温度(℃)；

t_2——冷凝水温度(℃)；

W——冷水耗量(kg/h)。

d. 冷凝器尺寸的确定

直径：可根据蒸气量和蒸气进入冷凝器内通过自由截面的速度(55 m/s)求出自由截面积。自由截面积取总截面积的60%～75%。

$$d=\sqrt{\frac{4D}{\pi\times3600\times\rho\times V}}$$

式中：d——冷凝器筒体直径(m)；

D——冷凝的蒸气量(kg/h)；

ρ——蒸气密度(kg/cm^3)；

V——蒸气流速(m/s)。

5. 集液罐结构设计

(1) 集液罐的作用不仅为收集冷凝液，而且需要方便操作人员及时观察到冷凝液的液位状况，是否跑料。所以视灯设计和矩形的长液位显示非常必要。

(2) 冷凝水在缓冲罐通过高低液位来控制，另外冷凝水出口与泵的进口基本保持 3 m 以上，冷凝水通过抽水泵顺畅排出。

6. 辅助设施选型

1）真空泵的选择

选用真空泵时，需要注意下列事项：

(1) 真空泵的工作压强应该满足真空设备的极限真空及工作压强要求。通常选择泵的真空度要高于真空设备真空度半个到一个数量级。

(2) 正确地选择真空泵的工作点。每种泵都有一定的工作压强范围，泵的抽速随压强而变化。因而，泵的工作点应该选在这个范围之内，而不能让它在 8～10 mmHg[①]下长期工作。又如钛升华泵可以在 2～10 mmHg 下工作，但其工作压强应小于 5～110 mmHg。

(3) 真空泵在其工作压强下，应能排走真空设备工艺过程中产生的全部气体量。

(4) 正确地组合真空泵。由于真空泵有选择性抽气，因而，有时选用一种泵不能满足抽气要求，需要几种泵组合起来，互相补充才能满足抽气要求。另外，有的真空泵不能在大气压下工作，需要预真空；有的真空泵出口压强低于大气压，需要前级泵，故都需要把泵组合起来使用。

(5) 真空设备对油污染的要求。若设备严格要求无油时，应该选各种无油泵，如水环泵、分子筛吸附泵、溅射离子泵、低温泵等。如果要求不严格，可以选择有油泵，加上一些防油污染措施，如加冷阱、障板、挡油阱等，也能达到清洁、真空的要求。

(6) 了解被抽气体成分，气体中是否可凝蒸气，有无颗粒灰尘，有无腐蚀性等。选择真空泵时，需要知道气体成分，针对被抽气体选择相应的泵。如果气体中含有蒸气、颗粒及腐蚀性气体，应该考虑在泵的进气口管路上安装辅助设备，如冷凝器、除尘器等。

(7) 真空泵排出来的油蒸气对环境的影响如何。如果环境不允许有污染，可以选无油真空泵，或者把油蒸气排到室外。

(8) 真空泵工作时产生的振动对工艺过程及环境有无影响。若工艺过程不允许，应选择无振动的泵或者采取防振动措施。

2）泵类型的确定

泵的类型主要由工作所需的气量、真空度或排气压力而定。泵工作时，需要注意以下两个方面：尽可能要求在高效区内，也就是在临界真空度或临界排气压力的区域内运行。应避免在最大真空度或最大排气压力附近运行。在此区域内运

---

① 1 mmHg=1.33322×10^2 Pa。

行，不仅效率极低，而且工作很不稳定，易产生振动和噪声。对于真空度较高的真空泵而言，在此区域之内运行，往往还会发生汽蚀现象，产生这种现象的明显标志是泵内有噪声和振动。汽蚀会导致泵体、叶轮等零件的损坏，以致泵无法工作。根据以上原则，当泵所需的真空度或气体压力不高时，可优先在单级泵中选取。如果真空度或排气压力较高，单级泵往往不能满足，或者要求泵在较高真空度情况下仍有较大气量，即要求性能曲线在较高真空度时较平坦，可选用两级泵。如果真空度要求在－710 mmHg 以上，可选用水环-大气泵或水环-罗茨真空机组作为抽真空装置。

3）根据系统所需的气量选择真空泵

初步选定泵的类型之后，对于真空泵，还要根据系统所需的气量来选用泵的型号。关于真空泵的抽速选择及抽气时间计算可参照真空计算公式。

各种型号的水环式真空泵及压缩机，其特点见表 8.1。

表 8.1　几种水环真空泵的基本参数

代号	主要特点	极限真空度/mmHg	工作真空度/mmHg	抽速范围/（m^3/min）	密封形式
SK	国内设计单级水环真空泵、结构简单、维修简单。目前国内主流的低真空度水环真空泵	－700	－300～－650	0.15～120	盘根、机械密封
2SK	国内设计双极水环真空泵，相当于两台单级 SK 真空泵串联。可以实现较大真空度及高真空度下抽速较大	－735	－300～－700	1.5～30	盘根、机械密封
2BV	源于西门子公司，机泵同轴，结构紧凑，效率高，性能稳定	－735	－300～－700	0.45～8.33	机械密封
2BE1	源于西门子公司，机泵同轴，结构紧凑，效率高，性能稳定	－735	－300～－700	5～400	盘根、机械密封
SZ	效率较低，能耗大，已逐步淘汰	－640～－700	－300～－600	1.5～27	盘根
SZB	效率较低，能耗大，已逐步淘汰。主要用于水泵引水	－600	－300～－550	0.33～0.66	盘根
2SY	主要应用于水环压缩机，最大排气压强为 0.6 MPa	—	—	6～30	机械密封
2YK	结构与 2SK 系列相同，可以用被抽介质作为工作液，极限真空度随着被抽介质的饱和蒸气压而改变	－765	－300～－720	1.5～30	机械密封

由此，选择性价比高，适合真空浓缩使用的真空泵，一般采用 SK 单级或 2SK 双级的水环式真空泵。由于真空泵叶片的特殊结构，所使用的循环水多为软水最好，避免在长时间使用状态下，自来水中的 Ca^{2+}、Mg^{2+}在叶片与泵腔之间形成水

垢严重影响真空泵的使用寿命。

4）冷却塔的选择

(1) 按照被冷却水的温度选择：高温塔、中温塔、常温塔。按照安装位置的现状及对噪声的要求选择：横流塔与逆流塔。按照冷水机组所需的冷却水量选择冷却塔的流量，原则上冷却塔的水量要略大于冷水机组的冷却水量。

(2) 选用多台水塔时尽量选择同一型号。冷却塔选型需要注意塔体结构材料要稳定、经久耐用、耐腐蚀，组装配合精确。配水均匀、壁流较少、喷溅装置选用合理，不易堵塞。淋水填料的形式符合水质、水温要求。风机匹配，能够保证长期正常运行，无振动和异常噪声，而且叶片耐水侵蚀性好并有足够的强度。风机叶片安装角度可调，但要保证角度一致，且电机的电流不超过电机的额定电流。电耗低、造价低，中小型钢骨架玻璃冷却塔还要求质量轻。

(3) 冷却塔应尽量避免布置在热源、废气和烟气发生点、化学品堆放处和煤堆附近。冷却塔之间或塔与其他建筑物之间的距离，除了考虑塔的通风要求，塔与建筑物相互影响外，还应考虑建筑物防火、防爆的安全距离及冷却塔的施工及检修要求。冷却塔的进水管方向可按 90°、180°、270° 旋转。

(4) 冷却塔的材料可耐－50℃低温，但对于最冷月平均气温低于－10℃的地区订货时应说明，以便采取防结冰措施。冷却塔造价约增加 3%。循环水的浊度不大于 50 mg/L，短期不大于 100 mg/L，不宜含有油污和机械性杂质，必要时需采取灭藻及水质稳定措施。

(5) 布水系统是按名义水量设计的，如实际水量与名义水量相差±15%以上，订货时应说明，以便修改设计。冷却塔零部件在存放运输过程中，其上不得压重物，不得暴晒，且注意防火。冷却塔安装、运输、维修过程中不得运用电、气焊等明火，附近不得燃放焰火爆竹。

(6) 圆塔多塔设计，塔与塔之间净距离应保持不小于 0.5 倍塔体直径。横流塔及逆流塔可并列布置。选用水泵应与冷却塔配套，保证流量、扬程等工艺要求。

(7) 此外，衡量冷却塔的效果还通常采用三个指标：

a. 冷却塔的进水温度 t_1 和出水温度 t_2 之差 Δt，被称为冷却水温差，一般来说，温差越大，则冷却效果越好。对生产而言，Δt 越大则生产设备所需的冷却水的流量可以减少。但如果进水温度 t_1 很高时，即使温差 Δt 很大，冷却后的水温不一定降低到符合要求，因此这样一个指标虽是需要的，但说明的问题是不够全面的。

b. 冷却后水温 t_2 和空气湿球温度 ξ 的接近程度 $\Delta t'$，$\Delta t'=t_2-\xi$（℃），$\Delta t'$称为冷却幅高。$\Delta t'$越小，则冷却效果越好。事实上 $\Delta t'$不可能等于零。

c. 考虑冷却塔计算中的淋水密度。淋水密度是指 1 m^2有效面积上每小时所能冷却的水量，用符号 q 表示。

$$q=Q/F\ [\mathrm{m^3/(m^2 \cdot h)}]$$

式中：Q——冷却塔流量($\mathrm{m^3/h}$)；

F——冷却塔的有效淋水面积($\mathrm{m^2}$)。

8.1.2 控制系统设计

1. 控制工艺

主要针对骨汤物料的特性，结合行业特征，综合设计，自动化程度高、浓缩比高、不易结焦。自动生产控制系统主要由仪表自动控制系统、传感器、自动执行器等组成。

2. 系统的主要特点

体现先进性、可靠性、前瞻性、可扩展性、柔性构造等特点。操作面板界面友好，操作方便，使用高效，管理方便，维修快捷等。

3. 系统组成

(1) 控制元器件组成：温控仪表、液位继电器、电磁阀、断路器接触器、热保护器、中间继电器等。

(2) 传感器及执行机构组成：温度传感器、蒸气压力传感器、真空负压传感器、磁翻板液位传感器、气动阀、调节阀、泵输送设备等。

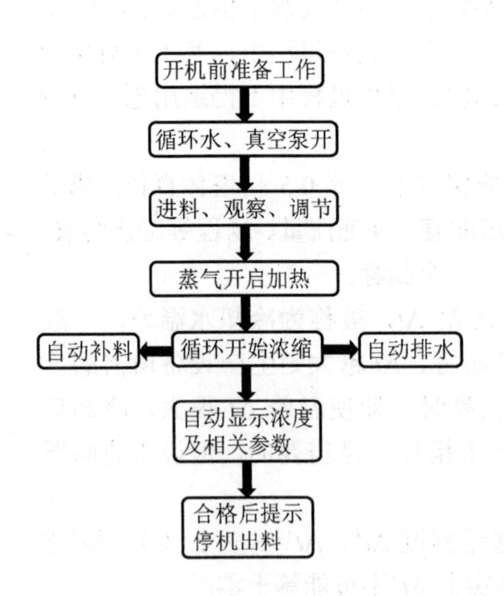

图 8.3 单效外循环真空浓缩器工作过程

4. 根据生产控制要求制订控制方案

(1) 单效外循环真空浓缩器工作过程见图 8.3。

(2) 生产控制要求及实现。

a. 自动控制系统使用西门子 PLC 及触摸屏，系统控制的主要控制如下：

加热器蒸气压力的控制：进气管道上采用压力传感器，每 0.1 s 采集一次压力，通过压力传感器传送到可编程控制器(PLC)内，可编程控制器对采集到的数据进行运算和数据处理后，然后通过数模转换，把输出的数据传送到被控执行机构，使被控执行机构按照可编程控制器的指令进行工作，自动调整蒸气进入量，保证进气压力保持在进气压力设定值，控制误差≤0.01 MPa。

加热器温度与压力的控制：在加热器的进口有一压力变送器，通过进口压力变化来控制蒸气调节阀的大小，保持加热器蒸气的压力与温度的恒定，并根据浓缩浓度来调整进气口阀门大小开度。

b. 设备带有智能压差式液位传送器来控制进料自动调节阀的开关，基本保障了物料的循环与蒸发为连续性，低液位时(报警，并自动减小进气量)，防止物料烧结。

c. 原料液控制：在原料缓冲储罐有音叉式液位传感器，用来控制进料泵进入原料液缓冲罐，防止溢出。

d. 浓缩器连续进料的控制：通过蒸发室中压差式液位传感器，来控制进料比例阀的开关大小，此种选型可以避免真空时物料在运动状况下普通液位传感器不能正常工作的弊端。物料液位传感器把压差的信号输送到可编程控制器内，可编程控制器对采集到的数据进行运算和数据处理后，然后通过数模转换，变成进料比例阀可以识别的 4～20 mA 的电流信号。液位的高低与进料比例阀呈反比关系，随液位高低比例阀开关程度变化。而当物料原液完毕后(即缓冲罐为极低液位时)，音叉液位输出信号，比例阀关闭，避免抽空气进入。

e. 物料在线浓度的控制：通过设备上的浓度仪，根据设备内溶液密度的变化，把信号输送到可编程控制器内，可编程控制器对采集到的数据进行运算和数据处理后，然后通过数模转换，直接将所浓缩的物料密度及对应的浓度显示在触摸屏上；根据物料在不同浓度时的物料特性，设置不同的进气量和进气口，消除物料在高浓度时，因流动差，管壁黏附物料蒸发速度慢，热量不能及时形成二次蒸气而损害物料的蛋白质特性，保证产品风味和质量上乘；在接近浓度点时，提示准备出料。

f. 冷凝水泵的控制：这个控制系统类似于原料液位的控制，主要根据集液缓冲罐的冷凝水液位来控制出料泵的开关。

g. 加热器的压力控制：根据加热器的压力(主要是不凝性气体)来控制阀门开关的大小，平衡热压泵抽气量和加热器形成的压力差。

8.2 多效蒸发

8.2.1 多效蒸发的定义和特点

(1) 定义：蒸发过程气化所产生的水蒸气称为二次蒸气，以区别作为热源的直接源蒸气。将蒸发操作中二次蒸气直接冷凝而不再利用者，称为单效蒸发。如将二次蒸气引入另一浓缩器的加热器作为热源进行串联蒸发操作，称为多效蒸发，有二效、三效直至六效、七效。若效数太多情况下，再次蒸发的蒸气热值已经很低，对设备整体结构、真空度要求很高了，运行的费用超过所节约能源费用，除非对于较大型的浓缩器如番茄汁浓缩，而对于骨汤行业一般常用的至三效。

(2) 多效蒸发的特点：提高了热能的经济性。因为按理论计算单效浓缩器蒸发产生1kg二次蒸气，需要1 kg加热蒸气。而实际情况下，由于换热效率和热损失，需要超过 1 kg 的蒸气。而如果将此二次蒸气全部用作第二效的加热蒸气时，同样在第二效中又可蒸发大约1kg的二次蒸气。以此类推，n效串联蒸发操作，1 kg加热生成的蒸气则可蒸发约n kg的二次蒸气。

换言之，为完成同一蒸发量任务，采取n效蒸发，其加热蒸气消耗热量仅为采用单效者的n分之一，因此，随着蒸发效数的增加，将大大地提高热能的经济性，n值通常可被称为蒸气系数。

8.2.2 多效蒸发装置的设备流程

多效蒸发操作的加料可有四种不同的方法：

(1) 顺流法：料液与蒸气成顺流的方法，为最常用的一种加料法。蒸气和料液的流动方向一致，均依效序自第一效到末效。

特点：

a. 由于蒸发室压力依效序递减，故料液在效间流动不需用泵，此为顺流法的一大优点。

b. 由于料液沸点依效序递降，因而当前效料液进入后效时，便在降温的同时放出其显热，供一小部分水分气化，增加浓缩器的蒸发量。

c. 在顺流法下操作，料液浓度依效序递增。高浓度料液处于低温时对浓缩热敏食品是有利的。

d. 黏度显著升高使末效蒸发增加困难。

(2) 逆流法：料液与蒸气成逆流的方法，此法料液和蒸气流动方向相反，即原料液由末效进入，依次用泵送入前效。最后的浓缩制品从第一效排出。

优点：随着料液向前效流动，浓度越来越高，而蒸发温度也越来越高。故黏度增加没有顺流的显著。这对改善循环条件，提高传热系数均有利。

缺点：

a. 高温加热面上浓溶液的局部过热有引起结焦和营养物质破坏的危险。

b. 各效间料液流动要用泵。

c. 与顺流法相比，水分蒸发量稍减。

d. 料液在高温操作的浓缩器内的停留时间要较顺流法长。

(3) 平流法：每效都加入原料液的方法，此法每效都平行送入原料液和排出成品。此法只用于在蒸发操作进行的同时有晶体析出的场合，如食盐溶液的浓缩。

特点：对结晶操作较易控制，并省掉了黏稠晶体悬浮液的效间泵送。

(4) 混流法：组合上述各种方法的方法，对于效数多的蒸发也可采用顺流和逆流并用，有些效间用顺流，有些效间用逆流。适合于在料液黏度随浓度而显著增加的场合。

特点：此法起协调顺流和逆流的优缺点的作用，对黏度极高的料液很有用处。

8.2.3　额外蒸气的运用

在多效蒸发流程中，有时将某一效的二次蒸气引出一部分用作预热浓缩器的进料，或用作其他的加热目的。这种中间抽出的二次蒸气，称为额外蒸气。

从蒸发设备中引出额外蒸气作为他用，是一项考虑工厂全局提高能量经济利用的措施。在只需较低温度和压力的蒸气就能满足要求的地方，直接使用高压、高温水蒸气经过减压是不经济的。

多效蒸发操作具有蒸气减压的作用，所以可按要求引出所需的二次蒸气。在多数场合下，额外蒸气多自第一效至第二效引出。

8.3　降膜式浓缩器

8.3.1　降膜式浓缩器简介

工作原理：物料由加热室顶部加入，经液体分布器分布后呈膜状向下流动。在管内被加热汽化，被汽化的蒸气与液体一起由加热管下端引出，经汽液分离后即得到浓缩液。

在降膜式浓缩器的操作过程中，由于物料的停留时间很短(5～10 s)，而传热系数很高，因此其较广泛地应用于热敏性物料，也可以用于蒸发黏度较大的物料，但不适宜处理易结晶的溶液。之前降膜浓缩多使用在奶制品行业的浓缩，如生产奶粉和炼乳，目前在国内的部分骨提取厂家使用降膜浓缩设备，在浓缩过程中能够较好地保持原汤风味。但是其造价较高和占用车间高度较高造成不能广泛推广。

8.3.2　降膜式浓缩器与升膜式浓缩器比较

降膜式浓缩器与升膜式浓缩器的性能和适用液体比较见表 8.2 和表 8.3。

表 8.2 降膜式浓缩器与升膜式浓缩器的性能比较

类型	造价	总传热系数		管内流速/(m/s)	停留时间	完成液浓度能否恒定
		稀溶液	高黏度			
降膜式	较高	良好	高	0.4～1	短	尚能
升膜式	较低	高	良好	0.4～1	短	较难

表 8.3 降膜式浓缩器与升膜式浓缩器的适用液体比较

浓缩比	处理量	对溶液性质的适应性					
		稀溶液	高黏度	易生泡沫	易结垢	热敏性	有结晶析出
高	大	较适	好	适	不适	良好	不适
高	大	适	尚好	适	尚适	良好	不适

8.3.3 多效降膜式浓缩器的结构

多效降膜式浓缩器由浓缩器、分离器、预热器、冷凝器、凝水罐、循环泵等部件组成。

1. 浓缩器

浓缩器为列管式换热器，管程通液体物料，壳程通加热蒸气，液体物料从浓缩器的顶部进入，经过分布器进入加热管，液体物料沿加热管往下流，并被加热蒸发，直至加热器底部，浓缩的液体和蒸发产生的二次蒸气进入分离器进行分离，其底部装有控制布水的液位开关。

作用：对液体物料加热、蒸发。

2. 分离器

分离器为单层结构的罐，上部的二次蒸气接口与冷凝器相通，下部的接口与浓缩器连通。

作用：使加热后产生的二次蒸气与浓缩液体气液分离。

3. 预热器

预热器为卧式列管式换热器，管程通液体物料，壳程通蒸发产生的二次蒸气。

作用：(1) 对进入浓缩器的液体物料进行预先加热。

(2) 将二次蒸气进行冷却以便于对其进行回收利用。

4. 冷凝器

冷凝器为卧式列管式换热器，管程通冷却水，壳程连接预热器的壳程。作用：将二次蒸气进行冷凝以便于对其进行回收利用。

5. 凝水罐

凝水罐为单层结构的罐，罐体装有控制液位的液位开关。

作用：通过与出口处的泵连接，能实现自动排放罐内的冷凝液。

8.3.4　多效降膜式浓缩器的工作原理

工作原理：物料稀溶液经原料泵进入第三效循环泵的吸入口，用泵升压后，经预热器进入第三效浓缩器顶部的进料室，再进入加热管加热蒸发后进入分离室，汽、液在此分离，溶液从底部流入泵吸入口，用泵送预热器、进料室、加热管、分离室进行循环流动与蒸发。蒸发出来的蒸气由分离室侧面进入分离器进一步把蒸气夹带的液滴分离出来，由分离器底部流回分离室，而洁净的二次蒸气排出后进入冷凝器被全部冷凝。循环泵的出口有一支路把溶液送到第二效的泵吸入口，按照与第三效相同的方式进行工作，第二效的二次蒸气送入第三效作为加热蒸气。同样，第二效泵出口有一支路把溶液送入第一效泵吸入口。第一效操作与另二效基本相同，第一效的二次蒸气送入第二效作为加热蒸气。第一效的加热蒸气则由锅炉直接供给，冷凝水返回锅炉房。此外，泵出口有一支路排放浓缩液，调节排放量以保持排放液的浓度(图 8.4)。

逆流操作时，浓溶液出料口在第一效，温度较其他各效高，可使溶液黏度有所下降，有利于浓度较高溶液的浓缩，可得到 75%的浓缩液。

各效浓缩器均装液位控制器，配合进口管路的控制阀保持各效液面恒定。锅炉供气管路装有控制阀，根据第一效加热蒸气压力的传感器及压力控制器来控制阀门达到加热蒸气压力恒定的目的。各效所排放的冷凝水均汇集至凝水罐，罐侧面装有液位控制器，配合排液泵出口管的控制浓缩器液位至规定高度。

8.3.5　多效降膜式浓缩器的特点

(1) 结构紧凑、布局合理、占地面积小、安装操作方便。

(2) 生产效率高、蒸发量大。

(3) 节能效果显著，能耗仅为一般降膜式浓缩器浓缩生产时的 1/3 左右。$Q_A/Q \leqslant 0.45$，$Q_B/Q \leqslant 8$(Q 为清水蒸发量，Q_A 为蒸气耗量，Q_B 为冷却水耗量)。

(4) 系统可控制，系统采用可编程控制器编程，设备工艺参数可设定、控制，原料液和冷却水均可自动控制。系统控制精度：温度±1 ℃，压力±0.01 MPa，液位高度±10 mm。

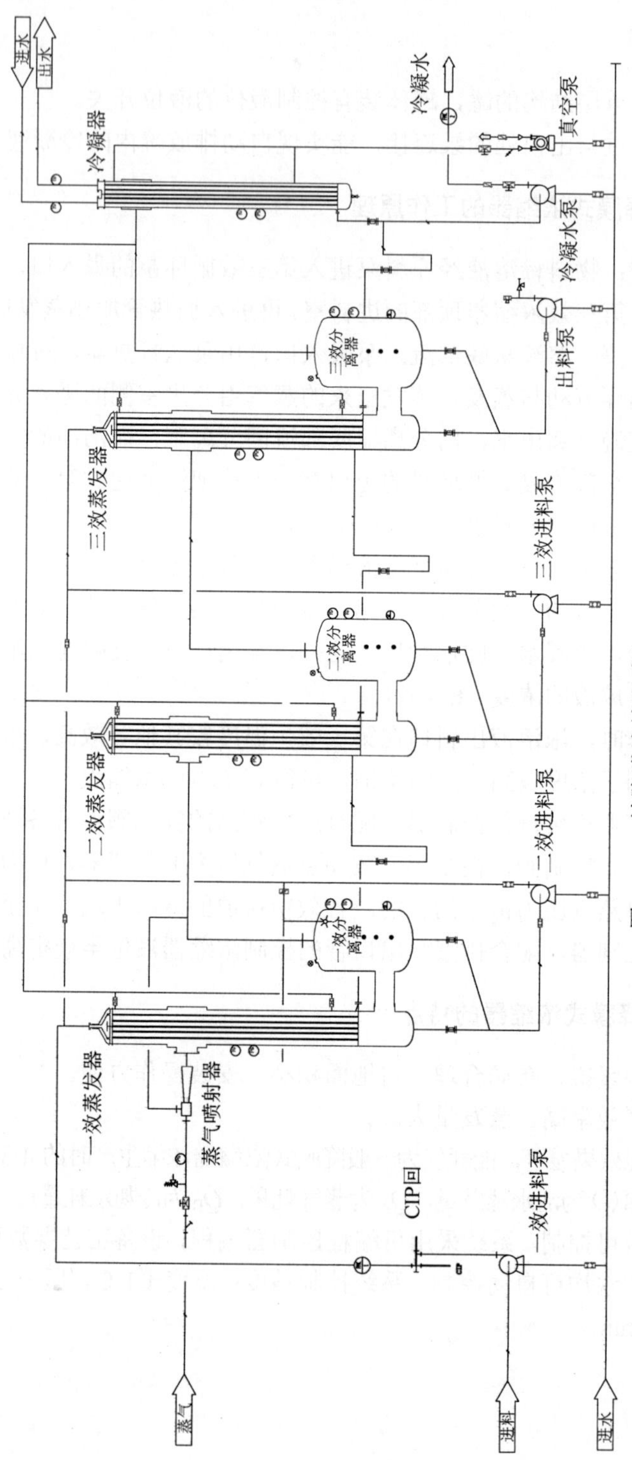

图 8.4　三效降膜浓缩器流程

8.3.6　对多效降膜式浓缩器相关要点的探讨

蒸发是一个消耗大量加热蒸气而产生大量二次蒸气的过程。从节能观点出发，多效降膜式浓缩器充分利用蒸发所产生的二次蒸气作为其他效加热系统的热源，即要求蒸发装置能提供温度较高的二次蒸气，这样既可减少锅炉产生蒸气的消耗量，又可减少末效进入冷凝器的二次蒸气量，提高蒸气的利用率。一般所用的饱和蒸气不超过 180 ℃，若超过 180 ℃，其相对压强就很高，这样会增加热设备与操作费用。多效降膜式浓缩器的蒸发旨在节省加热蒸气。

如果首效采用较高压力的加热蒸气，则末效可以采用常压蒸发或低真空蒸发。此时，末效产生的二次蒸气具有较高的温度，其热能绝大部分被利用。

8.3.7　浓缩器的效数

在多效蒸发中，将前一效的蒸气作为后一效的加热蒸气，所以多效蒸发能节省生蒸气的消耗量。但不是效数越多越好，其效数受技术与经济上的限制。

(1) 多效蒸发随效数的增加，在总蒸发量相同时所需生蒸气量则减少，操作费用降低。但效数越多，其设备费用也越高，且随着效数的增加，所节省的生蒸气量则越来越少。

(2) 理论上效数过多，蒸发操作将难以进行。一般而言，多效蒸发的第一效加热蒸气温度和冷凝器的操作温度都是受到限制的，多效蒸发理论传热总温度差(即上述两温度的差值)也是受到限制的。在具体操作条件下，当效数增多时，各效温度差损失之和随之增大，因而有效总温度差减小。当效数过多时，有效总温度差很小，分配到各效的有效总温度差将会小得无法保证各效正常的沸腾，蒸发操作难以进行。

究竟效数多少，则要看被蒸发物料的特性。经验告诉人们，一般电解质溶液，其沸点升高较快，可取 2～3 效；一般非电解质溶液，其沸点升高较慢，可取 4～6 效。

8.3.8　多效降膜式浓缩器的流程

在多效降膜式浓缩器中，溶液的流程可以是并流、逆流、平流和错流，它们之间的比较见表 8.4，其选择主要根据物料特性、操作方式及经济性来决定。

我们所探讨的三效降膜式浓缩器实例属逆流，其溶液与蒸气成逆流。在此实例中，料液由末效加入，依次用泵送入前一效。溶液从后一效进入前一效时，温度将低于该效的沸点。在这种流程中，溶液的浓度越大，蒸发温度也越高。因此，各效溶液的黏度不会相差太大，因而传热系数均匀。

表 8.4　并流、逆流、平流和错流的比较

并流	逆流	平流	错流
溶液与蒸气成并流	溶液与蒸气成逆流	每效都加入原料液	溶液与蒸气在有些效成并流，而在有些效间则成逆流
不需泵，成本低。但对黏度随浓度迅速增加的溶液不适宜	适用于黏度随浓度变化较大的溶液，但热敏性溶液应有相应措施	适用于蒸发过程中伴有结晶析出场合	操作复杂，实际很少应用

8.4　板式蒸发浓缩器

板式蒸发浓缩器是由板式热交换器与分离器组合而成的一种浓缩器，也是一种薄膜式浓缩器。与升膜式、降膜式相比较，差别在于以成型加热板上形成的液膜来代替管壁或壳上形成的液膜。近代板式蒸发浓缩器在国外使用已很普遍。虽然工业上应用始于 1950 年，但早在 1928 年已运用板式热交换器的原理做成第一台板式蒸发浓缩器，并用于果酱的浓缩。随着食品浓缩低温、短时的要求越来越高，板式蒸发浓缩器已广泛应用于食品工业。因为其独有的特点，所以针对类似乳品等蛋白质含量高、热敏性强的物料较为适合，之前使用在乳品加工业较多。

目前国内适用效果较好的，多数为英国 APV 公司、德国 GEA、瑞典利乐公司生产的设备。国内生产的设备，难度主要集中在板片的加工上。随着国内大型液压机的开发，技术正接近国外厂商。现在不少国内厂家只采购国外板片，自行组装改变之前成套进口的状况，节省了大量投资。

8.4.1　板式蒸发浓缩器的原理

将前述升降膜原理应用于板式换热器内部。通常的用法是将加热板排成四片一组。蒸气在 3～4 板间沸腾成降膜，板组的数目可以变动，视生产能力需要而定。单位高度的传热面积，板式远大于管式；停留时间则板式远小于管式。如果板式蒸发的板隙和板宽加以适当改变，就可控制蒸气速度，提高传热效率，而传热板仍能保持适度润湿(图 8.5)。

对各种不同黏度、不同浓缩比要求、不同沸腾温度的物料，调整传热板的尺寸可满足最佳操作条件的要求。板式蒸发浓缩器的板组(四片成一组)按所需传热面积顺序装于机架上，对所有板组而言，加料是平流的。

这种设备没有升膜段，全部料液以降膜方式流过加热板，而加热板则比普通板式蒸发浓缩器的大。如此，一片降膜进料板紧接一片蒸气加热板，即两片成一组，板的长度为以前的升膜板和降膜板长度之和，而板宽则比以前增加 50%，因此，为完成同一任务，需要板数较少，组合后长度较短。料液在此由于使用橡皮

垫圈密封，故不能处理有机溶剂的溶液，同时操作温度上也有限度。为保证适当的升降膜操作条件，板间间隙小，故不能处理悬浮固体的料液。同时处理一般料液，也有必要在生产线上安装过滤器，防止液体颗粒进入浓缩器。

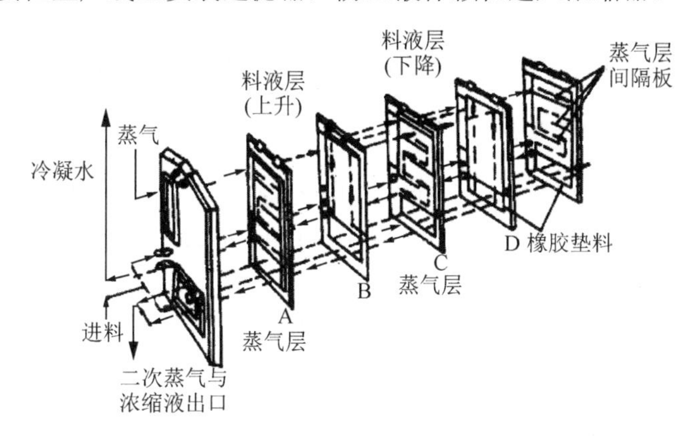

图 8.5　板式蒸发浓缩器原理图

8.4.2　板式蒸发浓缩器的特点

1. 传热效率高

板片波纹的设计以高度的薄膜导热系数为目标，传热效率很高，一般来说，板式蒸发浓缩器的传热系数 K 值在 3000～6000 W/(m^2·℃)范围内，这就表明，板式蒸发浓缩器只需要管壳式浓缩器面积的 1/4～1/2 即可达到同样蒸发效果(图 8.6 和图 8.7)。

图 8.6　三效板式蒸发浓缩器

图 8.7　三效板式蒸发强制循环浓缩器

2. 占地面积小，易于维护

板式蒸发浓缩器的结构极为紧凑，在蒸发量相同的条件下，所占空间仅为管式降膜浓缩器的1/4～1/3，其高度仅为管式降膜浓缩器的1/10左右，且检修只需要松开夹紧螺杆，即可在原空间范围内完全接触到换热板的表面，且拆装方便。

3. 设备换热面积可调整

每件热元件(板片)的尺寸，小的可到 0.03 m^2，大的可达 4 m^2 以上，每台设备的换热面积，小的可达 0.5 m^2，大的可达 1900 m^2 以上。由于换热板容易拆卸，通过调节换热板的数目或者变更流程就可以得到最合适的传热效果和容量，只要利用浓缩器中间架，换热板部件就有多种独特的机能。这样就为用户提供了随时可变更处理量和改变传热系数 K 值或者增加新功能的可能。

4. 热损失小

因结构紧凑和体积小，浓缩器的外表面积也很小(和管式降膜浓缩器相比)，因而热损失也很小，通常设备不再需要保温。

压力损失少：在相同传热系数的条件下，板式蒸发浓缩器通过合理地选择流速，压力损失可控制在管式浓缩器的1/3的范围内。

5. 使用安全可靠

在板片之间的密封设备上设计了两道密封，同时还设有信号孔，一旦发生泄漏，可将其排到浓缩器外部，既防止了蒸气和物料相混，又起到了安全报警的作用。

由于目前国内生产骨加工设备的厂家多以之前生产饮料、制药的容器类产品为主，所以针对骨素产品的浓缩多沿用中药浓缩上的管式升膜或降膜浓缩器；而且，由于上面提及的板片加工能力的问题，板式蒸发浓缩器这种高效、低价的浓缩器在本行业内几乎没有使用。

8.5 蒸气再压缩浓缩器

对于整个骨汤生产线来说，能耗最大的就是浓缩环节，几乎占到整个生产能耗的70%～80%；而且由于我们国家提出持续发展理念，对节能降耗的政策支持力度加大，另外降低成本节约能耗，如何提高蒸气的使用效率，使用新型的浓缩设备是各个生产企业应当考虑的重要问题。因此使用比多效浓缩器能效更高的蒸气再压缩浓缩器成为探讨的重点。

8.5.1　蒸气再压缩方法的定义

设法使蒸发出来的二次蒸气的热力状态提高到接近于原来的水蒸气的状态，作为热源，进行加热的方法。压缩方式的不同可以分为以下两种。

1. 机械再压缩法

机械再压缩法(mechanical vapor re-compression，MVR)，是国外成熟节能的蒸发技术。顾名思义，从浓缩器出来的二次蒸气，经压缩机压缩，压力、温度升高，热焓增加，然后送到浓缩器的加热室当作加热蒸气使用，使料液维持沸腾状态，而加热蒸气本身则冷凝成水。这样，原来要废弃的蒸气就得到了充分的利用，回收了潜热，又提高了热效率，生蒸气的经济性相当于多效蒸发的 30 效。为使蒸发装置的制造尽可能简单和操作方便，经常使用单效离心再压缩器，也可以是高压风机或透平压缩器。这些机器在 1∶1.2～1∶2 压缩比范围内体积流量较高。对于低的蒸发速度，也可用活塞式压缩机、滑片压缩机或是螺杆压缩机。

蒸发设备紧凑，占地面积小、所需空间也小，又可省去冷却系统。对于需要扩建蒸发设备而供汽，供水能力不足，场地不够的现有工厂，特别是低温蒸发需要冷冻水冷凝的场合，可以收到既节省投资又取得较好的节能效果。

2. 蒸气喷射再压缩法(热再压缩法)

蒸气喷射再压缩法：从分离器出来的二次蒸气一部分在高压工作蒸气的带动下，进入喷射器混合升温升压后，进入加热室当作加热蒸气使用，来加热料液。另一部分进入冷凝器，冷凝后排出。加热蒸气在加热室中凝结成水排出。管内溶液在加热蒸气的加热下蒸发浓缩，达到要求后排出，蒸气喷射式热泵具有结构简单、操作稳定、价格低廉等特点。使用蒸气喷射式热泵，效能上相当于增加一效浓缩器。

8.5.2　机械再压缩法

MVR 的理论基础是玻意耳定律推导出来的，即

$$pV/T = K$$

其含义是一定质量的气体的压强×体积÷温度为常数，也就意味着当气体的体积减小，压强增大时，气体的温度也会随即升高。

根据此原理，将稀薄的二次蒸气在经体积压缩后其温度会随之升高，从而实现将低温低压的蒸气变成高温高压的蒸气，进而可以作为热源再次加热需要被蒸发的原液，从而达到可以循环回收利用蒸气的目的。由于在此体积的压缩是通过机械式压缩机实现，所以称为 MVR。

MVR 技术是在欧美市场开发出来，有着几十年历史的成熟技术。我国大约从 20 世纪 90 年代开始引进和使用该项技术，其核心部件压缩机之前均为进口，多为德国、法国、美国等。近几年随着市场的扩大，国内的压缩机厂家生产的产品也逐渐过关。而且 2010 年国家发展和改革委员会发布的第三批国家重点节能技术推广目录中，将 MVR 技术作为推广技术设立了专项资金进行支持。

1. 系统介绍

(1) 预热器：很多情况待蒸发的原液在进入蒸发换热器之前的温度较低，为了充分利用系统内的热能，经常采用列管式或板式换热器对原液进行预加热(图 8.8 和图 8.9)。

(2) 蒸气压缩机：它是 MVR 系统的核心部件，它通过对二次蒸气进行压缩，提高系统内二次蒸气的热焓，为系统连续提供蒸气。根据原液的流量和沸点升高值等特性，可以选择罗茨或离心压缩机。对于沸点升高值较大的原液，压缩机可以多级串联使用。

(3) 气液分离器：它是蒸气和浓缩液体进行分离的装置。对于有结晶的原液，可以将分离器和结晶器设计成一体，再加装强制循环泵，完成气液分离、浓缩和结晶的功能。

(4) 蒸气换热器：预热后的源液通过进料泵将其载入蒸气换热器与由蒸气压缩机产生的蒸气进行换热，使其迅速汽化蒸发。根据原液的特性(黏度，是否有结晶和结垢等)选择换热器的形式。

图 8.8　MVR 浓缩器图

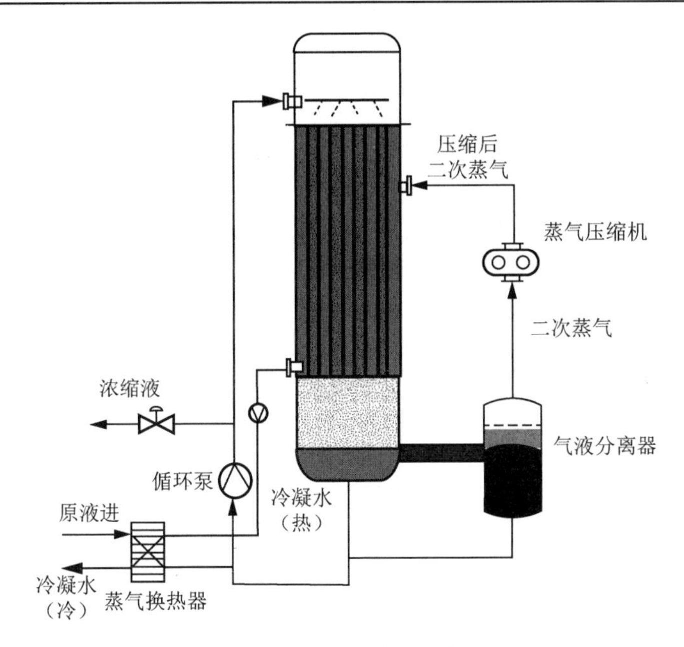

图 8.9 MVR 浓缩器示意图

(5) 控制中心：采用工控机和可编程控制器构成 MVR 系列的实时监控中心。通过软件编程，实时采集各种传感器的状态信号，从而自动控制电机的转速、阀门关闭和调节、液体的流速和流量、温度和压力的控制和调节等，使系统工作达到动态平衡的状态。同时该设备还具有自动报警、自动记录参数和提供报表的各种功能。

2. MVR 的特点

(1) 低能耗、低运行费用，没有废热蒸气排放，节能效果十分显著，相当于 30 效浓缩器。

(2) 运用该技术可实现对二次蒸气的逆流洗涤，因此冷凝水干物含量远低于多效浓缩器。

(3) 占地面积小，公用工程配套少，工程总投资少，不需要冷冻循环水系统。

(4) 无需原生蒸气，运行平稳，自动化程度高。

(5) 采用低温负压蒸发(40 ～100℃)，有利于防止被蒸发物料的高温变性。

(6) 工艺简单，实用性强，部分负荷运转特性优异。

(7) MVR 浓缩器是传统多效降膜式浓缩器的换代产品，是在单效浓缩器的基础上通过对二次蒸气逆流洗涤及再压缩重新利用。凡单效及多效浓缩器适用的物料，均适合采用 MVR 浓缩器，在技术上具有完全可替代性，并具有更优良的环保与节能特性。

8.5.3　与传统浓缩器节能效果比较

与传统单效浓缩器相比，以 1 t/h 浓缩器量为例，具体数据请参考表 8.5，运行成本的根据为以下数据：

工作时间：24 h/d　　330d/a

电价：　　0.7 元/(kW · h)

蒸气价：　250 元/t

表 8.5　1 t/h 蒸发量运行成本对比(每天按照 16 h 生产按照 300 天计算)

设备	蒸气机械再压缩蒸发器、单效降膜式浓缩器		单效升膜式浓缩器	
	能耗	折合人民币/元	能耗	折合人民币/元
机械压缩机	55 kW/h	38.5	0	0
辅助泵	32.7 kW/h	22.9	15 kW/h	10.5
鲜蒸气	0	0	1080 kg	216（200 元/t 蒸气）
冷却水	0	0	91 m^3/h(18.5 kW)	12.95
总和	87.7 kW/h			
每吨成本		61.4 元		239.45 元
折合标煤	10.78 kg		147.76 kg	
每年运行成本	29.47 万元		114.94 万元	
年节省标煤	657.5 t			
年节省费用	85.47 万元			

由此可见，使用节能的 MVR 浓缩器对于工厂的运行成本有非常大的帮助。但是这其中，同样蒸发量的 MVR 浓缩器由于其控制系统、压缩机、换热面积等因素，造价一般为单效浓缩器的 5～7 倍，一次性投资较大。而且，MVR 浓缩器的设备特点适用于单品种、产量大的液体浓缩。所以对于品种较多、单品产量较低的厂家不太适合此种设备。

由于这个原因，许多设备厂家或融资公司纷纷成立了能源管理公司，以能源管理的模式进行技术和设备推广。

8.6　膜　浓　缩

膜滤技术是将溶液中的物质按分子大小进行分离。膜分离过程大多无相变，可在常温下操作，具有能耗低、效率高、工艺简单、投资小和污染轻等优点，在水处理应用中发展相当迅速。它包含微滤、超滤、渗析、电渗析、纳滤和反渗透、渗透蒸发、液膜等。其中，反渗透、纳滤技术尤为引人注目。

微滤：0.025～14 μm。

超滤：0.002～0.1 μm。

反渗透：水分子可以通过膜，而杂质无法通过膜。

纳滤：对二价或多价离子及相对分子质量介于 200～500 之间的有机物有较高脱除率。

8.6.1 膜的分类

按照材料分类见表 8.6。

表 8.6 膜材料分类

类别	膜材料	举例
纤维素酯类	纤维素衍生物类	乙酸纤维素，硝酸纤维素，乙基纤维素等
非纤维素酯类	聚砜类	聚砜，聚醚砜，聚芳醚砜，磺化聚砜等
	聚酰(亚)胺类	聚砜酰胺，芳香族聚酰胺，含氟聚酰亚胺等
	聚酯、烯烃类	涤纶，聚碳酸酯，聚乙烯，聚丙烯腈等
	含氟(硅)类	聚四氟乙烯，聚偏氟乙烯，聚二甲基硅氧烷等
	其他	壳聚糖，聚电解质等

按照分离过程分类见表 8.7。

表 8.7 分离过程分类

膜过程	推动力	传递机理	透过物	截留物	膜类型
微滤	压力差	颗粒大小形状	水、溶剂溶解物	悬浮物颗粒	纤维多孔膜
超滤	压力差	分子特性大小形状	水、溶剂小分子	胶体和超过截留相对分子质量的分子	非对称性膜
纳滤	压力差	离子大小及电荷	水、一价离子、多价离子	有机物	复合膜
反渗透	压力差	溶剂的扩散传递	水、溶剂	溶质、盐	非对称性膜、复合膜

膜分离技术以其高效、节能、环保和分子级分离等特性，已广泛地应用于医药、水处理、化工、电子、食品加工等领域，成为现代分离技术领域最先进的技术之一。被公认为 21 世纪最重大产业应术之一的膜技术，是一种新兴的绿色工业科技。与常规的离心分离、沉降、过滤、萃取等方法相比，膜技术具有明显的潜在优势。随着近几年来人们对膜技术的大力开发以来，已开发出反渗透膜、超滤膜、纳滤膜、微滤膜等性能优异的分离膜产品，特别是无机陶瓷膜的研制开发和应用推广更是得到了长足的进步。

8.6.2 超滤膜

超滤技术始于 1861 年，其过滤粒径介于微滤和反渗透之间，为 5～10 nm，在 0.1～0.5 MPa 的静压差推动下截留各种可溶性大分子(如多糖、蛋白质、酶等相对分子质量大于 500 的大分子及胶体)，形成浓缩液，达到溶液的净化、分离及浓缩的目的。

超滤技术的核心部件是超滤膜，分离截留的原理为筛分，小于孔径的微粒随溶剂一起透过膜上的微孔，而大于孔径的微粒则被截留。膜上微孔的尺寸和形状决定膜的分离效率。

超滤膜均为不对称膜，形式有平板式、卷式、管式和中空纤维状。超滤膜的结构一般由三层结构组成。即最上层的表面活性层，致密而光滑，厚度为 0.1～1.5 μm，其中细孔孔径一般小于 10 nm；中间的过渡层，具有大于 10 nm 的细孔，厚度一般为 1～10 μm；最下面的支撑层，厚度为 50～250 μm，具有 50 nm 以上的孔。支撑层的作用为起支撑作用，提高膜的机械强度。膜的分离性能主要取决于表面活性层和过渡层。超滤技术主要用于含相对分子质量 500～500 000 的微粒溶液的分离，是目前应用最广的膜分离过程之一，它的应用领域涉及化工、食品、医药、生化等。

8.6.3　纳滤

纳滤膜是 20 世纪 80 年代在反渗透复合膜基础上开发出来的，是超低压反渗透技术的延续和发展的分支，早期被称为低压反渗透膜或松散反渗透膜。目前，纳滤膜已从反渗透技术中分离出来，成为独立的分离技术。

纳滤膜的孔径为纳米级，介于反渗透膜和超滤膜之间，因此称为“纳滤”。纳滤膜的表层较膜的表层要疏松得多，但较超滤(UF)膜的要致密得多。因此其制膜关键是合理调节表层的疏松程度，以形成大量具纳米级的表层孔纳滤膜主要用于截留粒径在 0.1～1 nm，相对分子质量为 1000 左右的物质，可以使一价盐和小分子物质透过，具有较小的操作压(0.5～1 MPa)。其被分离物质的尺寸介于反渗透膜和超滤膜之间，但与上述两种膜有所交叉。

纳滤恰好填补了超滤与反渗透之间的空白，它能截留透过超滤膜的那部分小相对分子质量的有机物，透析被反渗透膜所截留的无机盐。而且，纳滤膜对不同价态离子的截留效果不同，对单价离子的截留率低(10%～80%)，对二价及多价离子的截留率明显高于单价离子(90%)。以上目前关于纳滤膜的研究多集中在应用方面，而有关纳滤膜的制备、性能表征、传质机理等的研究还不够系统、全面。进一步改进纳滤膜的制作工艺，研究膜材料改性，将可极大提高纳滤膜的分离效果与清洗周期。纳滤技术最早也是应用于海水及苦咸水的淡化方面。由于该技术对低价离子与高价离子的分离特性良好，因此在硬度高和有机物含量高、浊度低的原水处理及高纯水制备中颇受瞩目；在食品行业中，纳滤膜(图 8.10)可用于果汁生产，大大节省能源；在医药行业可用于氨基酸生产、抗生素回收等方面；在石化生产的催化剂分离回收等方面更有着不可比拟的作用。

图 8.10 纳滤机组

目前国内已经研究出较为成熟的膜滤工艺和设备，能够将初始浓度为 3%～5%的骨汤通过膜技术浓缩至 25%～30%，相当于去除了 75%～80%的水分，之后再与浓缩器配合大大节省了能源。经过测试，节能效果非常明显，设备投资大大节省，对于生产厂家实际经济效益显著。存在的问题主要是在膜的清洗和恢复上，一般的有机膜正常使用 2～3 年，存在的使用成本主要在于膜的更换和使用。

8.7 树脂吸附设备

在骨素提取过程中，尤其是在鸡骨的提取过程中，由于鸡的生长周期短，其部分骨骼没有钙化，从而含有软骨素的成分。所以在提取过程中，我们通过一些物理化学的方法将其提取出来，可以丰富骨提取产物种类，提高经济效益。下面介绍树脂方法吸附提取硫酸软骨素的设备。

8.7.1 设备组成

在常规的提取硫酸软骨素方法大多采用酸碱法结合酶法从软骨中提取价格昂贵的硫酸软骨素，生产过程中会产生大量含蛋白质的废水，造成资源浪费和环境污染。而且其过程效率低，过程复杂。对骨头的前处理，蒸煮提取过程与生产骨汤的流程一致，所以本方法能够成为生产骨汤过程的其中一个工段，而对其他环节不影响。

下面所阐述树脂吸附的方法分离硫酸软骨素的装备，包括下面及部分设备：浓盐碱罐、隔膜泵、稀碱液储罐、稀盐液储罐、计量泵、汤液暂存罐、输送泵、板式换热器、暂存槽、树脂柱。

8.7.2　设备优点

浓碱通过隔膜泵与稀碱储罐连接；稀碱储罐内的碱可以通过计量泵进入树脂柱；盐水储罐与计量泵相连通，通过计量后加入树脂柱内；输送泵与板式换热器相连，经过换热后汤液在汤液暂存罐后再通过计量后加入树脂柱内；装备中浓碱和浓盐水罐带有手动搅拌装置，在加入碱后手动搅拌装置能够使其溶解并混合均匀。浓碱和浓盐水通过工程塑料材质的气动隔膜泵通过密闭管道输送到稀碱罐中，防止在加入过程中泄漏腐蚀。稀碱和盐水储存罐也采用聚丙烯材质，防止对容器造成腐蚀，而且带液位计能够计量稀碱和盐水容积。

本方法有如下优点：该分离硫酸软骨素的装备配置完整性、灵活性好，整体设计结构合理，内部管路安装完善，单体设备结构先进；通过本装备，避免了旧工艺方式中酶解提取工序繁复、收率低、成分复杂的缺点；而且投资小，能耗成本低，操作便利性好，外形设计合理美观，占地面积小等。

8.7.3　具体实施方式

下面通过具体实施例对本方法进行说明。

首先配制浓碱及盐液，根据计算称量一定量的碱或盐，之后开启自来水阀门加入带有计量刻度浓盐碱罐 2 内，并用手动搅拌将其溶解混匀。在稀碱罐 3 和稀盐水罐 6 中再加入可计量热水，其量将预留出浓盐碱罐 2 的容量。开启气动隔膜泵 1 分别加入稀碱罐 3 或稀盐水罐 6 中。加入完成后，开启离心泵 4，对稀碱罐 3 进行循环搅拌。或者开动计量泵 A 对稀盐水罐 6 进行循环搅拌，搅拌混匀后待用(图 8.11)。

物料骨汤经过双联管道过滤器 8 后，通过板式换热器 9 进行冷却调温，之后进入中间缓冲罐 10，中间缓冲罐 10 带有自动液位传感控制板式换热器 9 前面的供料泵。计量泵 11 再将冷却后的物料骨汤按照一定流量进入树脂柱 14，树脂柱进行吸附，达到一定时间后吸附后料液进入吸附后料液暂存槽 15，再通过吸附后料液离心泵 16 输送到下道工序进行加工。

吸附完成后，稀盐水罐 6 中一定浓度盐水通过计量泵进入树脂柱 14 对树脂进行洗脱，洗脱液进入洗脱液暂存槽 13 中，再通过洗脱液离心泵 12 输送到下道工序进行加工。

在使用过一段时间后，需要对树脂进行活化清洗，将稀碱罐 3 中一定浓度碱液通过离心泵 4 经过双联管道过滤器 5，从树脂柱下方进入树脂柱 14 内对树脂进行活化清洗。活化完成后，再用温水对树脂进行冲洗，直至冲洗液呈中性。

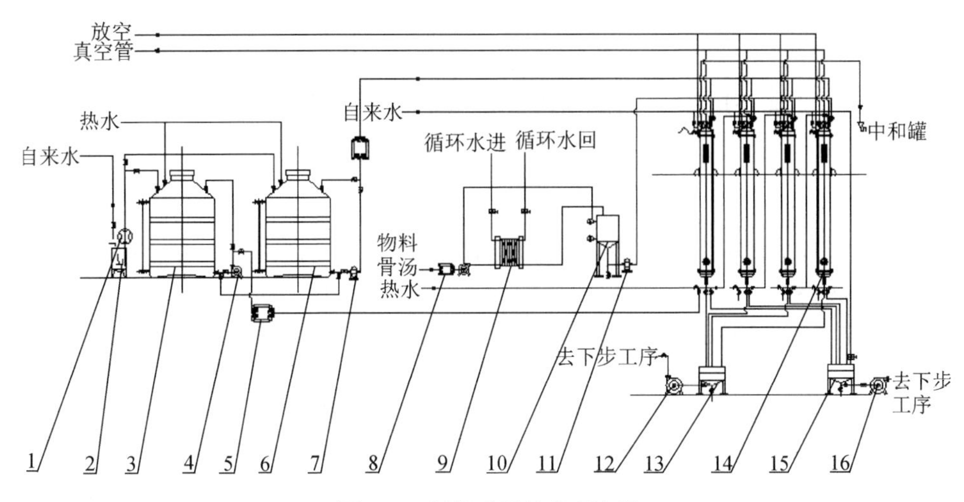

图 8.11 树脂吸附软骨素流程

1. 气动隔膜泵；2. 浓盐碱罐；3. 稀碱罐；4. 离心泵；5. 双联管道过滤器A；6. 稀盐水罐；7. 计量泵A；8. 双联管道过滤器B；9. 板式换热器；10. 中间缓冲罐；11. 计量泵B；12. 洗脱液离心泵；13. 洗脱液暂存槽；14. 树脂柱；15. 吸附后料液暂存槽；16. 吸附后料液离心泵

这是一种适合于从鸡骨中分离提取价格昂贵的硫酸软骨素的成套装备。整套装备能够配合其他热抽提生产线使用，对其他流程不干扰，对提高企业效益、降低生产成本意义巨大。本装备原理简单实用，使用材质普通、造价低，安装使用占地面积小，操作方便。考虑细节周到，能够对造价高昂的树脂进行反复清洗使用。其中，部分采用简单自控，可以节省人工成本，而且提高操作安全性避免失控。

第 9 章　骨汤调配与反应加工设备

浓缩后的骨汤产品总的干物质含量在 30%～60%之间，主要成分是胶原蛋白、多肽、小肽乃至寡肽、氨基酸，占含量的 20%左右，白汤产品含有油脂的量也可以达到 5%～8%。为了使后期产品达到所需要的风味和参加后期的反应，必须添加类似食盐、香辛料、油脂、淀粉等辅料。而高蛋白含量的浓缩骨汤产品的物料性质特殊，流动性差，黏度高，而加入的辅料多为难溶的固体粉末、油脂等。因此，如何将其均匀混合、分散彻底，而且要保证其在存放过程中不分层、不析出是非常重要的技术指标。这样，对调配设备提出非常高的要求。而且，后期的调配过程会直接变成部分产品直接面对消费者，所以调配罐的设计和使用非常重要。

骨汤作为营养丰富的骨提取产物，非常贴近肉类，经常被咸味香精厂家作为美拉德反应的反应底物使用。而且经过可控条件的美拉德反应，骨汤能够产生非常令人愉悦和丰富的口感和味觉，使得其应用价值更高、范围更广。本章节主要针对骨汤的调配和反应设备做一介绍。

9.1　调 配 设 备

调配罐是浓缩后骨汤所经过的必要阶段，也是整条生产线的关键控制点。调配的关键是搅拌的设计。搅拌设备在工业生产中应用范围较广，它最主要的作用是使物料混合均匀，这种过程可能是物理过程，也可能是化学反应过程，也能引起化学变化，对产品风味、状态、气味、质量起到关键作用，同时，搅拌效率的高低，还对能源消耗形成不同影响(图 9.1)。

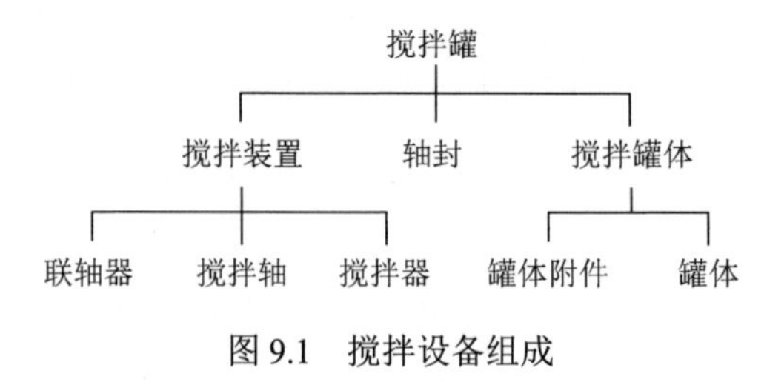

图 9.1　搅拌设备组成

9.1.1　搅拌作用

1. 使物料混合均匀

使粉体或固体在液相中很好地分散；使固体粒子(如催化剂)在液相中均匀地

乳化、溶解；使不相溶的另一液相均匀充分乳化，在搅拌中引起容器内物料物理性的湍流、分散、结合及形成化学反应，形成风味物质。

2. 强化传热、传质

不同分子结构、黏性、吸水性物料相间的传质(如吸收等)。

9.1.2　搅拌器的选型

1. 选型依据

考虑搅拌的目的、考虑动力消耗等问题，设计时按照如下标准(具体选型可以参见表 9.1)。

表 9.1　搅拌器类型选择

搅拌器型式	流动状态						搅拌目的						搅拌容器容积/m^3	转速范围/(r/min)	最高黏度/($\times10^{-1}$ Pa·s)
	对流循环	湍流扩散	剪切流	低黏度混合	高黏度液混合传热反应	分散	溶解	固体悬浮	气体吸收	结晶	传热	液相反应			
涡轮式	○	○	○	○	○	○	○	○	○	○	○	○	1～100	10～300	500
桨式	○	○	○	○	○		○	○		○	○	○	1～200	10～300	20
推进式	○	○		○		○	○	○		○	○	○	1～1000	10～500	500
折叶开启涡轮式	○	○		○		○	○	○			○	○	1～1000	10～300	500
布尔马金式	○	○	○	○	○		○				○	○	1～100	10～300	500
锚式	○				○		○						1～100	1～100	1000
螺杆式	○				○		○						1～50	0.5～50	1000
螺带式	○				○		○						1～50	0.5～50	1000

注：圆圈代表搅拌可以起的作用。

2. 不同用途设备设计不同类型搅拌

针对生产中间需要使用的静置罐、粗油精油罐等对搅拌要求不同：

(1) 分析此种罐内的物料特点，因为均为浓度较稀的骨汤和轻油，可以视为理想中的符合牛顿流体公式的牛顿流体。

(2) 了解此类搅拌要达到主要目的：传热较快以及同方向流层混匀；能够将絮凝剂快速溶解；避免在搅拌过程中油脂的乳化。

(3) 选择平桨搅拌尺寸和转速根据经验公式和实际情况需要来进行。

理论参数：d/B=4～10　Z=2

外缘圆周速率为 1.5～3 m/s，转速一般为 20～100 r/min。

其中：*d*——搅拌器直径；

B——搅拌器宽度；

Z——搅拌桨叶。

主要应用：

a. 液-液系中用于防止乳化、尽快促使罐内物料温度均一，固-液系中多用于溶解和防止乳化。

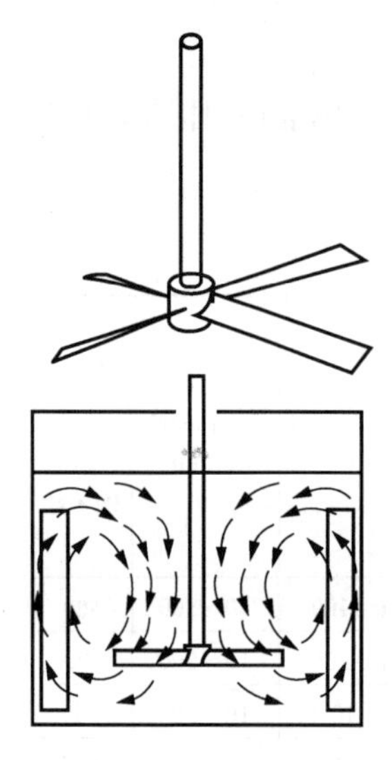

图 9.2　平桨搅拌

b. 主要用于流体的循环，由于在同样排量下，折叶式比平直叶式的功耗少，操作费用低，故轴流桨叶使用较多。

c. 有时也用于高黏流体搅拌，促进流体的上下交换，代替价格高的螺带式叶轮，能获得良好的效果。

设计的搅拌综合考虑目标设备使用途径和作用，主要目的是将液体快速升温、溶解絮凝剂(如盐的溶解)，但要消除湍流形成的乳化，避免对产品造成破坏。

根据使用要求，考虑到普通两叶的平桨搅拌并没有效果(图 9.2)，所以设计为三个桨叶，桨叶夹角为小角度，桨叶形状为窄型桨叶，桨叶特殊设计(桨叶有避免湍流乳化的导流孔)，根据物料黏度较低、底部锥底要求，设计侧重轴向流效果好的桨叶形状，共三层，每层的桨叶采用不同的径、长、宽、角度、形状，达到不同层面物料的流动预期，成本同于平桨但是效果较平桨好得多，能够大大提高搅拌、换热效率，节能降耗。

3. 乳化和分散搅拌

根据实际生产情况分析设备的搅拌目的主要是乳化、混合，考虑到要求的是将大量的油脂、盐、粉状料和高浓度骨汤做均匀乳化，不仅要求溶解好，而且要求产品状态细腻、稳定。

高速转子定子乳化搅拌(主要用来乳化和溶解)乳化时，当油和水被吸入定转子腔体内，在定转子较小的齿隙区域，转子区域的周向速度较高，而定子区域的周向速度非常小，这样在定转子齿隙区域内形成较大的速度梯度，从而在该区域产生较大的剪切应力。油和水经过定转子间的高速剪切后，在离心力的作用下通过定转子的齿槽，在径向上产生了一定的速度梯度，使物料在径向上受到强烈的剪切和研磨作用。随着转子的转速升高，定子齿槽内的流速也随之增加，在此区域的回流现象也得到增强，见图 9.3 和图 9.4。

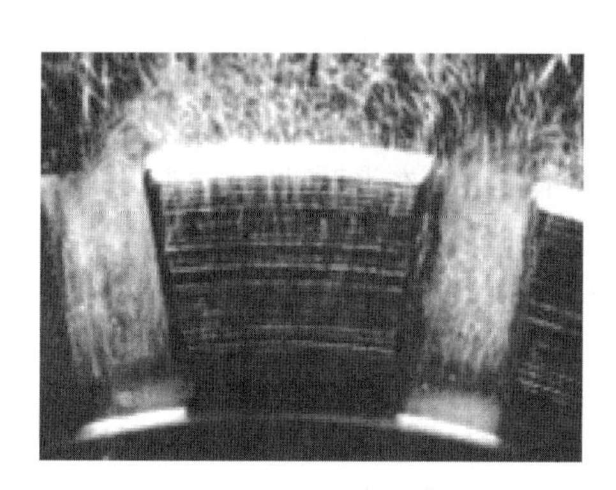

图 9.3　分散时产生的强紊流图

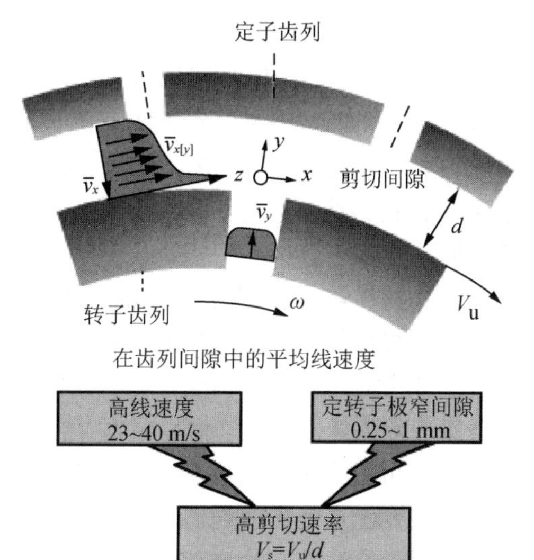

图 9.4　高剪切分散

定转子结构可以加强剪切效应，同时对物料产生多循环的剪切作用，使物料达到均质乳化的目的。定转子间存在较大的剪切率，特别是定转子齿隙间，随着转速的提高，剪切速率也逐步地随之增加，因此转速是均质机的重要参数之一，提高均质机的剪切作用具有显著的成效，转子的转速越大越好。

所以选择超高速分散乳化机，超高的转速和剪切率能获得超细微的悬浮液。具有最好几何学形状的精密二级定转子分散头设计，定转子的间距范围 0.3～1.0 mm，转子最高转速高达 10 500 r/min，线速度高达 41 m/s，剪切速率到达 100 000 s^{-1}，高转子的转速、低的定转子的间距，使定转子间的剪切作用加强，从而使水珠以较小的微粒分散到油中，形成比较稳定的乳化液。

理论参数：　$d:L:B=20:5:4$　　　$Z\geqslant 6$

外缘圆周速率为 3～8 m/s。

转速一般为 200～3000 r/min，适应各种黏度。

其中：d——搅拌器直径；

B——搅拌器宽度；

Z——搅拌桨叶数；

L——单叶片长度。

4. 叶片圆盘涡轮搅拌

涡轮式搅拌器有较大的剪切力，可使流体微团分散得很细，适用于低黏度到中等黏度流体的混合、液-液分散、液-固悬浮。由于考虑到物料性质的问题罐内液体物料蛋白质含量达到40%以上，黏度在90 Pa·s，考虑到所需乳化物料的特性，为了迅速将物料溶解乳化，避免产生夹生、成团、积聚等不良后果，设计三层的特殊桨叶。

涡轮式搅拌器(又称透平式叶轮)，是应用较广的一种搅拌器，能有效地完成几乎所有的搅拌操作，并能处理黏度范围很广的流体。它由在水平圆盘上安装 2～4片平直的或弯曲的叶片所构成。桨叶的外径、宽度与高度的比例，一般为20∶5∶4，圆周速度一般为3～8 m/s。涡轮式搅拌器分为圆盘涡轮搅拌器和开启涡轮搅拌器；按照叶轮又可分为平直叶和斜片叶。涡轮搅拌器速度较大，300～600 r/min。涡轮搅拌器的主要优点是当能量消耗不大时，搅拌效率较高，搅拌产生很强的径向流。因此它适用于乳浊液、悬浮液等。

在调配骨汤类产品时，采用叶片圆盘涡轮搅拌一般设置在混合搅拌的中间部位，位于罐体中部，对物料进行径向的分散作用。而且，由于涡轮式搅拌器有较大的剪切力，可使流体微团分散得很细，对于骨汤这种中等黏度的流体进行混合、液-液、液-固悬浮分散效果明显，也具备良好的传热、传质和促进化学反应的作用。

5. 复合搅拌

复合搅拌的使用工况主要是当物料黏度、蛋白质含量较高、水分含量少、物料流动性差的情况下，还需在调配的过程中添加大量油脂、固体黏剂以及过饱和状态的食盐等物料。为了保证物料的均一，就需要通过复合搅拌来避免夹生和成团等不均匀现象发生。需要充分了解了物料的性质，罐内液体物料蛋白质含量达到40%以上，黏度在90 Pa·s，较大黏度的物料对搅拌的功率损耗和搅拌要求很高。如何混匀和快速在高黏度液体中溶解，并且要求不能蛋白质含量高的料液黏壁是对搅拌提出的特殊要求。

所以针对设计桨叶角度的不同，外形尺寸包括桨叶的造型都要进行模拟设计，并且进行科学验证。推进式搅拌的特点：虽然大循环量的流动，而且固体的悬浮颗粒也可以吸入溶解，但是其湍流程度差，结果会形成溶解和传热不彻底能量的大量损耗，形成较大漩涡和桨叶的线速度对溶解的效果差别非常大。

阻止旋桨式搅拌器造成液体随罐的圆周运动，增加设计挡板，会在挡板后形成漩涡，而这些漩涡随主体流遍全釜，提高混合和传热效果，而它对径向和轴向的流动没有影响，但搅拌功率却成倍增加。破坏搅拌的循环回路对称性，增加旋动阻力，可以有效阻止圆周运动，增加湍动，提高混合效果（图 9.5）。

特点：搅拌时流体的湍流程度高，循环量大，结构简单，使用、维护方便。容器内装挡板，搅拌轴偏心安装，搅拌器倾斜，形成稳定、高效的流动速率和流量，保障工艺的理想实现。

参数：$d/B=1$　$Z\geqslant 3$

外缘圆周速率为 5～25 m/s，转速一般为 60～1000 r/min，适应较低黏度。

其中：d——搅拌器直径；

B——搅拌器宽度；

Z——搅拌桨叶数。

图 9.5　推进式叶片

考虑到以上多种因素，需要三层不同功能特殊搅拌叶设计：

首先，第一层桨叶针对液体表面加入的粉、盐等物料的难溶性，能将物料及时从四周迅速集中到中心并能及时将表层物料送到第二层桨叶进行湍流乳化的桨叶形式，避免物料在表层停留时间过长造成的夹生、成团、乱流等弊端，同时避免空气进入液体，从起点为最终优质的产品打下基础。

其次，第二层桨叶根据第一层的桨叶，设置在混有大量粉料的未充分溶解的流体集中经过的层面，考虑到迅速溶解和乳化的需求，桨叶设计成特殊的圆盘式，6 个不同角度、长、宽和形状的桨叶板，能将粉、盐、油等添加料在该层面做强烈的湍流、剪切、混合、乳化，迅速形成分散均匀、细腻、稳定的状态。

最后，为了产品的均一性，同时为了确保高效的热传递，节约能源，并消除流动中的死角，避免结焦，将第三层的桨叶设计成能形成强大推力的形式，配合导流板把液体快速分布开，从椭圆底部能迅速分散，均匀地沿着槽壁向上流动，进入第一层桨叶的流动轨迹中，参加下一个流程的溶解、乳化。

经过多次以上流程的作用，使物料在物理变化的同时，经过物料间的完全符合工艺温度要求的相互间化学变化，最终达到快速溶解、乳化、分散的目的，使产品均匀、细腻、状态稳定，达到优质生产的最终目的。

9.1.3　搅拌功率的选择和计算

1. 搅拌功率

搅拌过程进行时需要动力，笼统地称这一动力时的功率为搅拌功率。

搅拌器功率：为使搅拌器连续运转所需要的功率称为搅拌器功率。不包括机械传动和轴封部分所消耗的功率。此功率涉及的因素较多，与搅拌器几何参数、搅拌器运行参数有关。

搅拌作业功率：搅拌器使搅拌槽中的液体以最佳方式完成搅拌过程所需要的功率称为搅拌作业功率。

最理想状态：搅拌器功率＝搅拌作业功率。

2. 影响搅拌器功率的因素

(1) 搅拌的几何因素：叶轮直径，叶片数目、形状及叶片长度和宽度，叶轮转速，多层桨叶的相互间配合。

(2) 容器的几何因素：容器直径，容器中液体高度，叶轮距容器底部的距离，挡板数目及宽度。

(3) 搅拌介质的因素：液体的密度，黏度。

3. 从搅拌作业功率的观点决定搅拌过程的功率

液体单位体积的平均搅拌功率的推荐值见表 9.2。

表 9.2　液体单位体积的平均搅拌功率推荐值

搅拌过程的种类	液体单位体积的平均搅拌功率/(hp/m^3)
液体混合	0.09
固体有机物悬浮	0.264～0.396
固体有机物溶解	0.396～0.528
固体无机物溶解	1.32
乳液聚合(间歇式)	1.32～2.64
悬浮聚合(间歇式)	1.585～1.894
气体分散	3.96

注：1 hp=745.700 W。

此表只可以推算出搅拌大概所需功率的范围，若需要准确的选型，还需要进行详细计算才可以得出。

9.1.4　罐体设计

1. 罐体的设计

(1) 罐体长径比对搅拌功率的影响：需要较大搅拌功率的，长径比可以选得小些(表 9.3)。

(2) 罐体长径比对传热的影响：体积一定时，长径比越大，表面积越大，越利于传热；并且此时传热面距罐体中心近，物料的温度梯度就越大，有利于传热效果。因此，单纯从夹套传热角度考虑，一般希望长径比大一些。

（3）物料特性对罐体长径比的要求：需要足够液料高度的，希望长径比大些。

表 9.3　搅拌釜长径比表

种类	设备内物料类型	长径比
一般搅拌罐	液-固相、液-液相	1～1.3
	气-液相	1～2
聚合釜	悬浮液、乳化液	2.08～3.85
发酵罐类	发酵液	1.7～2.5

2. 搅拌罐装料量

已知长径比 H/D_i，公称容积 V_g 为操作时盛装物料的容积。

（1）装料系数η：

$$V_g = V\eta$$

V_g 一般取 0.6～0.85，物料在反应过程中要起泡沫或呈沸腾状态，装料系数取低值，为 0.6～0.7；物料反应平稳，可取 0.8～0.85，物料黏度较大可取大值。

（2）初步计算筒体直径：

$$D_i = \sqrt[3]{\frac{4V_g}{\pi \frac{H}{D_i}\eta}}$$

（3）确定筒体直径和高度：可以根据公式计算，也可以通过 D_i 长径比倒推计算 H。

9.1.5　设备夹套设计

调配过程中需要加热，以便能更好地溶解在骨汤中加入的辅料。由于夹套中的热媒一般采用蒸气，而骨汤的高蛋白含量容易被蒸气所释放的汽化潜热短时间加热而结焦。所以，夹套也需要进行精心的设计和选择。

1. 夹套类型

常用夹套的类型见图 9.6。

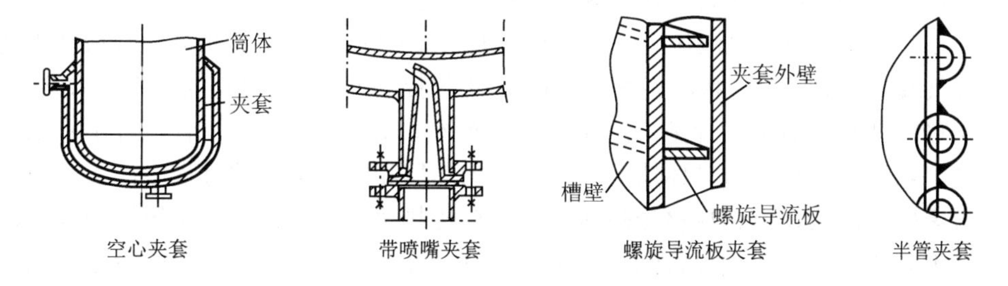

图 9.6　常用夹套类型图

这几种为常用的搅拌釜所使用夹套类型。作为压力容器的加热罐常用的夹套是空心夹套(图 9.7)。

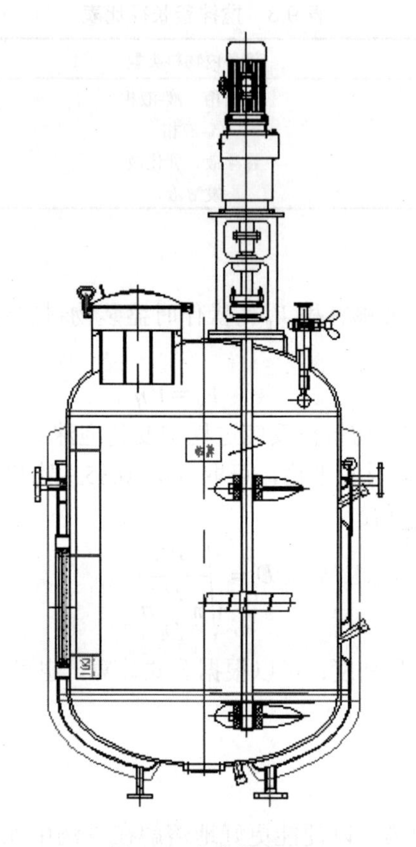

图 9.7　夹套换热器

2. 夹套作用特点

(1) 尤其是调和罐的加热与冷却是关键。通过设备来实现控制的就是温度和时间，所以考虑到本夹套兼具加热和冷却作用，防止冷媒和热媒在夹套内短路，以及使其在夹套内最大程度进行热交换成为夹套设计关键。

(2) 为了避免蒸气液化后对后续蒸气加热效率的影响，导流板要设计成能迅速实现气液分离效果的形状，提高加热速度，不仅提高能效，而且协同作用消除结焦。

(3) 针对于油罐、骨汤、液体香精、膏体香精、膏体骨汤、骨泥等不同水分活度、黏性、传热系数具体情况，在设计加热层和降温夹层的过程中，必须要同时考虑搅拌流动设计、板材传热速率、物料传热速率及罐体长径比等综合因素，设计不同的结构，达到设备的专业化、高符合度、高效率性等先进的设备，保障生产高品质的产品。

9.1.6　机械密封的选择

1. 原理

机械密封又称端面密封，是依靠垂直于轴的两个密封元件的平面相互贴合(依靠介质压力或弹簧力)，并做相对运动达到密封的装置。

四个密封点：A 动环和轴之间的密封(静密封)，B 动环和静环做相对旋转运动时的端面密封(动密封)，C 静环与静环座之间的密封(静密封)，D 静环座与设备之间的密封(静密封)。

机械密封中，除动环与静环的接触面是泄漏通道之外，还有动环与轴之间、静环与支座之间的间隙也是泄漏通道(图 9.8)。

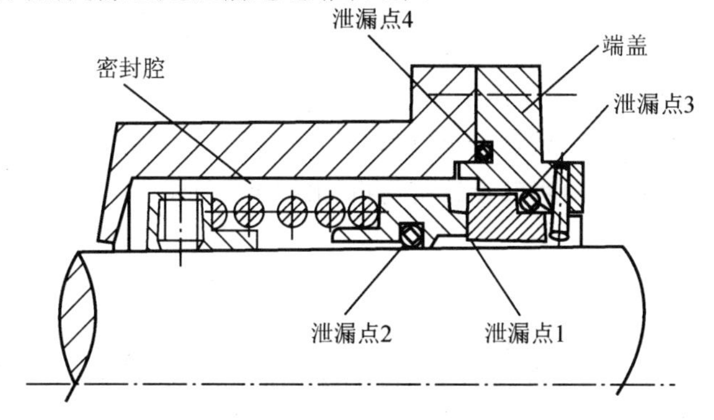

图 9.8　机械密封原理图

2. 选型

可选用 ZT212 型釜用卫生级机械密封。

9.2　美拉德反应罐

畜禽骨中含有丰富的蛋白质、脂类、矿物质等营养成分，具有很高的开发价值。利用畜禽骨加工生产骨素及其衍生化天然肉味香精，可以大大提高骨产品的附加值，同时充分利用骨资源，减少环境污染。肉味香精生产的主要原理是模拟肉类物质在加热过程中产生风味物质的反应。骨素经适度水解后，再配合以氨基酸、维生素、还原糖和脂肪等物质，经美拉德反应形成香气浓郁圆润、口感醇厚逼真的肉味香精。以骨素为主要原料生产各种肉类风味特征典型，香气纯正，风味浓郁，品质稳定的高附加值的天然肉味香精，是拓展骨素产品应用范围的重要途径。

生产上通常使用的咸味香精美拉德反应罐采用普通的通体夹套，搅拌设计一般为锚式搅拌，连接轴与搅拌的连接板均为无夹角平板。而参与骨素美拉德反应的物料特点是蛋白质含量、油脂含量和黏度很高，水分含量却较小，流动性差，含盐量为饱和状态，粉剂物料添加量多。如何将外加物料快速地在高黏度液体中搅拌混合均匀，保证反应过程中罐内的物料温度均一，避免高蛋白含量的料液结焦等关键工艺要求，需要对骨素美拉德反应罐的设计进行优化。

9.2.1　骨素美拉德反应罐的总体设计

1. 结构组成

骨素美拉德反应罐主要包括反应罐体、搅拌系统(搅拌电机、搅拌减速器、刮板搅拌)和夹套加热系统等操作单元。投料入孔为垂直方向设计有防掉落网，下部出料口配备无滞留底阀，夹套进蒸气口与冷凝水出口各为对称两个，温度探头分为上中下三个，在搅拌轴底部设计有可拆卸的扇形刮板。

2. 工作原理

骨素美拉德反应是在较高的温度下进行的热反应。美拉德反应罐使用前需要关闭无滞留底阀 19，之后加入经计量的液体物料。随后打开垂直投料口 11，加入美拉德反应需要的物料。加入之前，需要先开启搅拌电机及减速器 12，此时在搅拌轴的带动下，刮板搅拌 3、推进搅拌 5、框式搅拌 7 全部随搅拌轴转动。刮板搅拌 3 上安装带弹簧的聚四氟乙烯刮板 4，对黏附在罐壁的物料进行刮壁，框式搅拌横梁 6 是与轴有 45° 夹角形成向下推力，推进搅拌 5 是螺旋推进的搅拌桨叶对物料形成向下推力。搅拌启动后，再加入固体物料经过防滑落网 10，可以阻止较大的异物落入罐内。为了防止加入的固体物料沉积到搅拌轴支承座下的死角内，底部扇形刮板 18 能够将其搅动溶解。此时开启蒸气，通过进气口 8 进入夹套内，蒸气通过夹套折流板 16 和夹套封头 2 对罐体内部物料加热，形成的冷凝水通过冷凝水口 1 排出。为防止对操作人员烫伤和热量散失，对罐体增加保温层 9。将垂直投料口 11 关盖，进行反应。反应过程中观察上温度探头 14、中温度探头 15 和底部温度探头 17 的温度差，调节搅拌速度和搅拌方向。反应完成后，关闭蒸气，需要继续开搅拌，打开无滞留底阀 19 出料。出料完成后，关闭搅拌，并开启清洗球 13 对罐体内壁进行清洗，完成整个反应过程(图 9.9)。

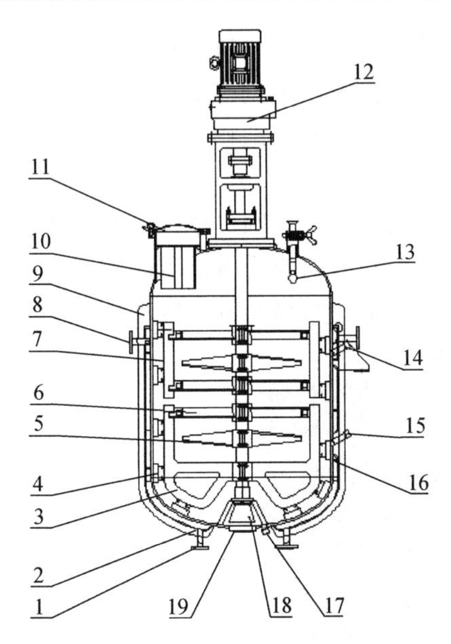

图 9.9　骨素美拉德反应罐的结构示意图

1. 冷凝水口；2. 夹套封头；3. 刮板搅拌；4. 聚苯丙烯刮板；5. 推进搅拌；6. 框式搅拌横梁；7. 框式搅拌；8. 进气口；9. 保温层；10. 防滑落网；11. 垂直投料口；12. 搅拌电机及减速器；13. 清洗球；14. 上温度探头；15. 中温度探头；16. 夹套折流板；17. 底部温度探头；18. 底部扇形刮板；19. 无滞留底阀

9.2.2　反应罐主要部件的设计优化

1. 罐体设计

以 1000 L 的骨素美拉德反应罐设计为例来说明。罐体为不锈钢焊接结构，筒体壁厚为 10 mm；下封头均为标准椭圆形封头，上封头厚为 8 mm，下封头厚度为 12 mm；罐体内胆材料为 SUS316L 不锈钢，罐体外焊有夹套，夹套材料为 SUS304；罐体支承方式为挂耳支承，用 4 个挂耳支撑。罐体的设计、制造及检验均按照《钢制压力容器》GB150—1998 的规定，罐体及夹套对接焊缝进行 20% X 射线检验，封头拼缝采用 100% X 射线检验。

罐体长径比优化方面：体积一定时，长径比越大，表面积越大，越利于传热；并且此时传热面距罐体中心近，物料的温度梯度就越大，有利于传热效果。因此，单纯从夹套传热角度考虑，一般希望长径比大一些。根据骨素美拉德反应物料特点和前期的生产试验验证，罐体长径比 1.2∶1～2.0∶1 为宜。

2. 搅拌系统设计

美拉德反应罐的作用是，在较高压力和温度下，对较高浓度、蛋白质含量较高、水分含量较小、流动黏度较大、物料添加量较多、含盐量为过饱和状态、油脂及粉剂添加量均较多的物料进行美拉德反应，此种形式需解决以下几个问题：

(1) 物料在反应中参加化学反应，物料的溶解充分与否，直接决定了产品的风味和质量。

(2) 反应温度必须均匀一致，否则，槽内物料所处的反应温度阶段不同，可能造成物料在反应中形成不同方向的反应，可能造成产品和工艺要求截然相反。

(3) 在高温高压下，黏稠物料极易发生因成团、夹生现象，造成物料黏壁，焦化产品(图 9.10 和图 9.11)。

图 9.10　刮板框式搅拌实物图

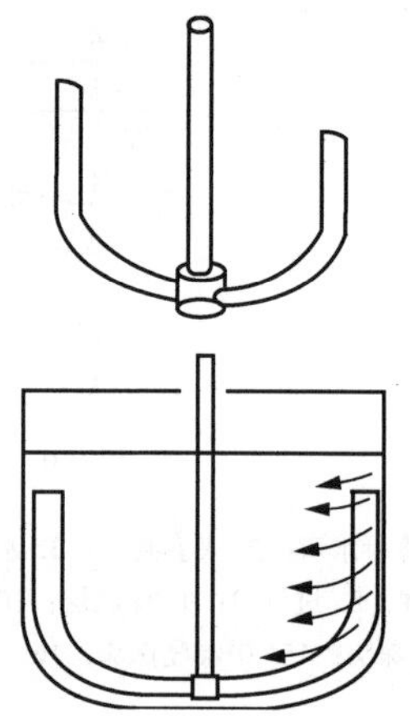

图 9.11　锚式搅拌示意图

参数：$d'/D=0.05\sim0.08$

$d'=25\sim50$ mm

$B/D=1/12$

外缘圆周速率为 0.5～1.5 m/s，转速一般为 1～100 r/min，适用于黏度在 100 Pa·s 以下的流体搅拌。

其中：d'——搅拌器外缘与容器罐壁的距离；

B——搅拌器宽度；

D——容器内径。

以 1000 L 美拉德反应罐为例校核计算搅拌轴：按扭转变形计算搅拌轴的轴径。可以通过逆推的方法对轴径进行计算校核：

$$\gamma=\frac{583.6M_{n\max}}{Gd^4(1-N_0^4)}\leqslant[\gamma]$$

轴转矩的刚度条件：

$$M_{n\max}=9553\frac{p_n}{n}\eta=9553\times\frac{4.0}{50}\times0.9=687.8(\mathrm{N\cdot m})$$

式中：d——搅拌轴直径；

G——轴的剪切弹性模量（7.9×10^{10} MPa）；

$M_{n\max}$——轴传递的最大转矩（N·m）；

n——搅拌轴转速（50 r/min）；

p_n——电机功率；

η——传动效率；

$[\gamma]$——许用扭转角（0.35°/m）；

N_0——空心轴内径与外径之比，$N_0=\dfrac{48}{60}=0.8$。

暂取轴 d=60 mm，壁厚为 8 mm。

校核刚度

$$\gamma=\frac{583.6\times687.8}{7.9\times10^4\times60\times\left(1-0.8^4\right)}=0.14<[\gamma]=0.35$$

故 d=60 mm 符合要求。

电动机功率的计算：参考《机械搅拌设备》HJ/T20569—1994 的计算公式。

取平均搅拌轴功率为 1.8 kW/m³ 搅拌轴功率为

$$P_s=1.8\times1.5=2.7\text{(kW)}$$

转轴在机械密封中摩擦损耗的功率近似值计算：

双端面机械密封所消耗的功率

$$P_m=1.8\,d_0^{1.2}\times10^3=1.8\times60^{1.2}\times10^3\text{ kW}=0.245\text{ kW}$$

取传动装置效率 η_1 为 0.9，电动机计算功率：

$$P_M=\frac{P_s+P_m}{\eta_1}=\frac{2.7+0.245}{0.9}\text{ kW}=3.27\text{ kW}$$

取电动机额定功率 P_N=4 kW。

1）刮板搅拌

由于锚式搅拌器在容器壁附近流速比其他搅拌器大，能得到大的表面传热系数，故常用于高黏度、易结焦物料的传热、晶析操作。罐内液体物料蛋白质含量达到 40%以上，黏度为 90 Pa·s，而且由于框式搅拌速度慢，罐壁有挂壁板能够相对充分运动，罐体中心较大黏度的物料反倒不能很好搅拌均匀往往被忽视。针对此种现象，可以对框架搅拌中心及搅拌轴反向搅拌增加桨叶，在搅拌过程中使罐体中心物料得到充分混匀。

推进式搅拌的特点造成虽然大循环量的流动，而且固体的悬浮颗粒也可以吸入溶解，但是其湍流程度差。

而刮壁形式限制了搅拌的速度，单纯的推进式和单纯的挂壁式都会形成溶解和传热不彻底能量的大量损耗。只有将框式和同心转动的轴都增加，对黏稠液体形成强力湍流、剪切和混合的特种桨叶才能解决问题。搅拌设备在工业生产中应用范围较广，它最主要的作用是使物料混合均匀，这种过程可能是物理过程，也可能是化学反应过程，也能引起化学变化，对产品风味、状态、气味、质量起到关键作用，同时，搅拌效率的高低，还对能源消耗形成不同影响。针对于高黏性的骨素香精美拉德反应要求，本反应装置采用了增加传热、防止黏壁、混合均匀的锚式带刮板形式。由于锚式搅拌器在容器壁附近流速比其他搅拌器大，能得到大的表面传热系数，故常用于高黏度、易结焦的物料。

通常骨素美拉德反应温度高达到 100 ℃以上，罐内液体物料蛋白质含量可达到 40%、黏度在 90 Pa·s 以上，蛋白质含量高的料液黏壁对后期产品质量和清洗都带来很大问题。本装置为此专门设计了聚四氟乙烯底部扇形刮板，此种材料坚韧而耐高温耐油，且不会对罐壁形成损伤，不会掉残渣。在搅拌工作过程中，与罐壁紧贴将黏壁的蛋白质薄膜迅速带走，避免在罐壁结焦。

2）直片涡轮搅拌

涡轮内桨驱动液体由搅拌槽底向上运动，两层桨叶使液体从液面向桶底运动，两种桨叶驱动的流体运动方向相反，可以在筒体内形成两个大流体旋涡，而此时外桨又起到了挡板的作用。

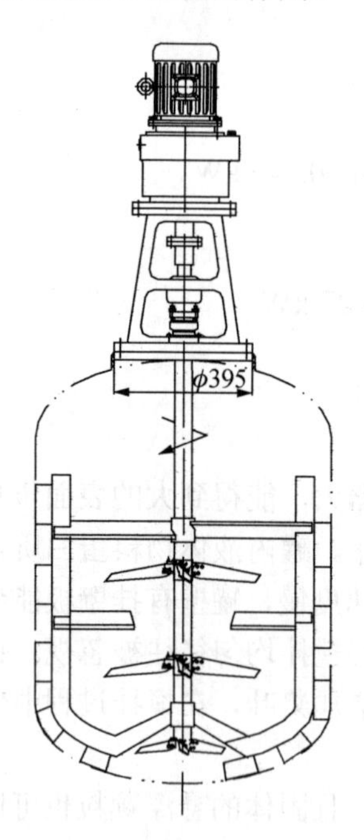

图 9.12　刮板复合搅拌示意图

这种搅拌的改进，能够缩短搅拌器的混合时间，减少搅拌轴功率，增加流体湍流程度，可以促进热反应的进行，较少结焦生成。而且此种混合搅拌桨的设计和使用成为今后节能降耗、提高效率的发展趋势。

同时，在选材方面，通常设备反应温度高达到 100 ℃以上，蛋白质含量高的料液黏壁对后期产品质量和清洗都带来很大问题。设计搅拌借鉴采用炒酱锅的材料和形式，刮板材料为聚四氟乙烯，此种材料坚韧而耐高温耐油，且不会对罐壁形成损伤，不会掉残渣。在搅拌工作过程中，与罐壁紧贴将黏壁的蛋白质薄膜迅速带走，避免在罐壁结焦(图 9.12)。

3）螺带搅拌

在有些美拉德反应过程中，需要添加一些肉糜等物料。这类辅料密度大，加入后便会沉淀到底部，但是为了使其能够充分参与反应，需要特殊的搅拌才能够将添加在罐内的物料搅拌起来。这个工段在整个工艺中较为特殊和复杂，罐中收集到的是含有大量油脂、蛋白质和肉屑的细骨渣，物料性质很特殊。需要回收其中的油脂和蛋白质，溶解投入的盐；在搅拌过程中又不能将其中油脂乳化。这些有用物质却与骨渣沉积在一起，所以如何将其充分与溶液混合分散是这个设备制作的关键。

选择采用螺带搅拌，可以满足这个设备所需要的几个重要功能：

(1) 螺带搅拌形成的液体流动是上翻的效果，会将沉积在底部的骨渣随螺带的带动像螺旋一样碰到罐底时翻滚，充分地分散与溶液接触，有利于骨渣中蛋白质溶解。

(2) 同样的作用，螺带搅拌能够完全满足溶解密度很大的固体盐。加入时沉积于底部的盐也随着骨渣翻滚溶解。

(3) 螺带搅拌转速较慢，一般小于 60 r/min，对溶液中油脂基本不会有乳化的作用。

(4) 当螺带式搅拌器的 d/D= 0.93～0.95，p/d= 0.24～0.26 时，混合的效率和换热效率评价值 K 最高。而 K 值又由所需功率 A 和传热系数 C 决定。

$$K=C/A^{0.25}$$

3. 设备夹套选择和设计

骨素美拉德反应过程中，加热与冷却是工艺技术关键。

本反应装置中，设备夹套不仅要实现有相变的蒸气加热过程，也需要冷却水降温的冷却过程。导热介质的流速对反应罐的换热效率有很大影响，当导热介质达到一定流速时，压差增大，很容易在进口和出口处形成短路，而其余地方则形成涡流滞留，很大部分的换热面积浪费形成循环死角。为此，本设备设计的夹套内有螺旋状导流板(图 9.13)，可以使热媒冷媒在导流板作用下形成快速的湍流体，而且防止短路，流体在夹套内快速流动时，在导流板作用下，湍流程度提高，雷诺准数提高，换热效率增加。可以使内部加热均匀，防止局部受热而结焦。同时夹套进口出口采用双进双出设计，换热介质进口设计有挡板和喷口，防止加热蒸气直接与罐壁直喷，会造成大量冷凝潜热局部释放，导致进汽部分结焦严重。

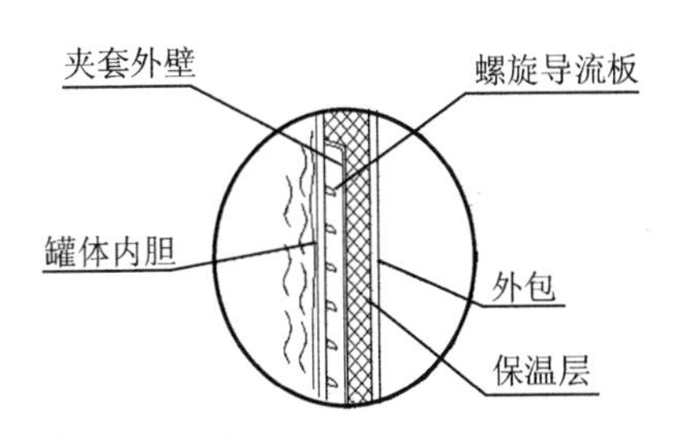

图 9.13　螺旋导流板夹套结构示意图

以 1000 L 美拉德反应罐为例：

(1) 夹套筒体(内压筒体)的厚度计算：

$$\delta=\frac{p_{\mathrm{c}}D_{\mathrm{i}}}{2[\sigma]^{\mathrm{t}}\varphi}$$

式中：p_c——计算压力；

δ——计算厚度；

φ——焊接接头系数，取 0.85；

$[\sigma]^t$——容器元件材料在设计温度下的许用应力。

由于选用内筒材质为 0Cr18Ni9(304)根据《压力容器与化工设计手册》第 191 页表，工作在 150～200℃环境中，$[\sigma]^t$=130 MPa，由此：

$$\delta=\frac{p_c D_i}{2[\sigma]^t\varphi}=\frac{0.5\times1300}{2\times130\times0.85}=2.94\text{(mm)}$$ 圆整后取 3 mm

名义厚度

$$\delta_n=\delta+C_1+C_2=3+0.4+1.5=4.9\text{(mm)}$$ 圆整后取 6 mm

其中 C_1 查 GB3274-88 得 0.4，C_2 取 1.5

式中：C_1——钢材厚度负偏差(mm)；

C_2——腐蚀余量(mm)；

δ_n——筒体的名义厚度。

(2) 内胆圆筒(外压筒体)的计算：

可以通过逆推的方法内胆圆筒厚度进行计算校核。

$$\frac{L}{D_0}=\frac{1000}{1200}=0.83$$

式中：L——圆筒计算长度；

D_0——圆筒外直径。

取名义厚度δ_n=10 mm，有效厚度

$$\delta_e=\delta-C_1-C_2=10-1-0.4=8.6\text{(mm)}$$

由于

$$\frac{D_0}{\delta_e}=\frac{1200}{8.6}=139.5\quad\frac{L}{D_0}=\frac{1000}{1200}=0.83$$

查 GB 150—1998 表 4-2 可得 $A=9\times10^{-4}$，查 GB150—1998 表 4-3 可得 B=110 MPa。许用应力$[\sigma]=\frac{B}{D_0/\delta_e}=\frac{110}{139.5}$=0.78≥0.5 满足要求。

4. 反应罐其他方面优化设计

在温度传感器选择方面，采用薄膜热电阻接口，避免普通(如 PT100 探头)温度传感器反应会滞后，不能迅速反映夹套温度，会造成结焦现象；真空口设计方面，采用可拆卸形式，清洗方便，抽口朝上防止跑料；入孔或投料孔设计与入孔可密封的防滑落装置，既不影响投料又可以防止人和大的异物掉入罐内；

增加就位消毒(SIP)用蒸气过滤器，防止在消毒过程中直接蒸气带入杂质；机械密封采用 ZT212 型，为防泄漏卫生型，相比 204 型价格高，但是密封和卫生性能要好。

9.3　美拉德反应罐开发

针对可食性动物骨素美拉德反应的物料中蛋白质含量与油脂含量高、水分含量低、含盐量为饱和、粉剂添加量等特点，设计并优化了一种适用于物料流动性差、黏度高的可食性动物骨素美拉德反应的装置。具有以下主要特点。

1. 搅拌方式

对美拉德反应罐防止结焦刮板保持弹性与罐壁紧密相贴，快速带走与罐壁相近的物料薄层；对框式搅拌中心桨叶夹角角度不同设计，使物料在罐体内的运动紊乱，很快传质传热，充分混合；搅拌桨底部扇形刮板使物料不沉积于罐底，无死角。

2. 夹套加热

加热蒸气不直冲罐壁，防止局部受热；夹套设计螺旋导流，分布均匀，进蒸气口两端分布，加热均匀；挡板增加湍流的雷诺准数，提高换热系数，防止短路充分利用加热面积，加快传热效果；设计有放气口，防止形成不凝气体聚集，浪费加热面积。

3. 均匀混合

美拉德反应罐在框式搅拌同时，中间部分设计有横档，对中心部分物料仍然起到搅拌作用，罐内液体形成无死角循环。

综上所述，本设计研发的美拉德反应罐，可以实现物料高黏度、高蛋白、高盐度情况下混合均匀，缩短搅拌器的混合时间，减少搅拌轴功率，增加流体湍流程度，减少结焦现象，促进热反应进行，使美拉德反应更加充分彻底。

9.3.1　结焦和传热问题

1. 搅拌方式

（1）对美拉德反应罐防止结焦刮板保持弹性与罐壁紧密相贴，快速带走与罐壁相近的物料薄层。

（2）对调和罐采用快速的边缘速度达到 23 m/s 的搅拌桨叶，使物料的运动迅速，很快传质传热。

(3) 乳化底部搅拌，倾斜角度经过模型计算，充分混合和使物料快速流动。

(4) 液体的流动轨迹和速度，决定了物料在夹层处接受传热交换的程度，只有形成较高的射流，才能带动加热壁处的物料能否有效加热而不被结焦。

(5) 只有物料快速地溶解，避免出现夹生或抱团情况，物料均一呈现流动状态，才能避免黏附到槽壁，最终消除结焦。

2. 夹套加热

(1) 加热蒸气不直冲罐壁，防止局部受热。

(2) 夹套设计螺旋导流，分布均匀，进蒸气口两端分布，加热均匀。

(3) 挡板增加湍流的雷诺准数，提高换热系数，防止短路充分利用加热面积，加快传热效果。

(4) 设计有放气口，防止形成不凝气体聚集，浪费加热面积。

(5) 导流板设计能快速排出冷凝水，消除水积聚后，对蒸气加热时的传导效率大大提高。

(6) 导流板设计能结合物料受热的快慢、不同层面液体的温度值形成的温差等因素，促使蒸气能在不同层面的加热面形成不同的停留时间，进行高效的传热，提高效率也避免对物料的损伤。

9.3.2 均匀混合问题

(1) 美拉德反应罐在框式搅拌同时，中间部分设计有横档，对中心部分物料仍然起到搅拌作用。

(2) 调和罐的推进形式搅拌，经过计算设计挡板，增加混合均匀度。

调匀度：一种或几种组分的浓度或其他物理量和温度等在搅拌体系内的均匀性搅拌叶片形状导致流体流动，尤其是膏体的爬升等乱流导致加热不均匀、加热慢等问题。

分隔尺度：混合物各个局部小区域体积的平均值。

分隔强度：混合物各个局部小区域的浓度与整个混合物的平均浓度的偏差的平均值。

(3) 乳化采用底部形式，倾斜角度适合罐内液体形成无死角循环。

(4) 不同的桨叶设计会形成不同的液体流动效果，只有结合搅拌的目的，设计有针对性的桨叶，才能解决不同层面物料的有效溶解如框式、锚式、桨式、格栅式、推进式、轴向式、径向式、湍流式、循环式等，达到工艺的要求。

9.3.3　设备特点

（1）设计薄膜热电阻接口，原 PT100 探头形式对温度控制的反应会形成滞后，不能迅速反映夹套温度，会造成结焦现象。

（2）设计真空口且可拆卸形式，清洗方便，抽口朝上防止跑料。

（3）人孔或投料孔设计与人孔可密封的防滑落装置，既不影响投料又可以防止人和大的异物掉入罐内。

（4）视镜刻度在出厂前标定，每格刻度 50 kg。

（5）搅拌桨叶可调节，根据实际生产物料量，调节高度。

（6）增加就位消毒(SIP)用蒸气过滤器，防止在消毒过程中直接蒸气带入杂质。

（7）罐体内的物料在排除过程中会有空气进入罐内进行补充，在罐体顶部增加过滤器对进入的空气进行有效过滤，能够防止环境中的微生物对物料造成污染(图 9.14 和图 9.15)。

图 9.14　罐体空气过滤器实物图

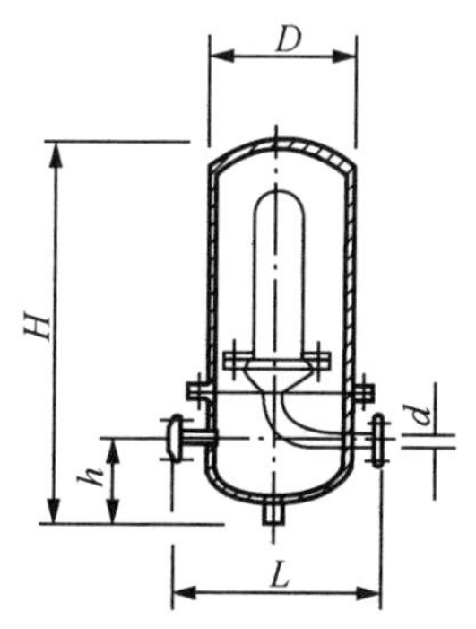

图 9.15　罐体空气过滤器结构图

第 10 章　喷粉与干燥设备

目前市场上的骨汤类产品因为使用方便加工容易的原因多以膏状液体出现。但是对于某些情况和环境来说，固体的粉状产品则更加方便，如需要与其他的粉状物料混合复配，直投式的调味产品等。一般膏状的骨汤产品转化为粉状需要经过干燥过程。而且，骨汤还可以通过在干燥工艺中采用调香技术、微胶囊包埋技术，创造出一种具有科技含量的创新型风味产品，它既保留了美拉德热反应的天然性、肉香纯正，又通过乳化包埋，将香气保留得更加持久，并且使用也更加方便，尤其应用于方便食品、汤料、底料等。经过热水溶解后，骨汤感强，有很浓郁的老火骨汤香气，肉感丰富，引人食欲。

10.1　干燥的定义与分类

10.1.1　干燥定义

凡是使物料(溶液、悬浮液及浆液)所含水分由物料向气相转移，从而变物料为固体制品的操作，统称干燥。

根据这一定义，干燥的含义显然与过滤、压榨等滤干、榨干以及浓缩均有区别。要使水分从物料转移到气相，物料必须受热，水分吸收热量才能汽化。物料受热的方式仍然就是三种基本传热方式，即对流、传导和辐射。因此根据传热方式的不同，干燥分为热风干燥、接触干燥和辐射干燥。

物料中水分的汽化可以在不同的状态下进行，水分是在液态下汽化的，倘若预先将物料中水分冻结成冰，而后在极低的压力下，使之直接升华而转入气相，这种干燥称为冷冻干燥或冷冻升华干燥。

10.1.2　干燥的方法

热风干燥——又称空气干燥法：此法直接以高温的空气作热源，籍对流传热，将热量传给物料，使水分汽化同时被空气带走。

接触干燥法：此法是间接靠间壁的导热，将热量传给与间壁接触的物料。热源可为水蒸气、热水、燃气、热空气等。

辐射干燥法：此法是利用红外线、远红外线、微波或中红外等能源将热量传给物料。

干燥通常是产品生产过程中最后一道工序，因此与产品质量、最终产品有着重要关系。如果干燥过程控制不好，会使产品变质而受到损失。食品多为热敏性物料，在干燥过程中如果控制不好，会导致变质，破坏其色、香、味，影响产品质量。

干燥方法和干燥设备的选择，应根据产品的特点、产量、经济性等综合考虑。目前食品产品的干燥广泛采用的是空气干燥法。

10.1.3　空气干燥设备

空气干燥设备按工作原理分为气流干燥、沸腾干燥和喷雾干燥。

气流干燥：高速热气流将颗粒悬浮于气流中，一边与热气流并流输送，一边进行干燥。

沸腾干燥：颗粒呈悬浮状态，需要被干燥的颗粒物料分布在设备的分布板上，分布板下部通入干燥高温的空气后，被干燥颗粒剧烈翻腾、悬附，呈沸腾状态，故称沸腾干燥。

喷雾干燥：将液体通过压力或离心作用分散为小液滴，再经过高温空气热交换，将其加热后迅速蒸发而干燥。

干燥的推动力：水分在气相传递的推动力为物料表面附近的一层气膜的蒸气分压与气相主体中蒸气分压之差。由于物料水分汽化是在表面进行，故逐渐形成从物料内部到表面的湿度梯度，此湿度梯度即为干燥的推动力。温度梯度也可以使物料内部水分方式传递，称为热传递。水分将从温度高处向低温处转移。对于任一种干燥方法，上述两梯度均存在于物料内部。

1. 气流干燥

气流干燥附属设备有空气过滤器、风机、加料斗、卸料器、分离器等。

1）气流干燥器的类型

（1）按加料方式，分为直接加料型、带分散机型、带粉碎机型。

（2）按干燥管形状，分为直管式、变径管式。

直管式适用于比较容易干燥的物料。

变径管式适用于较难干燥的物料，以及成品含水率要求较低（<0.5%）的场合。变径管是将颗粒等速运动段的直径扩大，使物料与气流的相对速度加大，有利于颗粒表面气膜更新。加速传热，并使物料在干燥管内的停留时间增大。

2）气流干燥的特点和适用范围

（1）可获得高度干燥的成品。

（2）适用于热敏性物料的干燥。

（3）热效率高。

（4）热损失少。

(5) 设备简单，操作容易，投资少。

(6) 操作稳定，便于自动化。

(7) 干燥过程伴随着颗粒的空气输送，整个过程都是连续的，便于与前后工序衔接。

(8) 可以有很大的装置规模。

2. 沸腾干燥

(1) 沸腾干燥原理、特点和型式

沸腾干燥是利用流态化技术使水分迅速汽化干燥，故又称流化床干燥。

沸腾造粒干燥可看作是喷雾干燥与沸腾干燥的结合。

沸腾干燥的特点是传热传质速率高。

沸腾干燥器有单层和多层两种。单层的沸腾干燥器又分单室、多室和有干燥室冷却室的两段沸腾干燥器，另外还有沸腾造粒干燥器。

(2) 单层卧式多室的沸腾干燥设备构造和操作

单室干燥原理：干燥箱内平放有一块多孔金属网板，下方有热空气通道，不断送入热空气，在一定流速下使板上的物料处于沸腾状态而干燥。多室干燥原理和单室相似。不同的室由多个隔板分开。

操作注意事项：防止沟流现象，防止层析现象。

(3) 沸腾造粒干燥设备的原理、流程和设备构造

沸腾造粒干燥操作是由压缩空气通过喷嘴，把液体雾化同时喷入沸腾床进行干燥(图 10.1)。

图 10.1 立式沸腾干燥图

（4）操作易出现的三种现象

①自我成粒；②涂布成粒；③黏结成粒。

（5）影响产品颗粒大小的因素

①停留时间的影响；②摩擦的影响；③干燥过程温度的影响。

（6）返料

沸腾造粒干燥操作是在沸腾床中一边雾化，一边加入晶核，加入晶核的颗粒大小与产品粒度成正比。加入晶核，在操作上称为返料。返料比也影响产品的粒度，返料比高，则产品颗粒大，因此可用调节返料比来控制床层的粒度大小。沸腾造粒干燥设备存在问题：

a. 因返料比太大，设备生产能力较低。

b. 需要的空气量大。

c. 需增加辅助设备。

3. 喷雾干燥

1）喷雾干燥原理

利用不同的喷雾器(机械)，将需干燥的物料喷成雾状，形成具有较大的表面积的分散微粒(10～200 μm)，同热空气发生强烈的热交换，迅速排出本身的水分，在几秒至几十秒内获得干燥，如与高温 400～500℃的热风接触需 0.01～0.04 s 内就完成干燥，与 100～150 ℃的热风接触需 1～3 s 就完成干燥。成品以粉末状态沉降于干燥器的底部排出。

2）液滴的干燥特性

在喷雾干燥过程中，即使初速度很高，但由于液滴很小，其雷诺准数 *Re* 一般都是很低的。小于 50 μm 的液滴，遂以 100～150 m/s 的相对速度运动，但 *Re* 也不超过 200。

3）喷雾干燥对设备的要求

食品在干燥过程中，凡与产品性接触的部位，必须便于清洗灭菌；应采取措施防止焦粉，防止热空气产生涡流与逆流，满足工艺要求。

产品中杂质的增加应特别注意，保证热风清洁。为了便于检查生产运行情况，应配置温度、压力指示记录仪、灯孔等；还要具有高回收率的粉尘回收装置。

为了提高产品的溶解性、速溶性，干燥的产品应迅速从干燥室取出冷却(连续出粉)；干燥室内温度及排风温度不许超过 100℃，它不仅是保证质量，而且是安全问题(因为气体中粉浓度达到一定值，温度大于 160℃，若遇闪火，爆炸)；提高干燥室的热效率，必须使喷雾时浓料液滴和热空气均匀接触，其次，加热器、干燥室、风管等应予以保温。对于黏性物料应尽量减少黏壁现象。

10.2　喷雾干燥器分类

10.2.1　按生产流程分类

1. 开放式喷雾干燥系统

特点：载热体在系统中只使用一次就排入大气中，不再循环使用，结构简单，适用于废气中湿含量较高、无毒无臭气体。缺点：载热体消耗量大。

压力喷雾、离心喷雾、气流喷雾都可以按照开放式系统设计(图 10.2)。

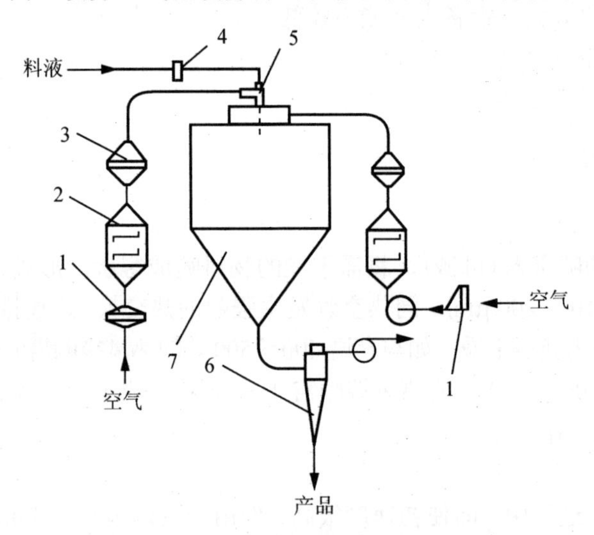

图 10.2　开放式喷雾塔结构示意图

1. 空气过滤器；2. 加热器；3. 精过滤器；4. 料液过滤器；5. 雾化器；6. 旋分分离器；7. 喷雾室

2. 封闭循环式喷雾干燥系统

特点：载热体在系统中组成一个封闭的循环回路，有利于节约载体热。

回收有机溶剂，防止污染大气，载热体大多使用惰性气体(如 N_2、CO_2 等)。

流程：从干燥塔排出的废气，经旋风除尘器除去微细粒子，然后进入冷凝器。

冷凝器的作用是将废气中的溶剂(或水分)冷凝下来，除湿后的尾气经鼓风机升压，进入一个间接式加热器后又变为热风，如此往复循环使用。

适用于可燃性溶剂系统，溶剂需回收，产生有污染的臭气，粉料与空气混合爆炸等。

3. 自惰循环式喷雾干燥系统

自惰就是指系统中有一个自制惰性气体的装置。在这个装置中，引入空气和可燃性气体进行燃烧，将空气中的氧气燃烧掉，剩下氮气和二氧化碳作为干燥介质。为使系统中气体压力平衡，在鼓风机出口处安装一个放气减压装置，部分空气可排放到大气中。适用于：有臭气发出，产品有高度爆炸性、着火危险，通过燃烧消除掉臭气和产品粉末。

4. 半封闭循环式喷雾干燥系统

系统中有一燃烧器。半封闭在于干燥介质燃烧去臭气后一部分排入大气，另一部分燃烧后循环使用。

10.2.2　按喷雾和气体流动方向分类

1. 并流型喷雾干燥器

在喷雾干燥室内，液滴与热风呈同方向流动常用的基本形式：①垂直下降并流。特点是：塔壁黏粉比较少。②垂直上升并流型。要求干燥塔截面风速要大于干燥物料的悬浮速度，以保证物料能被带走。由于在干燥室内细粉干燥时间短，粗粒干燥时间长，产品具有均匀干燥的特点。但动力消耗大。③水平并流型。热风在干燥室内呈螺旋状运动，以便与液滴均匀混合，并能延长干燥时间，液滴水平喷出(压力喷雾)。缺点是处理量增加时，需增加压力喷枪数目，但由喷雾距离小，喷雾角度受一定限制，在清扫产品时存在的问题不小，逐渐被淘汰。

由于高温热风进入干燥室立即与(含水多的物料)喷雾液滴接触，室内温度急降，不会使干燥的物料受热过度，料温升高较小，因此适宜于热敏性物料的干燥。风与物料接触不充分，越到底部，传热温差越小，传热速率越小。

在并流系统中，最热的干燥空气与水分含量最大的液滴接触，因而迅速蒸发，液滴表面温度接近于空气的湿球温度，同时空气的温度也随着降低，因此，从液滴到干燥成品的整个过程中，物料的温度不高，这对于热性物料的干燥是特别有利的。这时，由于蒸发速度快，液滴膨胀甚至破裂，因此并流操作时所得产品常为非球形的多孔颗粒，具有较低的视密度。

2. 逆流型喷雾干燥器

在喷雾干燥器内，热风与液滴呈反方向流动(图 10.3)。

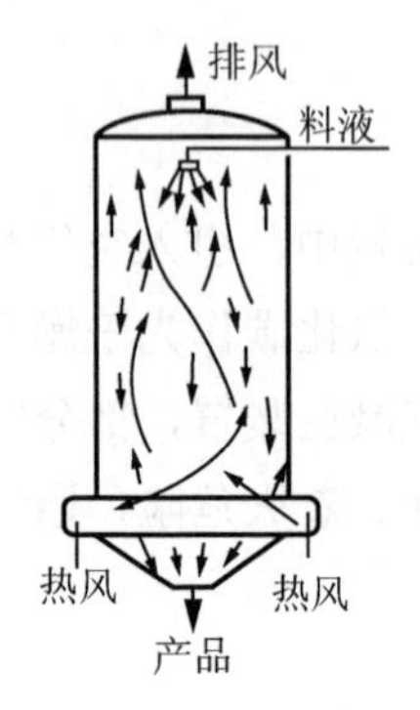

图 10.3　逆流形式

特点：高温热风进入干燥器内首先与要干燥的粒子接触，使内部水分含量达到较低的程度，物料在干燥器内悬浮时间长，适于含水量高的物料干燥，设计时应注意气流速度小于成品粉粒悬浮速度，以防粉粒被废气夹带。常用于压力喷雾。

对于逆流操作系统中，在塔顶，喷出的雾滴与塔底上来的热空气相接触，因此，蒸发速度较并流的慢。在塔底，最热的干燥空气与最干的颗粒接触，物料易过热，因此，若干燥产品能经受高温，需要较高的视密度时，则用逆流系统最合适。此外，逆流过程中，平均温度差和分压差较大，停留时间较长，有利于传质和传热，热的利用率也高。

3. 混合型喷雾干燥器

气流从上向下(有一个方向)，雾滴有两个方向(从下向上，从上向下)(图 10.4)。

特点：气流与产品较充分接触，并起骚动，脱水效率较高，耗热量较少。但产品有时与湿的热空气流接触，故干燥不均匀。

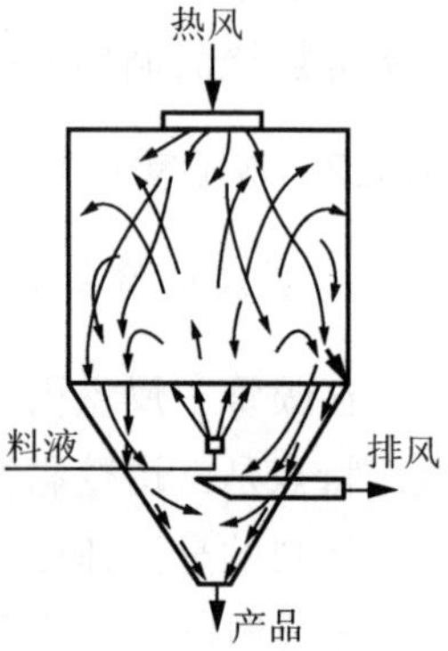

图 10.4　混流形式

10.2.3　按雾化方法分类

按雾化方法，分为压力式喷雾干燥器、离心式喷雾干燥器、气流式喷雾干燥器。食品工业上应用以压力式和离心式为主，气流式应用范围较小，这是由于动力消耗大，经济上不合理。

10.3　喷雾干燥器工作原理

10.3.1　喷雾干燥器的结构和雾化机理

喷雾干燥要求雾滴的平均直径一般为 20～60 μm，因此将溶液分散成雾滴是喷雾干燥的一个关键。它不仅对经济技术指标而且对产品质量均有较大的影响，特别是对热敏性物料的干燥更为重要。

实现物料雾化的雾化器目前有以下三种。

(1) 压力式喷雾干燥器(压力喷嘴)：是利用高压泵(70～200 atm①)强制液体通过小孔(孔径为 0.5～1.5 μm)使之分散成雾滴。

① 1 atm=1.01325×10^5 Pa。

(2) 气流式喷雾干燥器：利用压缩空气或过热蒸气(一般为 2.5～6 bar①)的高速流动，将溶液分散成雾滴。

(3) 离心式喷雾干燥器：利用高速旋转(75～150 m/s 圆周速度)的圆盘，使液体受离心力的作用而分散成雾滴。

三种雾化方法各有其优缺点：

(1) 压力式适用于一般黏度的料液，动力消耗最少，每吨溶液所需耗能为 4～10 kW·h，其缺点是必须要有高压泵，喷嘴小易堵塞，操作弹性小，产生调节范围窄。

(2) 气流式的动力消耗最大，每千克料液需 0.4～0.8 kg 压缩空气。但其结构简单容易制造，适用于任何黏度或稍有固体的料液。

(3) 离心式的动力消耗介于上述两种之间，适用于高黏度或带有固体的料液，而且转盘雾化操作弹性宽，可在设计生产能力的±25%范围内调节产量，而不影响产品的黏度。其缺点是机械加工要求高，制造费用大，雾滴较粗，喷嘴较大，因此塔的直径也相应地比其他的喷雾器的塔大得多。

10.3.2 压力式喷雾干燥器

目前较为常用的有M型和S型两种。喷嘴一般均有使液体产生旋转运动的特点。

1. S 型喷嘴

结构：喷嘴、喷芯、喷嘴座、管接头、旋转室、导流沟槽等。喷芯及喷嘴必须用耐磨材料制造。常用的为硬质合金、粉末冶金、炭化钨、人造宝石、陶瓷等。在乳品生产中现多为不锈钢喷嘴。喷嘴小孔为 0.5～1.4 mm。

工作过程：液体从任意角度进入喷芯的沟槽。由于沟槽与轴线倾斜成一定角度，液流是螺旋状进入旋转室，产生离心力，在喷嘴出口处喷雾。喷芯的沟槽一般为 2～6 条，喷芯在喷嘴座里不固定，经高压推动力，压紧在喷嘴锥面上，高压液体必须流进沟槽，进入旋转室从喷嘴喷出。

2. M 型喷嘴

结构：喷嘴、分配孔板(多孔板)、喷嘴座、管接头、旋转室、导流沟槽(环形和切线)。喷头孔较大，并用人造宝石制成，采用激光钻孔，孔径为 0.8～2 mm，对于一般物料，其使用寿命可达一年之久，大大超过不锈钢、钨钢制的寿命。

工作过程：由喷嘴上面套入多孔板，使液流进入漩涡室时，呈均匀状态通过切线沟槽，小孔进入环形导流沟，再经导流槽使物料切线方向进入旋转室，喷入喷孔，并自喷孔喷出，从而产生雾状。

---

① 1 bar=10^5 Pa。

此型喷嘴流量大，适用于生产能力较大的设备。

3. 雾化机理

经过高压泵加压后的料液以一定的速度，沿切线放下进入喷嘴的旋转室，这时液体的部分静压将转化为动能，形成液体的旋转运动。根据自由旋涡动量矩守恒定律，旋转速度与旋涡半径成反比。因此，越靠近轴心，旋转速度越大，其静压力越小，结果在喷嘴中央，形成一股压力等于大气压的空气旋流，而液体则变成绕空气旋转的环形液膜。从喷嘴喷出后，在料液物理性质的影响及介质的摩擦作用下，液膜伸长变薄，并撕裂成细丝，最后细丝断裂为液滴。

10.3.3 离心式喷雾干燥器

1. 离心式喷雾干燥器结构

离心式喷雾干燥器是一种应用较广泛的喷雾干燥器，它是将料液送到高速旋转的转盘上，由于离心力的作用，料液被甩成薄膜，由喷雾盘的边缘甩出同时受空气的摩擦以及本身表面张力作用生成雾滴。离心喷雾盘的结构周边有喷嘴、叶片、沟槽。离心喷雾盘的型式很多。常见的有喷枪式和圆盘式两大类。喷雾器型式的选择主要取决于被干燥物料的性质，如黏度较小的料液可采用喷枪式和多叶片式，对黏度大的料液可采用圆盘式或碟式。

离心式喷雾干燥器应具备的特点：

(1) 润湿周边长，表面光滑。

(2) 能使溶液达到高转速。

(3) 喷雾均匀。

(4) 离心喷雾盘本身结构要求坚固、质轻、结构简单、无死角、易拆洗、应有较大的生产能力。

碟式、碗式、僧帽式表面平滑，有较长的润湿周边，使溶液形成扁平的薄膜，有利于雾化，结构也较简单。但缺点是：表面平滑，溶液在盘内产生较大的滑动，使之不能得到较高的喷雾速度。另外，碟式离心喷雾盘在加料时，易发生液滴飞溅。碗式离心喷雾盘上的铆钉易脱落，造成危险。

为了防止上述各缺点，在设计中有许多改进，如防止滑动就设计成沟槽式、叶板式及喷枪式等离心喷雾盘。沟槽式离心喷雾盘虽然可以保证溶液能达到离心喷雾盘的转速，但喷射出来的溶液呈现单独的细流，液膜较厚，雾化不均匀，液滴分散度较小，成品颗粒粗，若喷出孔改小，遇有污垢有堵塞的可能。喷枪式离心喷雾盘较沟槽式离心喷雾盘又有了改进，但若要提高处理量，则要增加喷枪数，才可能使液膜减薄，调节不方便。目前这类设备多用于中小型工厂。叶板式离心喷雾盘具有较好的润湿周边，当溶液在离心喷雾盘的中心较近的位置，运动速度不大，因此滑动不大。在离心喷雾盘的中心较远的位置，适当增加一些叶板，就可以在同样大小的离心喷雾盘和在同样的旋转速度下，增加润湿表面的周边，溶液薄膜沿叶板的垂直面移动。因此，可以在不改变离心喷雾盘的直径而增加叶板的高度来提高生产率，并能得到相同的喷雾分散度和喷矩直径。可见叶板式离心喷雾盘结构较合理。其缺点是需消耗较多的循环空气的功率。

多层式离心喷雾盘：可在喷距直径较小的情况下，得到较高的生产率；由于圆盘直径不大，易于取得较高的转速；多层式离心喷雾盘还可作两种以上的料液同时进行喷雾而混合。

工业用离心喷雾盘的直径通常为 160～500 mm，转速为 3000～20 000 r/min，直至高达 20 000 以上。相应的圆盘圆周速度为 75～170 m/s。为了达到产品均匀、分散以及小喷矩等的要求，在设计离心喷雾盘时，其圆周速度最小不低于 60 m/s。因为实践证明，如果圆周速度小不 60 m/s，得到的雾滴不均匀，盘近处液滴细小，远处液滴粗。

2. 离心喷雾的雾化机理

离心喷雾是利用在水平方向做高速旋转的圆盘给予溶液以离心力，使其以高速甩出，形成薄膜，由离心喷雾盘的边缘甩出同时受空气的摩擦以及本身表面张力作用而成细丝或液滴。

从离心喷雾盘甩出的液体被分散为液滴的现象，受下列因素的支配：

(1) 液体的黏度，表面张力。

(2) 液体在离心喷雾盘边缘的惯性力(离心力)。

(3) 液体甩出点周围空气的摩擦力。

当离心喷雾盘转速很低并且液量很大，则黏度和表面张力起决定因素。此时雾化机理为物性控制。当离心喷雾盘的转速越来越高，液量也越来越大时，则离心力和摩擦力起决定因素，此时雾化机理就从物性控制过渡到离心力和摩擦控制，成为速度雾化机理。

在工业生产条件下，大多采用高速转盘和大流量下操作，所以雾化主要是速度雾化。高黏度液体的雾化也强调速度雾化。速度雾化所得喷雾具有很宽的滴径分布，为了提高喷雾的均匀性，可在低液量的情况下，提高转盘的速度。在喷雾干燥的操作条件下，想利用调节料液黏度和表面张力来获得均匀的液滴是不可能的。

10.3.4　离心喷雾与压力喷雾的现状

压力喷雾和离心喷雾在国内外食品工业上都用于大规模的生产中，目前国内外以压力喷雾为主。如蛋、乳粉生产中压力喷雾占 75%，而离心喷雾占 24%。国外欧洲以离心喷雾为主，美国、日本、丹麦等国以压力喷雾为主。

10.4 喷雾干燥器及系统

组成：干燥室、喷雾器、热空气分配装置、进风机、空气过滤器、空气加热器、进料装置、粉尘回收装置及排风机。

10.4.1 干燥室

干燥室多为厢式和塔式两大类。由于处理物料不同，受热温度不同，以及热风进入和进料方式不同，其结构型式也很多。干燥室所用材料不同，可分为金属结构的、钢筋水泥结构的及有衬里(瓷砖)结构的。目前普遍用金属结构。

厢式(卧式)：用于水平方向的压力喷雾干燥，其底有平底的和斜底的。前者用于处理量不大的场合，结构简单。用于食品干燥，其内衬为不锈钢板，底部有良好的保温层，以免干燥粉累积后回潮。干燥室外壁用绝热材料保温，常用的保温材料有玻璃丝棉、砂渣棉、轻质石棉砖、蛭石、泡沫塑料等。

10.4.2 热风分配室

1. 热风进口位置及热风分配室

热风进入干燥室之前，必须通过特殊结构的热风分配室使热风均匀分布，充分与颗粒接触，而且不产生涡流和焦粉现象。

热风分配室的出口风速一般为 5～12 m/s，干燥室截面风速 0.2～0.54 m/s，气流呈旋转状流动。

可调节旋风板的叶片角度，可调节气流旋转程度。用于卧式压力喷雾。目的是增加热风与雾滴接触时间，也适用于立式顺流。

四个导风管总截面积等于进风管面积。四个导风管的风速要想保持相等，进风管处的导风管应调高一些，离总管远的导风管装得低一些。

2. 离心式喷雾干燥热风分配装置

其构造由热风分配盘、锥形支座、导风板、空气分散器、冷却风圈、细粉回收管、离心喷雾盘、均风板组成。

(1) 热风分配盘：由一个进风口进入，为了使热风均匀入塔，故盘的风道截面越来越小(因风量逐渐减小)。

(2) 锥形支座：内外壁为不锈钢，中间是保温层。

(3) 空气分散器：它由三个挂钩支架，用三个 S 型不锈钢挂钩悬挂在锥形导板上，上下可调节。

(4) 冷却风圈：因塔顶出进风温度高，易产生焦粉，故在热风出口周围装有冷却风圈。室内的冷空气从进风口进入冷却风圈，绕行一周后沿中间隔板上的孔进入锥体上的风圈，再绕到一周后由排风口经排分机排出室外。

离心式喷雾干燥热风分配装置工作原理：热风切线方向进入热风分配室，通过多孔板，在锥形导风板和空气分散器的作用下，就能均匀地进入塔内。

锥形导风板能使热风形成圆形转动，螺旋式沿锥体下吹，在空气分散器的作用下均匀进塔，导风板与锥体轴线成 25°～30°，夹角太小，旋流差，夹角太大，旋流急剧，易使塔顶黏粉。空气分散器调节：其向上调，雾滴至塔顶距离小，雾滴平甩出(雾滴向外旋转)；向下调，雾滴距塔顶距离大，雾滴垂直甩出(雾滴向下旋转)。其最佳位置是上缘位于锥形风道的 1/2 处。

3. 风机的选择

喷雾干燥系统所用的进风机和排风机均为离心式鼓风机，其性能曲线在产品样本均有说明。选择风机时，风量要根据计算值，再加上一定阈量。如进风机加 10%～20%，排风机加 15%～30%。一般情况下，排风机的风量比进风机要大 20%～40%，使干燥塔内保持微负压，以避免粉尘跑向车间。

在奶粉喷雾干燥中，一般要用进风机的风压为 120～160 mmH_2O[①]，排风机的风压为 180～240 mmH_2O。

进风机风压＝空气过滤阻力+加热器阻力+管道阻力

排风机风压＝干燥室阻力+粉尘过滤器阻力+排风系统管路阻力+干燥室内保持负压

根据经验，进风管风速为 6～10 m/s，排风管风速为 5～8 m/s 为宜，故其管路直径可用流量公式计算。

10.4.3　粉尘分离装置

目的：回收物料，防止浪费，以及防止对环境的污染。

常用的为先用旋风分离器分离，再用袋滤器，或单独使用旋风分离器，或单独使用袋滤器。

(1) 袋滤器：同气流输送一样的结构。

(2) 旋风分离器

a. 旋风分离器的操作原理：旋风分离器是利用离心沉降原理，从气流中分离出颗粒的设备。其主体的上部为圆筒形，下部为锥形，含尘气体从圆筒的上部以

①1 mmH_2O=9.80665 Pa。

切线方向进入，获得旋转运动，分离出粉尘后，从顶部排气管排出，粉尘从锥底排出。

b. 旋风分离器的形式：工业上用的旋风分离器有含尘气体切线进入和蜗卷式进入两种。

切线入口：进口处阻力很大，效果差。

蜗卷式入口：含尘气体均匀螺旋流动，因而比切线入口具有较高的回收率。当两种尺寸相同时，它处理气体量比切线入口大。有旋涡存在，气不往下走。

(改进型)扩散式：可防止上升流将尘粒重新卷起。粉尘回收高，能除去 10 μm 粉尘，但构造复杂。

反射屏使大部分气体被反射，经中心管排出。粉尘在器壁上撞击坠落。进入受尘斗的气流从反射屏透气孔上升到中心排气管排出。到锥体使气体速度下降，大部分气体反射回排气口。

由于对旋风分离器的内部气流运动规律还没有充分的认识，关于它的设计，目前还是根据生产的数据进行选用为主，且选用的方法也不统一，常用的方法为选定形式。即：根据粉尘的性质、分离允许的阻力和制造条件等因素，全面分析，合理地选择旋风分离器的形式。从各类旋风分离器的结构特点分析，粗短形的除尘效果低、阻力小，适用于大风量，低阻力粗净化；细长的除尘效率高，阻力大，操作费用增加。

10.4.4 喷雾干燥的特点

1. 喷雾干燥优点

(1) 干燥过程非常迅速，几秒内结束。

(2) 干燥过程中液滴温度不高，产品质量较好。

(3) 喷雾干燥后产品不需进一步磨碎，简化工序。

(4) 喷雾干燥时，可以调节改变干燥条件而调整产品质量指标，如粉末的容积密度、粒大小等。

(5) 产品具有良好的分散性、流动性和溶解性。因为干燥在空气中完成，产品基本能保持与液滴相似的中空球状或疏松的粉末状，具有良好的分散性。

(6) 密闭且负压，保证了生产的卫生条件。

(7) 生产效率高，操作人员少，便于实现连续生产和自动控制。

2. 喷雾干燥缺点

(1) 设备比较复杂，一次投资较大，设备庞大，需较大的车间面积，多层建筑。

(2) 被干燥物料雾化成细小微粒和从废气中回收夹带的粉末，需要一套价格较高的复杂设备。

(3) 鼓风机的电能消耗大。

(4) 热效率不高，热消耗大，每蒸发 1 kg水需 2～3 kg的蒸气，一般热效率不超过 50%(提高热效率的措施是：尽可能提高进风温度，以及利用排风的温度来预热进风。国外把喷雾干燥和沸腾干燥结合起来使用，降低排风温度，从而使热效率达 75%左右)。

第 11 章　骨素加工厂及生产线设计

骨素作为食品其加工厂也遵循普通食品工厂的设计规范和流程。其范围涉及建筑、经济、机械、环保、地理、气象、市场营销等学科领域，所有一切都以食品为基础，工艺技术人员是总设计师，向其他专业技术人员提出要求，其他专业技术人员按食品工艺要求来分别进行设计，各专业人员应相互配合，密切协作，共同完成食品厂的设计任务，要求设计者随时掌握各相关学科的发展动态及本学科的新知识、新技术，将国内外新的科学成果在设计工作中得到体现。

工厂设计包括工艺设计和非工艺设计两大组成部分。所谓工艺设计，就是按工艺要求进行工厂设计，其中又以车间工艺设计为主，并对其他设计部门提出各种数据和要求。食品工厂工艺设计是整个设计的主体和中心，决定全厂生产和技术的合理性，并对建厂的费用和生产的产品质量、产品成本、劳动强度有着重要的影响，同时又是非工艺设计的依据。因此，食品工厂工艺设计具有重要的地位和作用。

工艺设计主要是在由原料到各个生产过程中，设计物质变化及流向，包括所需设备的运用。具体步骤如下：

(1) 根据前期可行性调查研究，确定产品方案及生产规模。

(2) 根据当前的技术、经济水平选择生产方法。

(3) 生产工艺流程设计。

(4) 物料衡算。

(5) 能量衡算(包括热量、耗冷量、供电量、给水量计算)。

(6) 选择设备。

(7) 车间工艺布置。

(8) 管路设计。

(9) 其他工艺设计。

(10) 编制工艺流程图、管道设计图及说明书等。

11.1　产品产量和工艺流程的确定

11.1.1　概述

产品方案又称生产纲领，实际是食品厂准备全年(季度、月)生产哪些品种和各种产品的规格、产量、产期、生产车间及班次等的计划安排。当然市场经济条件下的工厂要以销定产，产品方案既作为设计依据，又是工厂实际生产能力的确定及挖潜余量的测算。产品方案的影响因素是多方面的，主要有产品的市场销售、人们的生活习惯、地区的气候和不同季节的影响。在制定产品方案时，首先要调查研究，分析得到的资料，以此确定主要产品的品种、规格、产量和生产班次。其次是要用调节产品用于调节生产忙闲不均的现象。最后尽可能把原料综合利用及储存半成品，以合理调剂生产中的淡、旺季节。

11.1.2 班产量(年产量)的确定

班产量是工艺设计的最主要经济基础，直接影响到车间布置、设备配套、占地面积、劳动定员和产品经济效益。一般情况下，食品工厂班产量越大，单位产品成本越低，效益越好，由于投资局限及其他方面制约，班产量有一定的限制，但是必须达到或超过经济规模的班产量。最适宜的班产量实质就是经济效益最好的规模。

11.1.3 生产方法和工艺流程确定

尽管食品厂的类型很多，而且在同一类型的食品厂中产品的品种和加工工艺也各不相同，但在同一类型的食品厂中主要工艺过程和设备基本相近，只要这些产品不同时生产，其相同工艺过程的设备是可以公用的，所以我们在确定产品工艺流程时只要将主要产品的工艺流程确定后，其他产品就好办了。但必须指出，为了保证食品产品的质量，对不同原料应选择不同的工艺流程，另外，即使原料相同，如果所确定的工艺路线和条件不相同，不仅会影响产品质量，而且会影响到工厂的经济效益，所以，我们应对所设计的食品厂的主要产品工艺流程进行认真探讨和论证。

1. 原则

工艺流程是初步设计审批过程中主要审查内容之一，它的正确与否往往决定产品质量、产品竞争力，决定食品厂的生存与发展，选择工艺流程必须通过分析、比较，从理论和实际各个方面进行论证，证实它在技术上是先进的，在经济上是高效的，符合设计计划任务书的要求：

(1) 原料匹配性。根据原料性质、种类和来源拟定工艺流程。

(2) 按产品规格和部颁标准拟定。

(3) 注意经济效益，尽量选投资少、消耗低、成本低、产品收益率高的生产工艺。

(4) 三废处理效果好，减少三废处理量，治理三废项目与主体工程同时设计，同时施工，选用产品三废少或经过治理容易达到国家规定的三废排放标准的生产工艺。

(5) 产品在市场有较强的竞争能力，有利于原材料的综合利用。

(6) 对科研成果，必须经过中试放大后，才能应用。

(7) 优先采用机械化、连续化自动作业线，暂不能实现机械化生产的品种，其工艺流程应尽量按流水线排布，减少原料、半成品在生产流程中停留的时间，避免变色、变味、变质现象发生。

2. 生产工艺流程设计

生产方法确定以后，开始工艺流程的设计。有如下内容：

(1) 确定生产线数目。根据产品方案及生产规模，视生产实际情况，结合投资大小，确定生产线及生产线数目。如果产量大，可采用几条生产线，以便生产调剂、设备护理等。

(2) 确定生产线自动化程度。生产线有间歇和连续两种。在确定生产线自动化程度时，根据生产特点和技术成熟性，结合生产规模，一般采用先进、经济、合理的自动化生产线，高品质产品生产配以自动化在线检测，以保证产品质量。

(3) 工艺流程图的设计。工艺流程图的设计主要包括生产工艺流程示意图、生产工艺流程草图和生产工艺流程图三个阶段。生产工艺流程示意图又称方框流程图，在物料衡算前进行，主要是定性表述由原料转变为半成品的过程及应用的相关设备。它只是定性的生产工艺表述，不要求正确的比例绘制。主要包括生产过程中需要经过哪些单位操作、各单位操作中的流程方案及所需型号的表述。内容包括工序名称、完成该工序工艺操作手段(手工或机械设备名称)、物料流向、工艺条件等。在生产工艺流程示意图中，箭头表示物料流动方向(图 11.1)。

一般的骨加工工厂会选择其中的几个产品为主要产品，其余作为日后发展的储备产品。只有技术和资金力量雄厚、品牌强势的企业能够较为完整地将骨地综合利用实现好。

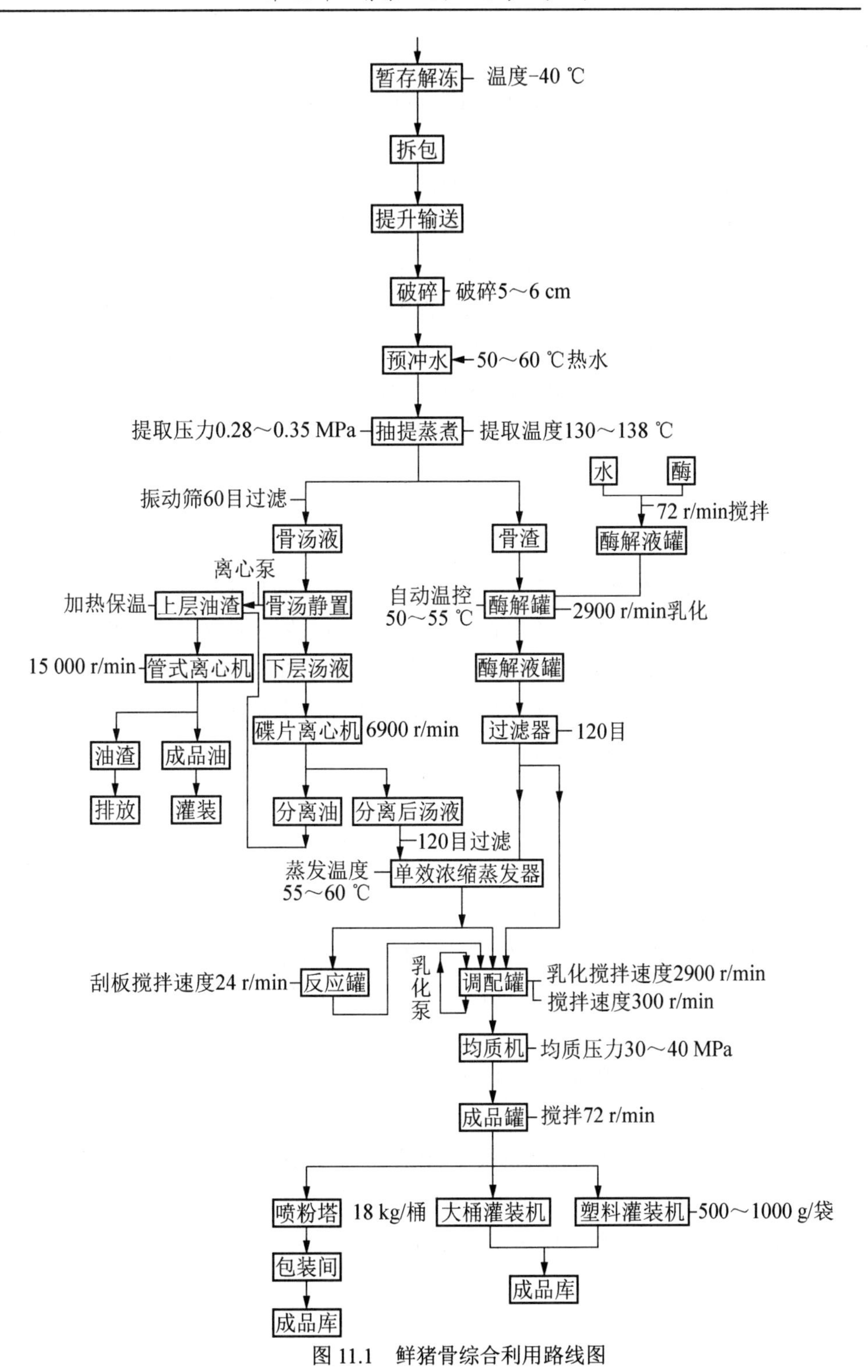

图 11.1　鲜猪骨综合利用路线图

11.2 物料计算

物料衡算包括该产品的原辅料和包装材料的计算。通过物料衡算，可以确定各种主要物料的采购运输和仓库储存量，并对生产过程中所需的设备和劳动力定员的需要量提供计算依据。计算物料时，必须使原料、辅料的质量与经过加工处理后所得成品和损耗量相平衡。加工过程中投入的辅料按正值计算，加工过程中的物料损失，以负值计入。这样，可以计算出原料和辅料的消耗定额，绘制出原料、辅料耗用表和物料平衡图。并为下一步设备计算、热量计算、管路设计等提供依据和条件。还为劳动定员、生产班次、成本核算提供计算依据。因此，物料衡算在工艺设计中是一项既细致又重要的工作。

11.2.1 计算方法

物料衡算的基本资料是“技术经济定额指标”，而技术经济定额指标是工厂在生产实践中积累起来的经验数据，这些数据因具体条件而异，如地区差别、机械化程度、原料品种、成熟度、新鲜度及操作条件等不同，选用时要根据具体条件而定，一般老厂改造按该厂原有的技术经济定额指标为计算依据，新建厂则参考相同类型、相近条件工厂的有关技术经济定额指标，再以新建厂的实际情况作修正。

计算对象可以是全厂、全车间、某一生产线、某一产品，在一年或一月或一日或一个班次，也可以是单位批次的物料数量。一般新建食品工厂的工艺设计都是以“班”产量为基准。例如：

每班耗用原料量(kg/班)=单位产品耗用原料量(kg/t)×班产量(t/班)；

每班耗用各种辅料量(kg/班)=单位产品耗用各种辅料量(kg/t)×班产量(t/班)；

每班耗用包装容器量(只/班)=单位产品耗用包装容器量(只/t)×班产量(t/班)×(1＋0.1%损耗)。

单位产品耗用的各种包装材料、包装容器也可仿照上述方法计算。若一种原料生产两种以上产品，则需分别求出各产品的用量，再汇总求得。另外，在物料计算时，也有用原料利用率作为计算基础。

11.2.2　实例

骨素加工可以按照每班为单位进行计算，但是骨提取过程是以一个生产周期为单位的。一般常规工艺的每个提取过程为 6 h，所以，按照每班 12 h 计算，每个提取罐每班使用两次。

以一个工厂的实际生产为例：(此处骨素的浓缩浓度波美度为 45%)

按照猪骨原料为例：其出品率一般为 33%左右；

每班耗用原料量(t/班)=3 t/33%=10 t；

按照农业部试行的骨素行业标准，食盐的添加量≤18%，此处选择 13%；

每班耗用各种辅料量(kg/班)=3 t×13%=0.39 t 食盐(符合国家标准 GB 5461)；

一般工厂采用 18 kg/只包装的马口铁桶：

每班耗用包装容器量(只/班)=3000 kg/18 kg/只=166.6，取整后为 167 只。

由以上得出，班产 3 t 骨素的生产线：

每班耗用原料猪骨量 10 t/班；每班耗用食盐量 0.39 t；每班耗用包装 18 kg/只的马口铁桶量 167 只。

11.3　设备生产能力计算及选型

物料衡算是设备选型的根据，而设备选型则要符合工艺的要求。设备选型是保证产品质量的关键和体现生产水平的标准，又是工艺布置的基础，并且为动力配电，水、汽用量计算提供依据。设备选型应根据每一个品种单位时间(h 或 min)产量的物料平衡情况和设备生产能力确定所需设备的台数。若有几种产品都需要共同的设备，在不同时间使用时，应按处理量最大的品种所需要的台数来确定。对生产中的关键设备，除按实际生产能力所需的配备外，还应考虑有备用设备。一般后道工序设备的生产能力要略大于前道工序，以防物料积压。

11.3.1　设备选型及设备设计的原则

食品工厂生产设备大体可分为四个类型：计量和储存设备、通用机械设备、定型专用设备和非标准专业设备。在选择设备时，要按照下列原则进行，才能满足工艺要求，保证产品的质量和产量。

(1) 一般大型食品工厂应选用较先进的、机械化程度高的设备；中型厂则看具体条件，一些主要产品可选用机械化、连续化程度较高的设备；小型厂则选用较简单的设备。

(2) 所选设备能充分利用原料，能耗少，效率高，体积小，维修方便，劳动强度低，并能一机多用。

(3) 所选设备应符合食品卫生要求，易清洗装拆，与食品接触的材料要不易腐蚀，不致对食品造成污染。

(4) 设备结构合理，材料性能可适应各种工作条件(如温度、湿度、压力、酸碱度等)。

(5) 在温度、压力、真空度、浓度、时间、速度、流量、液位、计数和程序等方面有合理的控制系统，并尽量采用自动控制方式。

11.3.2 骨素加工厂设备选型

上面讲到过设备是为工艺服务，所选定的工艺决定了设备选型。现在仍然以班产 3 t 骨素的生产线为例(表 11.1)。

11.4 劳动力计算

劳动力计算主要用于工厂定员编制、生活设施的面积计算及用水用汽量计算，同时对工厂设备的合理使用、人员配备，以及对产品产量、定额指标的制订都有密切关系。

劳动力的计算主要是根据生产单位质量的品种所需要的劳动工日来计算，一般是按车间来计算，对于生产车间来说：

每班所需工人数(人/班)=劳动生产率(人工/t 产品)×班产量

计算劳动力时应注意：

(1) 劳动生产率高低主要取决于原料新鲜度、成熟度、工人熟练程度及设备的机械化、自动化。

(2) 劳动定员应合理，不能过多、过少。

(3) 全年劳动定员应基本平衡，在生产旺季时可使用少量临时工，但应是技术性不强的。

(4) 随着食品工业的发展，现在食品厂的机械化、自动化程度越来越高，则生产力的计算就按新的劳动生产率及劳动生产定额指标进行计算。

11.5 生产车间工艺布置

食品工厂生产车间工艺布置是工艺设计的重要部分，不仅对建成投产后的生

表 11.1　班产 3 t 骨素设备清单

××有限公司骨素加工生产线设备清单

一、前处理

序号	名称	规格	数量	单位			备注
101	拆包平台	2500×700×800	1	台			高度按实际操作为准
102	刮板提升输送带	4900×530×2300	1	台			整体材质 SUS304
103	轧骨机	2～3 t/h	2	台			整体材质 SUS304
104	吊笼存放槽	1500×1500×1000	1	台			整体材质 SUS304
105	螺旋输送机	ϕ300×3000	2	台			采用不锈钢材质 304（0Cr18Ni9），表面亚光处理

二、抽提

序号	名称	规格	数量	单位			备注
201	抽出罐	6 m^3	2	台			（1）有效工作容积：6000 L，立式 （2）材质要求：不锈钢 304
202	高温高压循环泵	20 T/h	2	台			SUS304、耐高温泵
203	暂存分离罐	9000 L	3	台			规格要求：5000 L，采用不锈钢 304（0Cr18Ni9）
204	提取液双联过滤器	ϕ600，40 目	1	台			整体材质 SUS304
205	骨渣移动罐	ϕ600×500	2	台			SUS304，厚度 3 mm
206	输送泵	5 T/h，24 m	4	台			SUS304 卫生级、耐高温
207	电动葫芦	5 T	2	台			组合件，不含横梁
208	行车维修平台	1500×1200	1	台			A3
209	骨渣吊笼	ϕ1400×1100	6	台			整体材质 SUS304
210	气液分离器	ϕ600×1200	3	台			SUS304，厚度 4 mm
211	骨渣漏斗	ϕ1400×1100	1	台			整体材质 SUS304
212	振动筛	ϕ1300	1	台			整体材质 SUS304
213	收集罐	1000 L	1	台			容积 1000 L，材质要求：采用不锈钢 304（0Cr18Ni9）

续表

三、过滤分离

序号	名称	规格	数量	单位			备注
301	双联过滤器	120 目	1	台			整体 SUS304，3 mm
302	粗油罐	1500 L	1	台			内胆 SUS304，压力容器
303	管式离心机	1200 L/h	6	台			SUS304（分离油脂）
304	管式离心机暂存罐	ϕ400×400	8	台			材质 SUS304，开盖形式锥底
305	精油罐	1500 L	1	台			内胆 SUS304，压力容器
306	转子输液泵	1～3 T/h	3	台			SUS304
307	精加工过滤器	1～3 T/h	1	台			SUS304

四、浓缩

序号	名称	规格	数量	单位			备注
401	给料罐	1000L	1	台			单层 SUS304，厚度 4 mm
402	单效外循环 5T/h	加热器	1	台			整体材质 SUS304
		蒸发室	1	台			
		冷凝器	1	台			
		气液分离器	1	台			
		排水罐	1	台			
		出料泵	1	台			
		真空泵	1	台			
		排水泵	1	台			
		真空缓冲罐	1	台			
		真空销声罐	1	台			
404	高温热水离心泵	10 T/h，24 m	1	台			SUS304

续表

序号	名称	规格	数量	单位	单价	总价	备注
五、调配及灌装、消毒							
501	调和乳化罐	1500 L	2	台	11.5	23	内胆 SUS304，夹套材质 SUS304
502	美拉德反应罐	800 L	2	台			内胆 SUS304，内胆承压 0.3 MPa
503	清洗热水系统	2000 L×2	1	套			内胆 SUS304，厚度 4 mm
504	转子输送泵	1～3 T/h　可调	3	台			SUS304
505	均质机	1 T/h，60 MPa	1	台			SUS304
506	高位罐	200 L	1	台			SUS304
507	大桶灌装机	15～25 kg	1	台			SUS316L
508	袋装灌装机	500～1000 g	1	台			SUS316L
509	三级在线乳化泵	2900 r/min，5 T/h	1	台			SUS304
510	管道双联过滤器	100 目	2	台			SUS304
511	气水混合器	ϕ89×260	6	台			（1）整体 SUS304 （2）产生热水 500 kg/h
512	储气罐	1 M^3	1	台			R20、压力容器
513	分汽缸	8 口，15kg	1	台			R20、压力容器
六、工艺管道系统及平台							
序号	名称	规格	数量	单位			备注
601	车间内部真空、压缩空气系统	主管道	1	批			不锈钢管道 DN100、DN32
602	车间内部蒸气、循环水系统	主蒸汽管道 DN100、主循环水管道 DN150，根据厂家自身配套设施再确定	1	批			国标无缝管道、铸钢法兰截止/柱塞阀门
603	车间内部洁净物料系统	主管道ϕ51×1.5	1	批			ISO 标准洁净管道
604	车间内部自来水	主管道 DN80	1	批			国标无缝管道、铸钢法兰截止/蝶阀阀门
605	车间内部操作平台		若干				碳钢型钢支架，不锈钢花纹板面，不锈钢护栏，支架防腐处理

产实践有很大关系，而且影响到工厂整体。生产车间工艺布置一经施工就不易改变，所以，在设计过程中必须全面考虑。工艺设计必须与土建、给排水、供电、供气、通风采暖、制冷以及安全卫生等方面取得统一和协调。

生产车间平面设计，主要是把车间的全部设备(包括工作台等)，在一定的建筑面积内作出合理安排。平面布置图，就是生产车间内设备布置的俯视图。在平面布置图中，必须表示清楚各种设备的安装位置，下水道、门窗、各工序及车间生活设施的位置，进出口及防蝇、防虫措施等(图 11.2)。除平面布置图外，有时还必须画出生产车间剖面图，剖面图又称立剖面图。它是解决平面布置图中不能反映的重要设备和建筑物立面之间的关系，以及画出设备高度、门窗高度等在平面布置图中无法反映的尺寸(图 11.3)。

生产车间工艺布置的原则：

(1) 要有总体设计的全局观点。要满足生产的要求，同时，还必须从本车间在总平面布置图上的位置，与其他车间或部门间的关系，以及发展前景等方面，满足总体设计的要求。

(2) 设备布置要尽量按工艺流水线安排。设备布置要尽量按工艺流水线安排，但有些特殊设备可按相同类型作适当集中，务必使生产过程占地最少，生产周期最短、操作最方便。如果一车间是多层建筑，要设有垂直运输装置，一般重型设备最好设在底层。原料收发间应设有地磅。

(3) 应考虑到进行多品种生产的可能。在进行生产车间设备布置时，应考虑到进行多品种生产的可能，以便灵活调动设备，并留有适当的余地，以便更换设备。同时，还应注意设备相互间的间距和设备与建筑物的安全维修距离。既要操作方便，又要保证维修装拆和清洁卫生的方便。

(4) 生产车间与其他车间的各工序要相互配合。为保证各物料运输通畅，避免重复往返，生产车间与其他车间的各工序要相互配合。必须注意：要尽可能利用生产车间的空间进行运输；合理安排生产车间各种废料排出；人员进出口要和物料进出口分开。

(5) 必须考虑生产卫生和劳动保护。如卫生消毒、防蝇防虫、车间排水、电器防潮及安全防火等措施。对散发热量、气味及有腐蚀性的介质，要单独集中布置。对空压机房、空调机房、真空泵房等既要分隔，又要尽可能接近使用地点，以减少输送管路及管路损失。应注意车间的采光、通风、采暖、降温等设施。可以设在室外的设备，尽可能设在室外，上面可加盖简易棚。

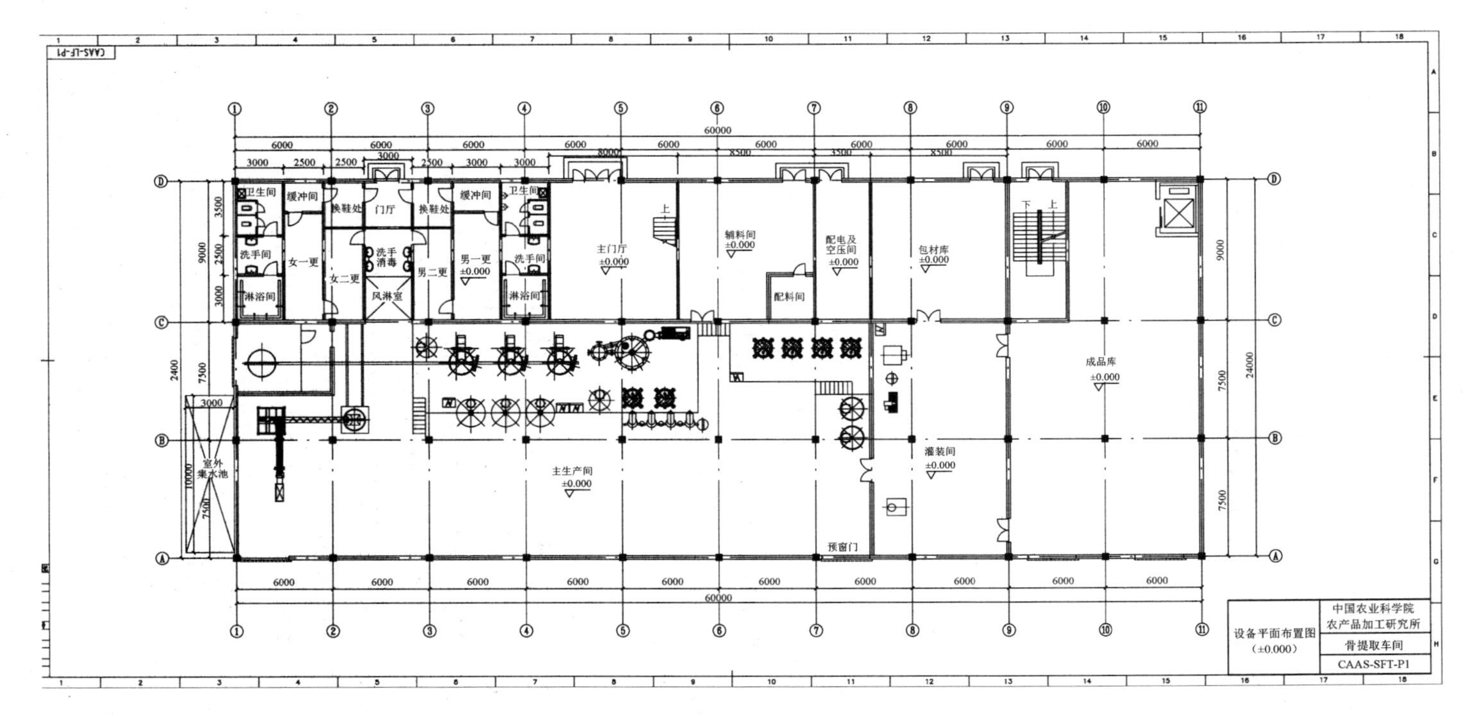

图 11.2　车间设备平面布置图

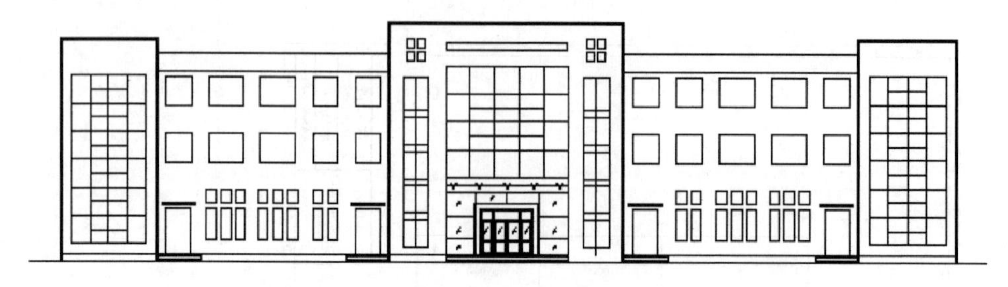

图 11.3　车间立剖面图

11.6　水气用量的计算

11.6.1　用水量计算

食品生产中，水是必不可少的物料。因为食品生产过程涉及的物理方法和生化反应，都必须有水的存在，不管是原料的预处理、加热、杀菌、冷却、培养基的制备、设备和食品生产车间的清洗等都需要大量的水。可以说，没有水，食品生产就无法进行。在食品加工中，无论是原料的预处理、蒸煮、糖化等过程，都有原料的最佳配比、物料浓度范围，故加水量必须严格控制。所以，对于食品生产来说，供水衡算，即根据不同食品生产中对水的不同需求，进行用水量的计算是十分重要的，并且与物料衡算、热量衡算等工艺计算以及设备的计算和选型、产品成本、技术经济等均有密切关系。

11.6.2　单位产品耗水量

根据食品生产工艺、设备或规模不同，生产过程用水量也随之改变，有时差异很大。即便是同一规模、工艺也相同的食品生产，单位成品耗水量往往也大不相同。所以在工艺流程设计时，必须妥善安排，合理用水，尽量做到一水多用。供水衡算的方法有两种：即按“单位产品耗水量定额”来估算和计算的方法。

用“单位产品耗水量定额”来估算生产车间的用水量，其方法简便，但目前在我国尚缺乏具体和确切的技术经济指标。一个食品工厂往往同时要生产几种产品，而各产品在生产过程中缺乏对耗水量的计量，一般是按当月所耗水的总量分摊到各产品中。各厂的摊派方式不同，其定额指标也不相同，另外，单位产品的耗水额还因地区不同、原料品种的差异以及设备条件、生产能力大小、管理水平等工厂实际情况的不同而有较大幅度的变化。

对于规模小的食品工厂在进行供水衡算时可采用“单位产品耗水量定额”估算法，可分为三个步骤，即按单位产品耗水量来估算、按主要设备的用水量来估算和按食品工厂生产规模来拟定给水能力。

11.6.3　用气量计算(热量衡算)

1. 热量衡算的意义

在食品工厂的生产操作中，热量的需求是不可或缺的，而热量通常是以蒸气的形式提供。如罐头厂、乳品厂的主要用气部分有：热烫、配汤、浓缩、干燥、杀菌、保温、设备和管道的消毒、车间的清洁卫生等。热量衡算就是要通过对生产中热量需求量的计算，确定生产用气量，并通过计算，得出生产过程能耗定额指标，定量研究生产过程，为过程设计和操作提供最佳化依据；应用蒸气等热量消耗指标，还可以对工艺设计的多种方案进行比较，以选定先进的生产工艺，或对已投产的生产系统提出改造或革新，分析生产过程的经济合理性、过程先进性，并找出生产上存在的问题，达到节约能源、降低生产成本的目的。

2. 热量衡算的方法和步骤

根据食品生产工艺、设备或规模不同，生产过程用气量也随之改变，有时差异很大。即便是同一规模、工艺也相同的食品厂，单位成品耗气量往往也大不相同。所以在工艺流程设计时，必须妥善安排，合理用气。用气量计算的方法有两种：即按“单位产品耗气量定额”来估算和计算的方法。

用“单位产品耗气量定额”来估算生产车间的用气量，其方法简便，但目前在我国尚缺乏具体和确切的技术经济指标。一个食品工厂往往同时要生产几种产品，而各产品在生产过程中缺乏对气耗量的计量，一般是按当月所耗气的总量分摊到各产品中。各厂的摊派方式不同，其定额指标也不相同，另外，单位产品的耗气额还因地区不同、原料品种的差异以及设备条件、生产能力大小、管理水平等工厂实际情况的不同而有较大幅度的变化。所以，用“单位产品耗气量定额”来计算就只能看作是粗略的估算。

对于规模小的食品工厂，在进行用气量计算时可采用“单位产品耗气量定额”估算法，可分为三个步骤，即按单位产品耗气量来估算、按主要设备的用气量来估算和按食品工厂规模来拟定给气能力。

11.7　生产辅助设备

在整个生产线中，除了主体的生产设备，辅助设备是完善和连接整个生产线的必要环节。其中过滤设备、离心分离设备、均质设备、胶体磨等是很关键的，对提高产品品质、提高附加值是非常重要的。

其中，过滤是作为一个非常重要的因素一直存在于整个生产过程中。从开始的破碎过程，会有钢制滤网将碎骨渣与破碎好的骨头分离；提取过程中，吊笼其实也作为一个钢制过滤斗在溶液中提取；随后，骨汤液会经过双联过滤器的不锈钢滤网将碎渣与汤液分离；然后，汤液经过离心分离可以将其中的油脂和碎渣分离；最后，调配过程中均质机和胶体磨的参与能够加速其中辅料和油脂的溶解、乳化，最终的产品才能够稳定均一，有好的观感、口感，长的货架期。

所以，辅助设备是整个生产环节不可或缺的关键因素，下面就以上提到的几种设备做一简单介绍。

11.7.1 过滤设备

在骨素生产过程中，过滤的主要目的是除杂和分离。对过滤精度要求不是特别高，一般情况下使用的多是振动筛、不锈钢网的筒式过滤器、尼龙网的活动过滤器等。一般按照生产从前到后的顺序，过滤的精度逐渐升高，从 40 目、60 目、80 目、120 目直到 200 目，太高的过滤目数会造成提供动力的泵产成压力，也会损失物料。所以选择合适本生产环节的合适的过滤设备和过滤目数是很关键。

1. 振动筛

振动筛在生产线中使用是在骨汤从热压抽提罐中压抽到静置分离罐时，为防止大量碎骨渣进入静置分离罐中过滤作用。一般使用圆形振动筛，其材质采用 SUS30408 制作。

1）振动筛分类

(1) 按振动筛振动频率是否接近或远离共振频率分为共振筛和惯性振动筛。共振筛曾一度崛起，受到各国普遍重视，发展很快；但在生产实践中，暴露出结构复杂、调整困难、故障较多等缺点。而惯性振动筛由于激振器的结构简单，工作可靠，便于维修，从而得到了广泛的使用。惯性振动筛是靠固定在其中部的带偏心块的惯性振动器驱动而使筛箱产生振动。惯性振动筛按振动器的形式可分为单轴振动筛和双轴振动筛。

(2) 按振动筛在筛面工作时运动轨迹的特点，分为圆运动振动筛（简称圆振动筛）和直线运动振动筛（简称直线振动筛）两大类。圆振动筛由于振动器安装的位置偏差，实际筛箱运动轨迹一般为椭圆。即使直线振动筛，由于制造与设计偏差，通常筛箱的运动轨迹也不完全是直线，只是接近直线振动。圆振动筛由于激振器是一根轴，所以又称单轴振动筛；直线振动筛激振器由两根轴组成，所以又称双轴振动筛。

(3) 当然振动筛还有其他许多分类方法，例如，按照支撑弹簧的结构不同，又有线形弹簧振动筛和非线形弹簧振动筛；按支承装置安装位置不同，可分为座式振动筛和吊式振动筛；按筛箱与水平面是否成一定角度安装，可分为水平筛和倾斜筛；按工作频率的高低，可分为高频振动筛和低频振动筛；等等。

骨素生产中使用的圆振动筛，主要用来固-液分离。

2）圆振动筛的工作原理

图 11.4　圆振动筛

具有圆形轨迹的惯性振动筛为圆振动筛(图 11.4)。这种惯性振动筛又称单轴振动筛，其支承方式有悬挂支承与座式支承两种。悬挂支承：筛面固定于筛箱上，筛箱由弹簧悬挂或支承，主轴的轴承安装在筛箱上，主轴由带轮带动而高速旋转。由于主轴是偏心轴，产生离心惯性力，使可以自由振动的筛箱产生近似圆形轨迹的振动。YA 型圆振动筛和一般圆振动筛很类似，筛箱的结构一般采用环槽铆钉连接。振动器为轴偏心式振动器，用稀油润滑，采用大间隙轴承。振动器的回转运动，由电动机通过一堆带轮，由 V 型皮带把运动传递给振动器。

3）振动筛的安装及调试

(1) 安装前的准备。振动筛在安装前，必须进行认真检查。由于制造的成品库存堆放时间较长，如轴承生锈、密封件老化或搬运过程中损坏等，遇到这些问题时需要更换新零件。例如，激振器出厂前为防锈，注入了防锈油，正式投入运行前应更换成润滑油。安装前应该认真阅读说明书，做好充分准备。

(2) 安装。安装支撑或吊挂装置。安装时，要将基础找平，然后按照支撑或吊挂装置的部件图和筛子的安装图，按顺序装设各部件。弹簧装入前，应按端面标记的实际刚度值进行选配。将筛箱连接在支撑或吊挂装置上。装好后，按规定倾角进行调整。对于吊挂式的筛子，应当时进行调整筛箱倾角和筛箱主轴的水平。一般先进行横向水平度的调整，以消除筛箱的偏斜，水平校正后，再调整筛箱纵向倾角。隔振弹簧的受力应该均匀，其受力情况可以通过测量弹簧的压缩量进行判断。给料端两组弹簧的压缩量必须一样，排料端两组弹簧也应该如此。排料端和给料端的弹簧压缩量可以有所差别。

安装电动机及三角胶带。安装时，电动机的基础应该找平，电动机的水平需要校正，两胶带轮对应槽沟的中心线应当重合，三角带的拉力要求合适。按要求安装并固定筛面。检查筛子各连接部件(如筛板子、激振器等)的固定情况，筛网应均匀张紧，以防止产生局部振动。检查传动部分的润滑情况，电动机及控制箱的接线是否正确，并用手转动传动部分，查看运转是否正常。检查筛子的如料、出料溜槽及筛下漏斗在工作时有无碰撞现象。

(3) 试运转。筛分机安装完毕，应该进行空车试运转，初步检查安装质量，并进行必要的调整。筛子空车试运转时间不得小于 8 h。在此时间内，观察筛子是否启动平稳迅速，振动和运行是否稳定，有无特殊噪声，通过振幅来观察其振幅是否符合要求。筛子运转时，筛箱振动不应该产生横摆。如出现横摆，其原因可能是两侧弹簧高差过大、吊挂钢丝绳的拉力不均、转动轴不水平或三角带过紧，应进行相应的调整。开车 4 h 内，轴承温度渐增，然后保持稳定。最高温度不超过 75 ℃，温升不能超过 40 ℃。如果开车后有异常噪声或轴承温度急剧升高，应立即停机，检查轴是否转动灵活及润滑是否良好等，待排除故障后再启动。开车 24 h 后停机检查各连接部件是否松动，如果有松动，待紧固后再开车。试车 8 h 后无故障，才可对安装工程验收。

4) 操作要点

操作人员在工作前应阅读值班记录，并进行设备的总检查。检查三角带的张紧程度、振动器中的油位情况，检查筛面张紧情况、各部螺栓紧固情况和筛面破损情况。筛子启动应遵循工艺系统顺序。在筛子工作运转时，要用视、听觉检查激振器和筛箱的工作情况。停车后应用手接触轴承盖附近，检查轴承温升。

2. 过滤器

过滤是指以某种多孔物质作为介质，在外力的作用下，使流体通过介质的孔道而固体颗粒被截留下来，从而实现固体颗粒与流体分离目的的操作，过滤可去除气-固体系中的颗粒，也可去除液-固体系中的固体颗粒，生产中过滤大多用于悬浮液中固-液分离，本节只介绍悬浮液的过滤操作。

实现过滤操作的外力可以是重力、压强差或惯性离心力，但在生产中应用最多的是以压强差为推动力的过滤操作(图 11.5 和图 11.6)。

过滤介质是一种多孔物质，它是滤饼的支承物，它应具有足够的机械强度和尽可能小的流动阻力，过滤介质的孔道直径往往会稍大于悬浮液中一部分颗粒的直径。

工业上常用的过滤介质主要有以下几类：

(1) 织物介质，又称滤布，它由棉、毛、丝、麻等天然纤维及由各种合成纤维制成的织物，以及由玻璃丝、金属丝等织成的网。

(2) 粒状介质：包括细砂、木炭、石棉、硅藻土等细小坚硬的颗粒状物质，多用于深床过滤。

(3) 多孔道固体介质：它是具有很多微细孔道的固体材料，如多孔陶瓷、多孔塑料及多孔金属制成的板式管。

若在管路上直接使用，过滤面积较小时可以使用管道双联过滤器(图 11.7)。双联的目的是，若发现其中一个过滤器发生堵塞的情况下，通过切换阀门使用另一个，堵塞的可以在线拆卸清洗而不影响生产进行。

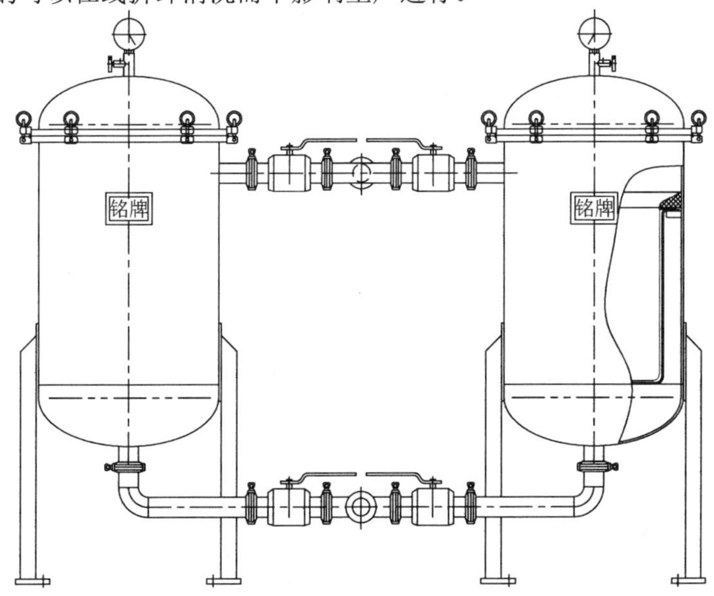

图 11.5　双联筒式过滤器结构图

图 11.6　双联筒式过滤器实物图

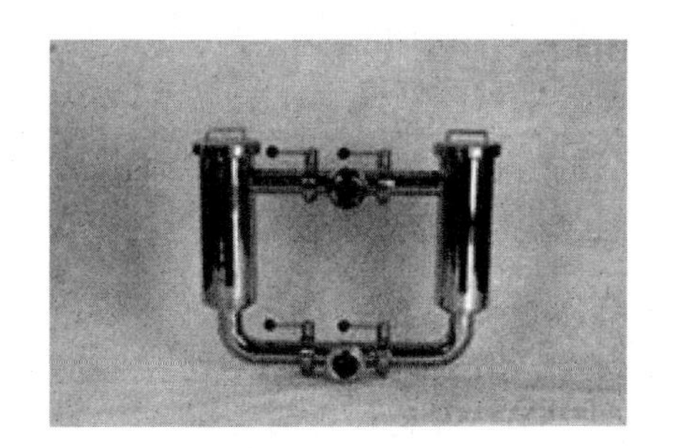

图 11.7　管道双联过滤器

11.7.2　离心分离设备

当含有细小颗粒的悬浮液静置不动时，由于重力场的作用，悬浮的颗粒逐渐下沉。粒子越重，下沉越快，反之密度比液体小的粒子就会上浮。微粒在重力场下移动的速度与微粒的大小、形态和密度有关，并且又与重力场的强度及液体的黏度有关。像红细胞大小的颗粒，直径为数微米，就可以在通常重力作用下观察到它们的沉降过程。

此外，物质在介质中沉降时还伴随有扩散现象。扩散是无条件的、绝对的。扩散与物质的质量成反比，颗粒越小，扩散越严重。而沉降是相对的、有条件的，要受到外力才能运动。沉降与物体质量成正比，颗粒越大，沉降越快。对小于几微米的微粒如病毒或蛋白质等，它们在溶液中成胶体或半胶体状态，仅利用重力是不可能观察到沉降过程的。因为颗粒越小，沉降越慢，而扩散现象则越严重。所以需要利用离心机产生强大的离心力，才能迫使这些微粒克服扩散产生沉降运动。

离心就是利用离心机转子高速旋转产生强大的离心力，加快液体中颗粒的沉降速度，把样品中不同沉降系数和浮力密度的物质分离开。

1. 离心机分类

离心机包括三足式离心机、上部卸料离心机、刮刀下卸料离心机、平板式离心机、全自动离心机、卧式螺旋沉降离心机、活塞推料离心机、上悬式离心机、管式离心机等。

(1) 按操作方式，可将离心机分为以下型式。

a. 间隙式离心机：其加料、分离、洗涤和卸渣等过程都是间隙操作，并采用人工、重力或机械方法卸渣，如三足式离心机和上悬式离心机。

b. 连续式离心机：其进料、分离、洗涤和卸渣等过程，有间隙自动进行和连续自动进行两种。

(2) 按工艺用途，可将离心机分为过滤式离心机、沉降式离心机。

(3) 按安装的方式，可将其分为立式、卧式、倾斜式、上悬式和三足式等。

(4) 按国家标准与市场使用份额，分为三足式离心机、卧式螺旋沉降离心机、碟片式离心机、管式离心机。

2. 离心分离设备的选择

悬浮液中固体颗粒越细则分离越困难，滤液或分离液中带走的细颗粒会增加，在这种情况下，离心机需要有较高的分离因数才能有效地分离；悬浮液中液体黏度大时，分离速度减慢；悬浮液或乳浊液各组分的密度差大，对离心沉降有利，而悬浮液离心过滤则不要求各组分有密度差。

选择离心机须根据悬浮液(或乳浊液)中固体颗粒的大小和浓度、固体与液体(或两种液体)的密度差、液体黏度、滤渣(或沉渣)的特性，以及分离的要求等进行综合分析，满足对滤渣(沉渣)含湿量和滤液(分离液)澄清度的要求，初步选择采用哪一类离心机。然后按处理量和对操作的自动化要求，确定离心机的类型和规格，最后经实际试验验证。

通常，对于含有粒度大于 0.01 mm 颗粒的悬浮液，可选用过滤式离心机；对于悬浮液中颗粒细小或可压缩变形的，则宜选用沉降式离心机；对于悬浮液含固体量低、颗粒微小和对液体澄清度要求高时，应选用离心机。

离心机未来的发展趋势将是强化分离性能、发展大型的离心机、改进卸渣机构、增加专用和组合转鼓离心机、加强分离理论研究和研究离心分离过程的最佳化控制技术等。

强化分离性能包括提高转鼓转速；在离心分离过程中增加新的推动力；加快推渣速度；增大转鼓长度使离心沉降分离的时间延长等。发展大型的离心机，主要是加大转鼓直径和采用双面转鼓提高处理能力使处理单位体积物料的设备投资、能耗和维修费降低。

骨汤的主要成分是三相的混合溶液，有水、油和固体杂质，选择管式离心机的分离因素高，碟片式离心机也可以达到要求，但是其分离因素较管式离心机低。

11.7.3　均质机

均质机的标准不同，类别也各不相同(图 11.8)。

图 11.8　均质机

1. 高压均质机的分类

1）按结构型式分

按结构型式分类分为立式整体型均质机和卧式组合型均质机。前者一般适用于中小型设备(功率在 45 kW 以下)；后者适用于大型设备(功率在 45 kW 以上)。目前国内大多数厂家生产的都是立式整体型均质机。这种型式结构紧凑，外形美观，占地面积小。但对大型设备而言，稳定性就成了主要的问题。卧式组合型均质机指的是电机、减速箱、曲轴箱、润滑站等相对独立成块，并分布在同一水平面上，通过皮带(轮)、联轴器、油管等连成一体。整机重心低、运转平稳、检修方便。

2）按柱塞每分钟的往复次数分

分为普通型均质机和低速型均质机。美国 Gaulin 公司将柱塞每分钟往复次数在 145 次以下称为低速型，在 145 次以上的称为普通型。均质机曲轴的转速(即同比决定柱塞的往复频率)是决定整机性能的最关键的因素之一。在材质、加工精度、结构等相同的情况下，在一定范围内转速越低，则各摩擦副(如轴与瓦、柱塞与密封等)在单位时间内的磨损度、泵体内各受力零件(如阀芯、阀座等)在同等时间内的损坏程度均大幅度降低，且设备运转的稳定性也大大提高。所以该系列特别适合于长时间使用的场合。

3）按控制方式分

分为手动控制式、手调液力控制式以及自动液压控制式。目前，手动控制式在市场上占主导地位。如果整条生产线都是自动控制的，可选用全自动控制均质机。

4）按使用情况分

分为生产型均质机和实验型均质机。相对于其他厂家的产品，JHG 系列实验型均质机具有以下特点：①采用柱塞水平运动结构，与柱塞垂直(上下)运动的实验机相比，其柱塞处可喷淋冷却水，从而延长柱塞密封圈的寿命；②物料泄漏后不会进入油箱；③立方体形的整体造型，美观且操作方便，并可加轮子方便搬运。

2. 高压均质机的选型

1）选择普通型还是低速型

对应于同样的流量和压力，普通型均质机的单价要比低速型均质机的单价要低。所以综合考虑价格性能因素，如果设备每天的运转时间在 10 h 以内，则可考虑用普通型；如果设备每天的运转时间在 10 h 以上 18 h 以下，建议选择低速型；如果工况为连续使用型，即连续几天或几十天连续不停地使用，则要作为特殊工况单独考虑。

关于流量：在使用过程中，会发现很多情况下实际流量比制造商所提供的性能参数中标定的设备流量要小一些。

这主要是由以下原因造成的：

(1) 黏度：用户所处理的物料是千变万化的，其黏度差别很大。一般来说，物料的黏度越高，其容量效率越低，即流量损失越大，参见表 11.2。

表 11.2　黏度与容积效率

黏度/CST	100	1000	2000	6000	10000
容积效率/%	2	91	90.50	80	59

注：1 mm^2/s=1 CST。

(2) 压力：压力对容量效率的影响很大，尤在压力很高的情况下。因为在高压下，通常被视为不可压缩的流体成了弹性体；同时压力越高，通过泵体内阀芯阀座的内泄漏也增加了。

(3) 进料方式：一般来说，压力进料比自吸进料的容积效率要高一些。

2) 黏度与压力

(1) 所处理物料的黏度越大，所使用的压力越高，则所选择的设备流量就要留更多的裕量。

(2) 尽量采用压力进料，进料压力在 147 000 Pa 左右。

(3) 如果整条生产线的产量必须严格保持一致，那么最好采用变频调速的方式使流量无级可调。

3) 压力问题

关于压力：压力越高，细化效果越好；但同时，压力越高，设备价格也越高，耗电量也同比增大，同时易损件增多。也就是说，压力越高，运行费用越大。有必要了解的是，压力和细化效果呈根号曲线关系，而压力与运行费用接近于正比例。所以，在选择压力参数时，我们建议采用以下原则：在达到经济破碎效果的前提下，使用压力越小越好。在使用压力选定后，再根据制造商提供的设备性能参数表，选择标定的额定压力大于使用压力的设备即可。

参考文献

陈文华，张士康，孙晓明，等. 2009.骨头汤主要加工设备的研究应用.中国调味品，(7)：84-86.

黄瑞唱. 2005. 反应罐的设计与制造. 轻工机械，(2)：108-109.

贾伟，董宪兵，张春晖，等. 2013. 骨素美拉德反应罐的研制. 化工机械，6：822-824.

贾伟，蒋玉梅，李侠，等. 2011. 畜禽骨素热压抽提设备发展现状及前景.中国食品工业，(8)：43- 46.

贾伟，张春晖，张德权. 2013. 一种新型轧骨机.CN 202823533 U.

金艳春，秦艽星. 2003. 反应釜黏壁的原因及解决措施. 林业机械与木工设备，(4)：31-32.

李文秀，彭红，张志刚，等. 2010. 在搅拌器中油水乳状液的气液传质. 化学工程，(1)：5-9.

李银，贾伟，张春晖，等. 2013. 可食性动物骨素热压抽提装置的研制. 食品与机械，3：153-156.

刘根强，刘翠萍，陈洪前. 2006. 中药自控提取系统. 齐鲁药事，(12)：762-763.

刘华，金剑，找常胜. 2002. 中草药多功能提取罐的几种强化提取方法. 中药材，(12)：920.

刘研. 2010. 反应釜的进料控制设计与实现. 仪表技术与传感器，(3)：102-105.

毛建东.2009. 动态称重系统的建模及神经网络辨识. 食品与机械，(1)：112-115.

毛晓飞，孙连贵. 2006. 新型鲜骨系列调味剂加工工艺.中国酿造，(6)：58-60.

孙红梅，贾伟，张春晖，等. 2013. 骨加工多功能反应罐.轻工机械，5：74-76.

王高明. 2011. 禽类骨肉分离机与骨泥机组的应用. [Online]Available： http：//bbs.foodmate.net/thread-439568-1-1.htmL. 2011-4-26.

王友，魏化中，张嘉琳.2006. 提取罐下排渣门安全问题分析. 通用机械，(6)：55-57.

魏化中，王友，杨红.2006. 多功能提取罐控制系统研究. 通用机械，(1)：72-73.

魏化中，张志辉，帅健，等. 2010. 基于有限元分析的下排渣门设计. 武汉工程大学学报，3(5)：85-87.

夏秀芳. 2007. 畜禽骨的综合开发利用.肉类工业，(5)：22-23.

杨而宁. 2007. 反应釜搅拌轴总体设计与计算. 四川化工，(2)：40-42.

于才渊，王宝和，王喜忠. 2013. 喷雾干燥技术.北京：化学工业版社：25-95.

于篩成，刘苗，王文芳，等. 2005. 新颖的动植物有效成分的提取装置. 机电信息，(20)：21-32.

余晓箴. 2003. 提取罐自动投料装置的探讨. 医药工程设计杂志， 24(4)：8-9.

袁英姿，曹清明，钟海雁，等. 2009. 大孔树脂纯化油茶籽多酚的研究. 食品与机械，(1)：61-63.

曾真，彭坤，王为国. 2010. 发酵罐搅拌轴的优化设计. 食品与机械，(11)：97-100.

张春晖，贾伟，李侠.2013. 一种防止吊笼中骨渣掉落的装置.CN 203152383 U.

张春晖，贾伟，李侠. 2013. 一种骨素美拉德反应的香气回收装置.CN 203139670 U.

张春晖，贾伟，李侠. 2013. 一种浓缩器中防止跑料的装置.CN 203303666 U.

张春晖，贾伟，李侠. 2013. 一种浓缩设备无泵自动排水装置.CN 203303673U.

张春晖，贾伟，李侠. 2013. 一种蒸气热量回收装置.CN 203605745 U.

张春晖，贾伟，张德权. 2013. 一种提取罐的开盖装置.CN 203222210 U.

张春晖，贾伟，张德权. 2013. 一种畜禽骨素热压抽提装置.CN 202425560 U.

张春晖，李侠，贾伟. 2013. 树脂吸附分离硫酸软骨素的设备.CN 203112724U.

张春晖，李侠，贾伟. 2013. 一种玻璃视镜冲洗装置.CN 203304250U.

张春晖，李侠，贾伟. 2013. 一种美拉德反应罐.CN 203108531U.

张春晖，李侠，贾伟. 2013. 一种提取罐的锁盖装置.CN 203141072 U.

张春晖，张德权，贾伟. 2013. 一种多功能提取酶解调配罐. CN 202823353 U.

张国农. 2006. 食品工厂设计与环境保护.北京：中国轻工出版社：25-95.

张红，许海强. 2006. 淋水式杀菌技术在软袋保证食品杀菌中的优势. 肉类研究，(9)：18-19.

张佳敏，王卫，张志宇. 2011. 利用美拉德反应生产天然肉味香料及其风味成分分析.食品科技，36(2)：248-252.

张留安，郭凯，裴民安. 2003. 提取骨素前景广阔. 河南畜牧兽医，(12)：43.

赵电波，陈茜，白艳红，等. 2010. 骨素的开发利用和发展趋势.肉类工业，(1)：9-10.

赵永敢，代建华，李超敏. 2011. 猪骨素提取工艺研究. 中国调味品，(1)：81-82.

SGJ 系列强力破骨机 [Online]Available： http：//www.lfshyjx.com/cn/product.asp?action=chanpin_show&classid=12&id=162,2012-1-5.

张蕊蕾，李晖，包伟. 2013. 一种[illegible]. CN 203 042301[illegible]

[illegible]. 2013. 一种[illegible]. CN 203[illegible]

[illegible]. 2013. 一种[illegible]. CN 2031[illegible]

[illegible]. 2010. [illegible]. [illegible]

张[illegible]. 2006. [illegible]. [illegible]

[illegible]. 2006. [illegible]. [illegible]

[illegible]. 2011. [illegible]. 46(2): 246-252.

[illegible]. 2008. [illegible]. (12): 43.

[illegible]. 2010. [illegible]. [illegible]

[illegible]. [illegible]. (1): 1-82.

[illegible]. [Online]. [illegible]

[illegible]

第三篇　生产应用

第12章 骨素及其衍生化产品生产

12.1 骨素基础知识

12.1.1 骨素的概念

骨素又称鲜骨抽提物，是指以畜禽骨、鱼骨副产物为原料，借助食品分离抽提技术，获取畜禽骨或鱼骨中的骨胶原蛋白、矿物质等营养成分，再经过脱脂和相关衍生化加工而得到的一类食品。骨素的特点是可以最大限度地保持原有动物新鲜骨肉天然的味道和香气，具有很好的风味增强效果，可以赋予人们追求自然柔和的美味。成品骨素为浅褐色至褐色的膏状，广泛应用于肉制品、调味料、方便面(调味包)及调理食品生产中。

随着骨加工技术的不断发展，对于直接提取的骨抽提物一般称为骨素或骨呈味料；利用骨素进一步风味化，并可直接用于食品及餐饮行业使用的“风味化骨素”，一般称为骨汤。骨素或骨呈味料一般用于食品行业加工，作为肉制品、调味料的原料使用；而骨汤不仅可以作为肉制品、调味料的原料使用，还可以直接用于餐饮，以及方便面、速冻调理食品、肉制品的调味。

近年来，随着科学技术的不断进步，食品加工业得到了迅猛的发展。调味料产品也逐渐向方便、卫生、营养、安全、高品质等方向发展。单一成分的调味料如味精在使用时虽然鲜味非常强，但缺乏柔和感，味道不丰富、醇厚，远比不上用动物鲜骨为原料制作的骨素。

在肉制品加工中，我国主要生产猪肉、牛肉、鸡肉、羊肉、鸭肉等肉制品，其中产量最大的是猪肉，其次是牛肉，再次是鸡肉。因此，猪骨、牛骨以及鸡骨等骨原料十分充足。我国企业生产的骨素一般为猪骨素、牛骨素和鸡骨素。

日本是最早生产骨素的国家。20 世纪 70 年代，由于出现的石油恐慌，化学调味料价格急剧上升，产量急剧下降，生产厂家开始从动植物原料中提取的天然调味料以代替化学调味料，鲜骨抽提物应运而生。因为鲜骨抽提物符合消费者“天然、营养、美味”的心理，符合消费者对天然调味料的追求，尤其是在消费者健康、安全意识增强的前提下，得以快速发展，成为现代调味品的主流，并在短时间内风靡日本、韩国市场。

1995 年，我国从日本引进了年生产能力 3000 吨的设备，并于 1997 年正式投产。其工厂主要利用高温高压提取骨抽提物，并将这种产品命名为骨素。随着食品工业及餐饮业的快速发展，消费者对天然调味料的需求越来越大，对品质的要求越来越高。在此背景下，我国的广大企业对骨提取工艺不断优化，技术不断进步，如酶解技术获得更高的得率，利用常压提取技术获得风味更自然的骨汤产品等。我国骨类提取技术及科学研究处于世界领先地位。

12.1.2　骨素的主要成分

鲜骨所含营养成分非常丰富，其蛋白质和脂肪含量与肉类相当，是一种营养价值非常高的畜禽类加工副产品。据有关学者研究发现(表 12.1)：猪骨中蛋白质含量和脂肪含量分别为 12.0%和 9.6%，猪肉中蛋白质含量和脂肪含量分别为 17.5%和 15.1%；牛骨中蛋白质含量和脂肪含量分别为 11.5%和 8.5%，牛肉中蛋白质含量和脂肪含量分别为 18.0%和 16.4%。

表 12.1　不同畜产品骨与肉主要成分含量对比

项目	蛋白质含量/%	脂肪含量/%
猪骨	12.0	9.6
猪肉	17.5	15.1
牛骨	11.5	8.5
牛肉	18.0	16.4
鸡骨	16.3	14.5
羊骨	11.7	9.2

骨素的主要成分包括蛋白质、脂肪、矿物质、维生素等。骨素中除含有氨基酸、短肽以及核苷酸等鲜味成分外，还保留了畜禽肉中天然的香气成分并具有浓厚的口感，所以可在肉制品加工、方便面(调味包)、火锅底料等产品生产中广泛应用。还可以骨素为基料，适当添加糖类、氨基酸、香辛料和呈味核甘酸等辅料，进行美拉德反应，制备相应的热反应调味料。

研究发现，鲜骨中的蛋白质含量为 11%左右，纯鲜肉中的蛋白质含量约 17%，而经过物理抽提或酶解抽提的骨素的蛋白质含量能达到 30%以上。在骨素抽提过程中，部分蛋白质分解，降解为相对分子质量较低的多肽物质和具有生物活性的游离氨基酸，同时含有钙、磷和大脑不可缺少的磷脂质、磷蛋白等。这些成分经过降解，变成易溶于水的小分子物质，更易被人体消化吸收。长期食用可以增进人的食欲，且不会使人感到厌腻。

骨素营养丰富，富含 18 种氨基酸，尤其是人体所必需的赖氨酸和蛋氨酸的含量特别丰富。骨素中天然鲜味物质(主要是谷氨酸盐)含量高达 5.9%，最大限度地发挥了氨基酸的呈味、呈鲜功能。

骨素除富有氨基酸(表 12.2)、短肽以及核苷酸等鲜味成分，还具有重要的香气成分及其他呈味物质，可以赋予产品自然柔和的美味。单一成分的调味料(如味精），鲜味虽然强，但风味不饱满、不自然，口感不够醇厚，远比不上以鸡、猪和牛骨以及水产品等为原料制作的天然调味料口感好。因此，以骨素为主要原料开发复合味调料的使用越来越广泛。由于骨调味料浸提了天然原料中的水溶性物质，含有多种氨基酸、肽和核甘酸等风味物质，还含有有机酸、糖以及无机盐等成分。骨调味料经烹调加热后，因成分的差异会不同程度地发生美拉德等各种化学反应，产生典型的肉香风味。在我国，骨素可以作为中间产品如作为肉类香精和调料生产的原料，也可以是最终消费品，如各类骨汤及骨调味料。

表 12.2　不同畜禽骨素的游离氨基酸成分表(%)

成分	牛骨	猪骨	鸡骨
赖氨酸	19.7	4.5	7.4
甘氨酸	7.6	13.6	14.8
组氨酸	2.7	4.5	3.7
丙氨酸	24.2	18.2	14.8
精氨酸	4.5	—	1.9
缬氨酸	9.5	9.1	9.3
色氨酸	—	—	1.9
蛋氨酸	1.9	—	1.9
天冬氨酸	0.4	4.5	7.4
亮氨酸	—	—	—
苏氨酸	3.0	4.5	1.9
异亮氨酸	8.3	4.5	7.5
丝氨酸	5.7	4.5	5.6
酪氨酸	2.7	4.5	1.9
谷氨酸	4.9	13.6	5.6
苯丙氨酸	3.0	—	3.7
脯氨酸	1.9	9.1	11.1
共计	100	100	100

12.1.3　骨素的分类

骨素的分类有很多种。可以根据提取的原料名称、生产时的压力以及有无分油工艺等来分类。

按提取骨素的原料分类：根据原料的名称分为猪骨素、牛骨素、鸡骨素等(表 12.3)。按提取原料分类，是目前最广泛的命名方法。

按提取工艺分类：根据提取时的工艺，可以分为酶解提取及热压提取，热压提取又分为高压提取及常压提取(表 12.4)。

按分油分工艺类：根据分油工艺，不进行离心脱油的骨素或骨汤称为白汤，进行离心脱油工艺的骨素称为清汤(表 12.5)。分离出的骨油是生产骨素的主要副产品，可用于调味料及火锅底料的调味。

表 12.3　按提取骨素的骨原料分类的骨素

名称	说明	应用举例
鸡骨素/鸡骨汤	以鸡骨、鸡架为原料生产，汤鲜美醇厚	餐饮：适宜做火锅汤底、拉面汤底及各式汤类菜肴 速冻调理食品：速冻水饺、馄饨等 方便食品：方便面粉包、方便面酱包；方便粉丝调味包；方便牛肉汤；方便羊杂等 调味料：牛肉酱、菌菇酱、鱼子辣酱等 肉制品：高温火腿肠、低温火腿肠、酱卤肉制品
牛骨素/牛骨汤	以牛棒骨、牛杂骨为原料生产，汤鲜美醇厚，牛特征风味浓郁	
猪骨素/猪骨汤	以猪棒骨、猪杂骨、猪蹄等为原料生产，汤鲜美醇厚，香气浓郁	
菌汤	以鸡架及各种菌类为原料生产，汤鲜美醇厚，有菌类的特有风味	
鱼骨素/鱼汤	以鱼及鱼骨等为原料生产，汤鲜美醇厚，海鲜风味浓郁	

表 12.4　按提取工艺分类骨素

名称	说明	
酶解提取	先用木瓜蛋白酶或胰蛋白酶水解，再进行提取、浓缩、调配	主要用于肉味香精及骨调味料的生产
热压提取	高压提取	主要用于肉味香精的生产，也可用于方便面料包、火腿肠等的调味
	常压提取	主要用于中餐、西餐高档菜肴的调味

表 12.5　按分油工艺分类的骨素

名称	说　明
白汤	产品不进行离心分油，有的还加入调味油进行乳化。白汤冲水后呈现乳白色，乳化效果越好，汤越白。产品口感饱满，鲜香协调
清汤	生产中进行离心分油。产品冲水后无色制澄清的淡黄色，产品的鲜味更浓、更纯

12.2　生产骨素的主要原料

12.2.1　骨类原料

1. 猪骨

2014 年，我国肉类总产量达到 8540 万吨，其中猪肉 5671 万吨，禽肉 1751 万吨，牛肉 689 万吨，羊肉 428 万吨……猪肉是我国产量最大的畜产品种，猪骨产量在各类骨产量中也占第一位。

猪骨为偶蹄目动物猪科动物猪的骨骼，据《本草经集注》、《本草纲目》等医书记载："猪骨性温，味甘、咸，入脾、胃经，有补脾气、润肠、生津液、丰机体、泽皮肤、补中益气、养血健骨之功效。"猪骨中含有大量的蛋白质、脂质、钙和磷以及铁、锌、铜、锶等微量元素，还含有磷蛋白、磷脂质、软骨素、黏多糖、各种氨基酸和维生素等健康有益因子，营养成分含量非常丰富。新鲜猪骨中含有63%～68%的水分、12%～14%的蛋白质、10%～12%的脂质、1%～3%的钙以及8%～11%的灰分。

2. 牛骨

牛骨为偶蹄目牛科动物黄牛或水牛的骨骼，据《本草纲目》记载："甘，温，无毒"。新鲜牛骨中含有 61%～66%的水分、12%～14%的蛋白质、12%～20%的脂质、1%～3%的钙以及 8%～11%的灰分。牛骨中有机成分为多种蛋白质，其中约 90%为胶原蛋白。骨中的胶原蛋白是一种结构蛋白，呈纤维状，它是动物体内含量最丰富的蛋白质，占动物体内总蛋白质的 25%～30%，其中骨素构成网络分布于骨中，骨胶原蛋白(如皮肤中的胶原蛋白)与水共煮，则生成明胶。骨胶原蛋白有增强皮下细胞代谢，延缓衰老的作用，是较为全价的可溶性蛋白，生物效价高。据资料报道，每 100 g 胶原蛋白中，可供人体吸收的氨基酸约为 14.8 g。牛骨的脂肪含量为 12%～20%，主要是因为牛的品种不同以及个体差异造成变化。构成牛骨脂肪的脂肪酸，主要是棕榈酸、硬脂酸及油酸，含少量的亚油酸。牛骨的脂肪常集中于骨的髓部，还含 C_{16}、C_{18} 脂肪酸。

牛骨的干物质成分以无机盐为主，其中 $Ca_3(PO_4)_2$ 约 86%，$Mg_3(PO_4)_2$ 约 1%，其他钙盐约 7%，氯含量约 0.2%，氟含量约 0.3%。钙盐有葡糖酸钙、甘油磷酸钙、泛酸钙等。

3. 鸡骨及禽骨

鸡肉是我国肉制品加工品项中仅次于猪肉的第二大品类，鸡骨资源相当丰富。与猪、牛、羊等家畜骨相比较，鸡骨的脂肪和蛋白质的含量高，灰分低。鸡骨蛋白质及脂肪含量(16.3%，14.5%)，均高于猪骨(12%，9.6%)、牛骨(11.5%，8.5%)、羊骨(11.7%，9.2%)。鸡骨蛋白是较为全价的可溶性蛋白，生物效价高，是优质的蛋白质来源。鸡骨开发利用对缓解我国的蛋白质资源紧张有重要意义。鸡骨油中含脂肪酸丰富、比例适宜，含有人体必需的脂肪酸。鸡骨中大量存在钙、磷、镁、钠、铁、钾、氟盐等矿物质，其中钙(3.95%)、磷(2.04%)含量高，且钙磷比接近2∶1，适合人体吸收。鸡骨含铁量是肉的3倍。除此之外，鸡骨中还含有大量的其他人体必需的营养素，如磷脂质、磷蛋白以及各种氨基酸和维生素A、维生素D、维生素B_1、维生素B_{12}等。其中，含有大脑不可缺少的磷脂质和磷蛋白，可防止衰老和加强皮层细胞代谢的骨胶原蛋白与软骨素，能促进肝功能的蛋氨酶。由此可见，鸡骨具有重要的综合利用和开发价值。

4. 羊骨

近年来，我国养羊业得到快速发展，羊的加工已成为农业增效、农村发展和农民增收的重要产业之一。我国羊制品加工历史悠久，但主要以羊肉制品加工为主。我国的羊肉加工业在改革开放以来取得了一定的发展，主要生产冷冻羊肉和羊肉串、羊肉卷、羊肉干、羊肉松、羊肉汤锅等羊肉制品，加工工艺也由传统的加工工艺逐步实现现代化、工业化的加工。但羊骨作为优秀的蛋白质来源，作为骨素加工的重要原料还未充分利用。

羊骨因部位、年龄等的不同，其化学组成也有差异。其中变动最大的是水分与脂类。羊骨质中含有大量的无机物，其中一半以上是磷酸钙。此外，又含少量的碳酸钙、磷酸镁和微量的氟、氯、钠、钾、铁、铝等。氟含量虽然很少，但它是羊骨的重要成分。

12.2.2　调味料类辅料

正确使用辅料，对提高骨素的质量和产量，增加骨素的花色品种，提高其商品价值和营养价值，保证消费者的身体健康，具有十分重要的意义。生产骨素的原料除了各种骨类，还包括食盐、味精、各种糖类、水解植物蛋白等。

1. 食盐

食盐，是对人类生存最重要的物质之一，也是食品加工中最常用的调味料。食盐的主要成分是氯化钠，精制食盐中氯化钠含量在97%以上。食盐味咸，呈白色结晶体，应无可见的外来杂质，无苦味、涩味及其他异味。

食盐在骨素加工中的主要作用如下：增加适口性，提高鲜度，减少和掩盖异味，平衡风味，赋予食品咸味，延长食品的保藏期，增加和改善食品的风味。食盐在各种用途中，应首推其在饮食上的调味功能，即能去腥膻、提鲜、解腻，又可突出原料的鲜香之味。在骨素中添加食盐，可以提高产品的渗透压，从而抑制微生物的生长，延长产品的保质期。食盐的使用量应根据消费者的习惯和骨素的品种要求适当掌握，通常骨素食盐用量为12%～14%。

2. 蔗糖

蔗糖是食物中存在的主要低聚糖，是一种典型的非还原性糖，是烹饪中最常用的甜味料。蔗糖的甜味仅次于果糖。蔗糖是一种无色透明的单斜晶型的结晶体，易溶于水，较难溶于乙醇。蔗糖的相对密度为 1.588 g/mL，纯净蔗糖的熔点为 185～186 ℃。商品蔗糖主要有冰糖(蔗糖含量 99.9%以上)、白砂糖(蔗糖含量 99%以上)、绵白糖(蔗糖含量 98%以上)、红糖(蔗糖含量 95%以上)，最常用的是白砂糖。白砂糖的熔点为 160～186 ℃。蔗糖在水中的溶解度随着温度的升高而增加，加热至 200 ℃时即脱水形成焦糖。

蔗糖在稀酸或酶的作用下水解，生成等量的葡萄糖和果糖的混合物，这种混合物称为转化糖，促进这个转化作用的酶称为转化酶。转化酶在蜂蜜中大量存在，故蜂蜜中含有大量的果糖。蜂蜜的甜度较大，比葡萄糖的甜度几乎大一倍。

骨素生产中通常采用白砂糖。白砂糖可以调味，为骨素提供必要的甜味，平衡骨素中苦味肽的酸苦味以及食盐的甜味，还可以与骨素水解物中的氨基酸发生美拉德反应，为骨素产品增加风味。一般白砂糖在骨素加工中添加量为 0.5%～1.5%。

3. 葡萄糖

葡萄糖分布广泛，是自然界分布最广的单糖。葡萄糖的甜度为蔗糖的 65%～75%，其甜味有凉爽之感，适宜食用。葡萄糖加热后逐渐变为褐色，温度在 170 ℃以上，则生成焦糖。葡萄糖液能被多种微生物发酵，是发酵工业的重要原料。工业上生产葡萄糖，以淀粉为原料，经酸法或酶法水解制得。

葡萄糖为白色晶体或粉末，常作为蔗糖的代用品，甜度略低于蔗糖。在骨素加工中，葡萄糖除作为甜味料使用外，还可与骨中的氨基酸发生美拉德反应，生成一系列风味物质，为骨素产品带来特有的风味。

4. 谷氨酸钠

谷氨酸钠即味精，是含有一个分子结晶的 L-谷氨酸钠盐。谷氨酸钠为无色至白色棱柱状结晶或粉末，具有独特的鲜味，味觉极限值为 0.03%，略有甜味或咸味。谷氨酸钠是一种增鲜调味品，易溶于水，根据 GB 2760—2011，谷氨酸钠作为增鲜剂可以在食品按需添加。谷氨酸钠能给植物性食物以鲜味，给肉食食物以香味。在汤、菜中放入少许谷氨酸钠，会使其味道鲜美，还能恢复食物在调制过程中丧失的香味。

在骨素加工中，骨中的肽类在压力或酶的作用下，会生成谷氨酸。水解生成的谷氨酸是骨汤鲜味的重要来源。在骨素加工中添加谷氨酸钠，是为了弥补骨汤鲜味的不足，并提升产品的品质。一般谷氨酸钠的使用量为 1.0%～5.0%。

5. 呈味核苷酸

具有鲜味的呈味核苷酸包括肌苷酸、鸟苷酸、胞苷酸、尿苷酸、黄苷酸等。肌苷酸钠是白色或无色的结晶或结晶粉末，性质比谷氨酸钠稳定。与 L-谷氨酸钠合用对鲜味有相乘效应。肌苷酸钠有特殊强烈的鲜味，其鲜味比谷氨酸钠强 10～20 倍。鸟苷酸钠具有呈味性，其呈味性质与肌苷酸钠相似，与谷氨酸钠有协同作用，一般与肌苷酸钠和谷氨酸钠混合使用。在市场上的 5′-呈味核苷酸是 5′-肌苷酸钠与 5′-鸟苷酸钠各 50%的混合物，商品名称为 I+G。I+G 与谷氨酸钠混合使用时可以产生鲜味倍增的效果，降低产品成本。在骨素中添加 I+G 可强化肉类原料的鲜味与香味，并可以抑制食品过咸、过苦、过酸等不良气味，可减少腥味。

6. 水解植物蛋白

水解植物蛋白(HVP)是一种营养型食品添加物，主要用于高级调味品和营养强化食品以及肉类香精的生产。HVP 的制备主要以豆粕粉、面筋、玉米蛋白、花生饼和棉籽等为原料，通过酸法水解或酶法水解将蛋白质分解成氨基酸和短肽。目前工业上主要采用水解效率高的盐酸作为催化剂来制造 HVP，由于酸法水解温度较高(110～113℃)，反应条件激烈，对设备要求也比较高。酶法水解制备 HVP 是以蛋白酶为催化剂。蛋白酶具有高效、专一、反应条件温和等特点，在营养成分的保留上有着不可比拟的优点。酶法水解生成的水解植物蛋白只有短肽和氨基酸，符合食品卫生的要求，因此，酶法水解生产植物蛋白是发展的必然趋势。在骨素生产中添加水解植物蛋白，可以增加骨素的自然风味及鲜味。

7. 酵母提取物

酵母提取物(又称酵母抽提物或酵母浸出物)是一种国际流行的营养型多功能鲜味剂和风味增强剂。酵母提取物以面包酵母、啤酒酵母、原酵母等为原料，通过自溶法(包括改进的自溶法)、酶解法、酸热加工法等来制备。

酵母提取物作为增鲜剂和风味增强剂，保留了酵母所含的各种营养，包括蛋白质、氨基酸、肽类、葡聚糖、各种矿物质和 B 族维生素等。酵母提取物添加到食品中，不仅可使鲜味增加，还可以掩盖苦味、异味，获得更加柔和、丰满的口感。利用自溶法制备的酵母提取物，因鸟苷酸和肌苷酸含量一般在 2%以下，鲜味不够，在发现了核苷酸呈味物质和谷氨酸共存时有增效作用后，将鸟苷酸和肌苷酸作为添加物加入酵母提取物中，以提高酵母提取物的风味和鲜味。

在骨素制品中添加酵母提取物，可以使骨素获得自然醇厚的鲜味，使骨汤的回味更加持久自然。

12.2.3　香辛料

1. 香辛料在骨素加工中的作用

天然香辛料以其独特的滋味和气味在肉制品加工以及骨素加工中起着重要作用。香辛料是某些植物的果实、花、皮、蕾、味、茎、根，它们具有辛辣和芳香性风味成分，其作用是赋予产品特有的风味，抑制腥味或矫正不良气味，增进食欲，促进消化，并且很多香辛料具有抗菌防腐功能，无毒副作用，在骨素加工中添加量没有限制。

2. 香辛料的分类

以芳香为主的香辛料：肉豆蔻、肉桂、桂皮、香叶、丁香、大茴香、小茴香、豆蔻、多香果、花椒、孜然、莳萝子等。

以辣味增进食欲为主的香辛料：辣椒、姜、胡椒、芥末等。

以香气矫臭性为主的香辛料：大蒜、葱类、柠檬叶、紫苏叶、香茅等。

以着色为主的香辛料：红辣椒、黄辣椒、姜黄、藏红花、栀子、紫草等。

3. 香辛料在骨素制品中的使用形式

香辛料整体：香辛料不经任何加工，使用时一般放入水中与骨一起煮制，使呈味物质溶于水中，这是香辛料最传统、最原始的使用方法。在骨素加工时，整粒的香辛料一般包成料包使用。

香辛料粉碎物：香辛料经干燥后根据不同要求粉碎成颗粒或粉状，使用时直接加入锅中与骨一起煮制，这种办法较整体香辛料利用率高。但粉状物直接加入骨汤产品中会有小黑颗粒存在。在骨素加工过程中，香辛料粉及香辛料碎颗粒一般在煮汤时添加。

传统方式加工的香辛料在粉碎过程中温度过高，过高的温度使精油受热挥发掉，会造成香辛料精油 60%～70%损失，使产品的品质下降。利用超低温技术生产的香辛料可以解决上述问题。超低温粉碎加工原理是预先将待粉碎的原料瞬间冷却到−30 ℃脆化点以下，利用其低温脆性将其粉碎。香辛料的有效成分可保存95%以上，精油含量是常温粉碎的产品 3～5 倍。

香辛料提取物：将香辛料通过蒸馏、压榨、萃取、浓缩等工艺即可制得精油，可直接加入骨素产品中。因为一部分挥发性物质在提取时被去除，所以精油的香气不完整。近年来，利用超临界二氧化碳萃取的香辛料精油已经广泛用于骨素的加工。

水溶香辛料粉：利用萃取的香辛料精油，经过乳化剂乳化，然后吸附在食盐、淀粉或麦芽糊精等赋形剂上制备而成，如水溶五香粉、水溶姜粉等。水溶香辛料粉的优点是分散性好，易溶解，有效成分量化。

12.2.4　常用香辛料介绍

常用的单体香辛料介绍如下：

(1) 大葱：作香辛料使用，可压腥去膻，广泛用于酱制、红烧等肉制品的加工，也常用于骨素的生产。

(2) 洋葱：具有调味、压腥、去膻的作用，常用于骨素的加工。

(3) 大蒜：含有强烈的辛辣味，其主要化学成分是挥发性的二烯丙基硫化物，具有调味、压腥、去膻的作用。

(4) 花椒：常用于酱卤肉制品、调理肉制品、骨素制品及调味料的调味，使用量一般为0.2%～0.3%，能赋予制品适宜的麻香味。

(5) 胡椒：是制作咖喱粉、辣酱油、番茄沙司不可缺少的香辛料，也是制作调理肉制品、卤制品常用的香辛料，也常用于骨素产品的加工，其主要作用是去腥提味。

(6) 小茴香：有增香调味，防腐防膻的作用。

(7) 大茴香：有去腥防腐的作用，是肉品加工及骨素加工中广泛使用的香辛料。

(8) 香叶：常用于中式骨素去腥增香，还可以改善西式产品及罐头制品的风味。此外，在汤、鱼等菜肴中香叶也常被使用。

(9) 桂皮：常用于调味和矫味，在烧烤、酱卤制品中加入，能增加肉品的复合香气味，也是骨素加工常用的香辛料。

(10) 肉桂：常用于调味和矫味，在调理肉制品、酱卤肉制品及骨素制品中加入，能增加肉品的复合香气味。

(11) 辣椒：主要用于调整颜色和调味，是骨素加工过程中应用最多的香辛料。利用辣椒与花椒、孜然、洋葱等香辛料搭配，可以调制出麻辣味、香辣味以及烧烤味等不同的风味。

(12) 当归：具有去腥增香作用，是酱卤制品及骨汤制品中常用的香料。

(13) 丁香：对提高制品风味具有显著的效果，用于骨素及酱卤肉制品，可以增加产品的风味。

(14) 山萘：有去腥提香，抑菌防腐和调味的作用，也是卤汁、五香粉的主要原料之一。

(15) 砂仁：有比较强的清凉味，有矫臭去腥、提味增香的作用。

(16) 肉豆蔻：有增香去腥的调味作用和一定的抗氧化作用，在骨素中普遍使用。

(17) 甘草：常用于酱卤制品及骨素产品的调味。

(18) 陈皮：骨素加工中，陈皮常用作卤汁、五香粉等调香料，可增加制品复合香味。

(19) 草果：主要用于酱卤制品及骨素制品，特别是在制作牛骨汤、羊骨汤时放入少许，可去膻压腥味。

(20) 姜：姜具有去腥调味的作用，常用于酱制、红烧制品，也可将其榨成姜汁或制成姜粉等。姜用于骨素的生产，可以去腥提味。

(21) 白芷：具有去腥增香作用，是酱卤肉制品及骨汤制品中常用的香料。

(22) 孜然：可以去腥解腻，并能令其肉质更加鲜美芳香，增加人的食欲。

(23) 迷迭香：在骨素中使用迷迭香，除了用于调味，还有抗氧化作用。

(24) 鼠尾草：常用于西餐料理中及西式骨汤的加工。

12.2.5　其他辅料

1. 淀粉

淀粉是骨素加工传统使用的添加物，淀粉溶液在加热时会逐渐吸水膨胀，最后使淀粉完全发生糊化。淀粉在骨素中使用，可以提高骨素的稳定性和乳化性；在骨素粉及骨汤粉生产中，主要作为微胶囊包埋用的壁材。

在骨素生产中，一般使用变性淀粉给骨素增稠、乳化，并提高固形物含量。变性淀粉是由天然淀粉经过化学或酶处理等而使其物理性质发生改变，以适应特定需要而制成的淀粉。变性淀粉一般为白色或近白色无臭粉末，是在天然淀粉所具有的固有特性的基础上，为改善淀粉的性能，扩大其应用范围，利用物理、化学或酶法处理，在淀粉分子上引入新的官能团或改变淀粉分子大小和淀粉颗粒性质，从而改变淀粉的天然特性(如糊化温度、冻融稳定性、凝胶力、成膜性、透明性等特性)，使其更适合于一定应用的要求。这种经过二次加工，改变性质的淀粉统称变性淀粉。

变性淀粉在骨素加工中可以作为骨汤的乳化剂及稳定剂，使骨素产品不易出油，并保持状态稳定。变性淀粉是用于制作微胶囊的优良壁材。微胶囊技术已经研究了多年，最早是采用阿拉伯胶和糊精作为壁材，已取得良好的包埋效果，但由于壁材的价格高，市场接受程度低。利用变性淀粉作为骨素微胶囊的壁材，现在已经广泛应用于我国的骨素粉、骨汤粉等产品的开发。

2. 麦芽糊精

麦芽糊精是骨素加工传统使用的添加物。麦芽糊精溶液在加热时会逐渐吸水膨胀，最后使麦芽糊精完全发生糊化。麦芽糊精在骨素中使用，可以提高酱料的稳定性和乳化性；在骨素粉及骨汤粉生产中，主要作为微胶囊包埋壁材使用。

在骨素生产中，一般使用变性麦芽糊精给骨素增稠，并提高固形物含量。麦芽糊精是由玉米淀粉经过淀粉酶处理，使淀粉水解为糊精，糊精一般根据淀粉的水解度用 DE 值表示。变性麦芽糊精一般为白色或近白色无臭粉末，略有甜味。

以麦芽糊精作为骨素粉与骨汤粉的原料使用，只能起到载体与壁材的作用，基本无乳化剂包埋作用，但其价格便宜，不易吸潮，溶解性好，得到了广泛的使用。

3. 蔗糖脂肪酸酯

蔗糖脂肪酸酯简称蔗糖酯(sugar esters，SE)，是一种非离子表面活性剂，由蔗糖和脂肪酸经酯化反应生成的一种或几种化合物。因蔗糖含有 8 个—OH，因此经酯化，从单酯到八酯的产物均可生成。蔗糖酯以蔗糖的羟基端为亲水基，以脂肪酸的碳链部分为亲油基，使蔗糖酯的 HLB 值非常广泛，即可用于油包水乳化，又可用于水包油乳化。生产蔗糖酯的脂肪酸常用硬脂酸、油酸、棕榈酸等高级脂肪酸(产品为粉末状)，也用乙酸、异丁酸等低级脂肪酸(产品为黏稠树脂状)。

蔗糖脂肪酸酯为白色至黄色的粉末，或无色至微黄色的黏稠液体或软固体，无臭或稍有特殊的气味。易溶于乙醇、丙酮。单酯可溶于热水，但二酯或三酯难溶于水。单酯含量越高，亲水性越强；二酯和三酯含量越多，亲油性越强。根据蔗糖羟基的酯化数，可获得由亲油性到亲水性不同 HLB 值(1～16)的蔗糖脂肪酸酯系列产品。具有表面活性，能降低表面张力，同时有良好的乳化、分散增溶、润滑、渗透、起泡、黏度调节、防止老化、抗菌等性能。软化点 50～70℃，分解温度 233～238℃，有旋光性。在酸性或碱性时加热可被皂化。蔗糖脂肪酸酯在骨素生产中主要作乳化剂，用于白汤及粉末油脂的生产。高品质的蔗糖脂肪酸酯无臭无味无毒，是一种良好的食品乳化剂。

4. 阿拉伯胶

阿拉伯胶曾经是食品工业中用途最广及用量最大的水溶胶，目前全世界年需要量仍保持在 4 万～5 万吨。阿拉伯胶具有良好的乳化特性，特别适合于水包油型乳化体系，广泛用于骨素及乳化香精中作乳化稳定剂；它还具有良好的成膜特性；作为微胶囊成膜剂，将骨素或骨油或其他液体原料转换成粉末形式，可以延长风味品质并防止氧化。

5. 大豆油

大豆油是世界上产量最多的油脂。大豆油的种类很多，按加工方式可分为压榨大豆油、浸出大豆油；按大豆的种类可分为大豆原油、转基因大豆油。

压榨大豆油：大豆经直接压榨制取的油。

浸出大豆油：大豆经浸出工艺制取的油。

转基因大豆油：用转基因大豆制取的大豆油。

大豆原油：未经任何处理的不能直接供人食用的大豆油。

成品大豆油：经处理符合国家标准成品油质量指标和卫生要求的直接供人食用的大豆油。

从营养价值看，大豆油中含棕榈酸 7%～10%，硬脂酸 2%～5%，花生酸 1%～3%，油酸 22%～30%，亚油酸 50%～60%，亚麻油酸 5%～9%。大豆油的脂肪酸构成较好，它含有丰富的亚油酸，有显著降低血清胆固醇含量、预防心血管疾病的功效，大豆中还含有多量的维生素 E、维生素 D 以及丰富的卵磷脂，对人体健康均非常有益。另外，大豆油的人体消化吸收率高达 98%，所以大豆油也是一种营养价值很高的优良食用油。在骨素加工中，有些工艺需要油炸处理或香辛料爆香处理，如鱼汤和某些骨汤的加工，此时一般选用大豆油来进行加工。

6. 菜籽油

菜籽油俗称菜油，又称香菜油，是以十字花科植物芸苔(即油菜)的种子榨制所得的透明或半透明状的液体。菜籽油色泽金黄或棕黄，有一定的刺激气味，民间称作“青气味”。这种气体是其中含有一定量的芥子苷所致，但特优品种的油菜籽则不含这种物质，如高油酸菜籽油、双低菜籽油等。菜籽油香气浓郁，具有特殊的风味，常用于骨素产品的加工。在骨素加工中，可以用菜籽油将香辛料爆香处理，然后通过乳化技术将溶有香辛料风味的菜籽油添加到骨汤中，为产品带来特殊风味。

12.3　骨素的生产工艺

以新鲜畜禽骨为原料，经破碎、高温蒸煮、酶解、过滤和真空浓缩等步骤可得到营养丰富、味道鲜美的骨类抽提物，包括骨素和骨油等(图 12.1)。骨白汤在浓缩后，若分离出骨油，则为骨清汤，包括牛骨清汤、猪骨清汤、鸡骨清汤等，为浅褐色至深褐色膏体。若将清汤再进行喷雾干燥，即得到骨素粉，骨油经过包埋乳化处理，经喷雾干燥后，可得到粉末骨油，使用更方便。

骨素中含有超过 30%的蛋白质，有的甚至达到 50%，比鲜肉(含蛋白质约 20%)中要高得多。在骨素的生产过程中，大分子蛋白质降解为多肽和氨基酸，易于被人体消化吸收。骨素是天然调味料之一，由于骨素中除含有各种复杂的鲜味成分外，还保留了畜禽骨髓和肉中天然的香气成分并具有浓厚的口感，所以可在骨素中广泛应用。

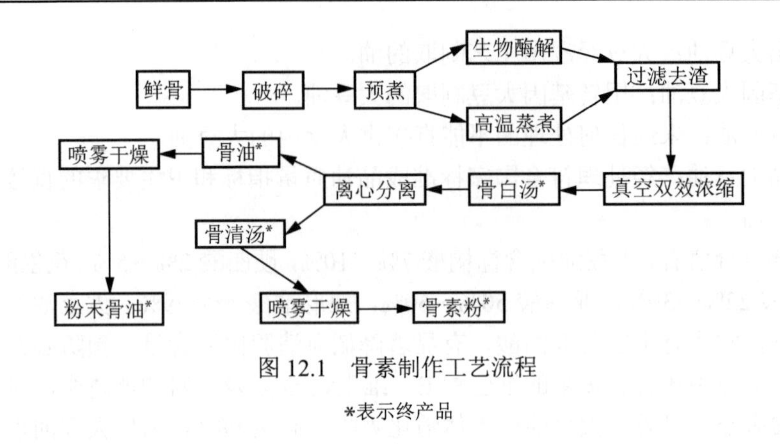

图 12.1　骨素制作工艺流程

*表示终产品

12.3.1　酶解法生产骨素

利用蛋白酶对骨进行酶解，可以将骨中的胶原蛋白水解成胶原多肽及氨基酸，成为营养丰富的骨汤产品，使之更易被人体消化吸收，发挥骨的营养功效。对骨进行酶解可以使骨的营养价值更好地发挥，使之变废为宝，提高禽畜产品的综合经济效益。

1. 酶解的基本理论

1）酶法生产骨素的优点

利用酶解法生产骨素，水解的温度比较温和，骨中的各种营养成分不易破坏，且可以根据需要，控制蛋白质的水解程度，从而节省能耗。但利用酶解技术生产骨汤，产品的风味较差(易产生发苦发酸的苦味肽)，产品的出成率也比较低。

蛋白质水解后的产物称为蛋白质水解物，一般按生产方式分为化学(利用酸碱)降解法和生物(利用微生物或酶)降解法。用酸碱的作用使肽链断裂成小分子的物质，这种方法属于化学法。酸法水解多采用强酸催化，在高温条件下反应，不仅反应强烈还严重腐蚀设备，并且反应过程中由于水解彻底会生成氨基酸混合物，对有些氨基酸破坏严重，尤其色氨酸被完全破坏，因此这种方法目前已经淘汰。碱法水解容易使氨基酸消旋，生成有毒物质，基本无生物利用价值，故不宜采用。

在20世纪80年代，随着食品工业的不断发展尤其是酶制剂技术的不断提高，酶解技术在骨汤的制备中应用越来越广泛。利用酶法水解生产骨汤反应温度低、时间短、无污染，骨汤营养价值高。酶法水解骨原料后的水解物以多肽和L-游离氨基酸为主，溶解性好并且易于人体吸收，因此酶工程及酶法生产骨汤的应用越来越广泛。酶法水解骨蛋白提取率高，一般可达70%以上，同时酶解工艺的条件易控制，可在一定条件下通过靶向酶解产生特定的肽。另外，酶法水解蛋白所得水解物还具有产品理化性好、营养价值高等特点。

骨蛋白以胶原蛋白为主，其分子形成一种三股超螺旋结构，十分稳定，这种结构在一般的加工温度及短时间的加热条件下都很难被破坏，因此常规的骨汤产品不仅口感差，而且不易消化吸收。利用酶解的方法将其中的胶原蛋白分解为多肽和氨基酸，使之容易消化吸收，不仅改善了其营养价值，提高了功能特性及生理效果，而且溶解性、热稳定性等功能性质也更加优越。将胶原蛋白水解为多肽后还可以最大程度地发挥胶原的功能，如：①营养效果好，易于消化吸收，消化吸收率可以达到百分之百；②具有保护胃黏膜及抗溃疡的作用；③可促进骨质形成，加强对钙质的吸收，从而提高骨强度，预防骨质疏松；④有抑制血压上升的作用；⑤可促进皮肤的胶原代谢，具有美容的功效。蛋白质部分水解后可产生许多低相对分子质量的多肽及肽段。这些肽段具有比原蛋白质分子更高的功能活性及营养特性，所以酶解技术可以提升食品及其副产物的营养及附加值。

2）酶的选择

酶法水解骨蛋白的关键在于酶的选择，选用的酶不仅应该符合食品安全，还应该可以满足生产的需要。骨基质中的有机成分胶原蛋白占到 90%，能够水解胶原蛋白的酶种类很多，主要为各种蛋白酶。蛋白酶在生物界分布极广，可分为动物蛋白酶(如胃蛋白酶、胰蛋白酶等)、植物蛋白酶(如木瓜蛋白酶、菠萝蛋白酶、无花果蛋白酶等)和微生物蛋白酶 3 类。在实际生产中如没有特殊要求，一般根据酶作用的强弱及价格选用已工业化的酶。不同的酶对底物的作用位点不同，水解后产物的相对分子质量分布也有区别，因此选择合适的酶非常重要和关键。如在降低苦味的同时又想得到适宜的多肽，可以选用兼有内切酶和外切酶双重活性的复合蛋白酶。在实际生产中，酶的初步纯化非常有必要，纯化不仅可以除去其中的物理杂质，提高酶活性，而且具有改善酶及水解产物色泽的作用。目前在实际生产以中性蛋白酶、碱性蛋白酶、木瓜蛋白酶、胰蛋白酶等应用比较广泛。由于蛋白质自身结构的复杂性以及产物组成多样性的特点，目前多采用多种生物酶联合作用的酶解方式，使酶解的效果更好。

3）影响酶解的因素及酶解机理

骨骼是由胶原纤维和埋藏在胶原纤维基质中的羟基磷灰石的微晶体组成的，结构坚硬致密。胶原纤维的双股超螺旋结构通过分子内和分子间交联得到进一步的稳定和增强，因此，一般短时间的加工及低温加热都很难破坏其结构，因此骨中蛋白质的利用受到限制。将畜禽骨在酶解前进行加热预处理，可使骨粒软化，蛋白质热变性，使部分弱键断裂，内部非极性基团暴露于分子表面，可加快骨蛋白的水解速度，提高水解效果。酶解过程中的条件选择和控制也很关键，酶解过程中的 pH、酶解温度、酶解时间、底物浓度、最佳 E/S 都对酶解过程产生影响。pH 对酶催化反应的影响主要表现在影响酶的稳定性及酶催化底物转变成产物，在不同的 pH 下，蛋白酶对骨的水解速度不同。酶解温度主要影响酶催化的速度和酶的稳定性，在一定温度范围内升高温度可加快底物向产物的转换，酶解效率也相应提高。但温度过高会使酶蛋白变性，降低酶解效率。不同的酶解时间对酶解产物的氨基酸组成影响较大，而底物浓度则对反应速率起着重要作用。料液比过小会导致水解不彻底，蛋白质提取率低；料液比过大虽有助于水解的进行，提高蛋白质提取率，但导致产物浓度过低，浓缩时能耗过大。故生产中控制合适的料液比十分重要。*E*/*S* 即酶浓度与底物浓度之比，比酶浓度本身更能反映酶解过程中的反应速率特征。当底物浓度一定，而酶的添加量又未使底物浓度达到饱和，则 *E*/*S* 越大，则反应速率越快，蛋白质的水解率也越高。但 *E*/*S* 过大时生产成本也会相应提高，同时还可能导致酶自身的相互水解使酶活性降低。

蛋白酶按其水解蛋白质的方式不同可分为内切酶(proteinase)和外切酶(peptidase)两种。

内切酶针对蛋白质分子内部肽键—CO—NH—作用，可将蛋白质水解成小分子的肽类。内切酶包括动物蛋白酶、植物蛋白酶和微生物蛋白酶。

外切酶可将蛋白质或多肽分子的氨基或羧基末端的肽键切开，而水解出游离的氨基酸。外切酶仅作用于肽链的末端，可将蛋白质多肽链从末端开始逐一地水解成为氨基酸。按其作用部位不同，又可将作用于羧基端的称为羧肽酶，作用于氨基端的称为氨肽酶，作用于二肽的称为二肽酶。另外，外切酶可以将位于肽链末端的疏水氨基酸水解，从而降低酶水解物的苦味。

根据实际生产的需要以及酶解物的结构差异，生产中应选择具有适宜切割位点的酶，从而获得风味更好的水解产物。生产中可以利用蛋白酶的底物专一性，通过靶向酶解技术定向获得特殊结构的多肽。表 12.6 列出了几种常见蛋白酶的主要切割位点和最适 pH 范围。

表 12.6　常见蛋白酶的特性

名称	来源	最适 pH	切割位点
胃蛋白酶	胃黏膜	2.0～3.0	Phe-、Leu-
胰蛋白酶	胰脏	7.0～9.0	Arg-、Lys-
凝蛋白酶乳	胰脏	3.7	Tyr-、Trp-、Phe-、Leu-
菠萝蛋白酶	菠萝果实	5.0～7.5	Lys-、Ala-、Tyr-、Gly-
木瓜蛋白酶	木瓜果实	5.0～7.5	Arg-、Lys-、Phe-X-
Neutrase	解淀粉芽孢杆菌	5.5～7.5	—
Protamex	地衣芽孢杆菌	5.5～7.5	Ala-、Leu-、VaL-、Try-、Phe-、Thy-
Alcalase	嘉士伯枯草杆菌	6.5～8.5	—
Flavouryme	米曲霉		

4）骨蛋白酶解液的脱苦

（1）苦味产生的原因。产生苦味的物质称为苦味肽，是由疏水性氨基酸残基所组成，长度从几个到十几个氨基酸残基不等。蛋白质分子的疏水性侧链是藏在内部的，一般不会与味蕾接触，所以人尝不到蛋白质的苦味。而当蛋白质分子水解时，其内部的疏水性氨基酸侧链暴露出来，与味蕾接触，人便会感觉到苦味。蛋白质的种类、酶的种类以及水解度都会影响到苦味的强弱。当疏水性氨基酸位于肽链的非端基位置时，其苦味表现最强。苦味由强到弱顺序为：非端基肽＞端基肽＞游离氨基酸。

（2）蛋白质水解液的几种脱苦方法。蛋白酶解物的应用受到苦味限制，因此对蛋白酶解物进行脱苦非常重要。目前常用的几种脱苦方法如下：

a. 选择性吸附：根据疏水性肽可用疏水性吸附剂选择性分离，用活性炭、玻璃纤维、酚甲醛树脂、多糖凝胶等处理酶解物，可以使酶解物脱去苦味，但此法会导致蛋白氮严重损失，从而降低酶解物的营养价值。

b. 类蛋白反应：浓度 20%左右的蛋白质水解物与蛋白酶在一定条件下可以形成凝胶状蛋白质物质，通过转肽作用利用类蛋白反应可以形成氨基酸侧链的疏水性的肽，这些肽由于难以溶解而聚集沉淀，便隐藏起来不能与味蕾接触从而达到脱苦的效果，这种方法的缺点是不能获得可溶性蛋白质水解物。

c. 掩蔽脱苦：主要利用向水解物中加入多聚磷酸盐、淀粉、有机酸、甘氨酸、β-环糊精、浓缩乳清蛋白、脱脂奶等可以起到掩蔽作用，从而达到脱苦的目的。

d. 使用外切酶脱苦：疏水氨基酸未在端基的肽表现出较强的苦味，采用外切酶将疏水性氨基酸从末端水解掉，或者将疏水性氨基酸从肽链中部逐渐移向末端，均可使苦味减弱。这种方法会产生大量游离氨基酸和小分子的肽，导致水解物渗透压增加，易引起腹泻等消化吸收问题。

2. 酶解骨素的生产工艺

目前，国内的生产企业，利用酶生产骨素/骨汤产品，一般采用如下工艺(图 12.2)。

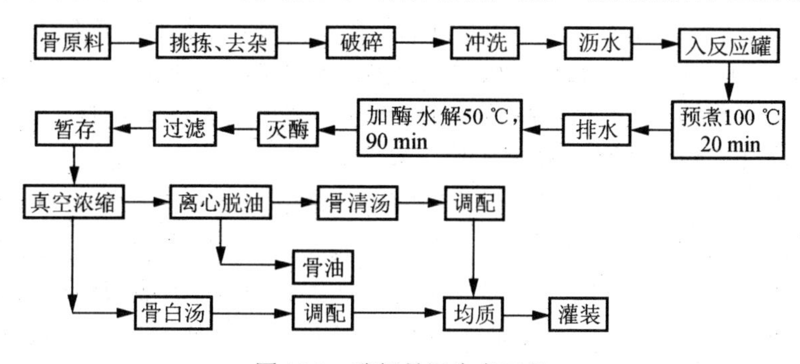

图 12.2　酶解骨汤生产工艺

1）预处理

制骨素的骨原料可以采用解冻或新鲜的畜禽骨。采用人工选检的方式将原料中的异物(包括石子、腺体、毛发、血块、包装物等)挑出。然后将畜禽骨加入提升机，提升至骨破碎机进行破碎。破碎后的畜禽骨加入吊笼，然后用水冲洗吊笼中的畜禽骨，将血水沥干。在反应罐内加入适量清水和生姜，骨与水的比例一般为 1 : 1.5。将反应罐通入蒸气，使水温升至 100 ℃，预煮 20 min。预煮完毕，将反应罐内的血水排出。破碎处理禽畜骨不溶于水，如果直接进行酶解使得酶制剂不易与骨中蛋白质充分接触，影响酶解效果。在实际生产过程中，常用骨破碎机对禽畜骨进行破碎处理。骨进行破碎处理后，骨的表面积增大，使更多的骨可以接触到蛋白酶，从而加快骨的酶解速度。

预煮：对禽畜骨进行预煮处理，会使蛋白质发生变性，保持蛋白质结构的肽键断裂，使蛋白质分子溶解于水中。由于酶解过程是在水中进行的，蛋白质溶于水中可使其分子内部的非极性基团暴露于分子表面，增加水解部位，利于酶解。因此要使骨蛋白高度致密的结构松散开来，溶于水中，暴露分子内部的作用位点，利于与蛋白酶结合，加快酶解速度，提高骨蛋白的水解度就必须对骨进行酶解预处理。骨原料经过预煮，还可去除残余在骨内部的血水并减少腥膻味，从而改善产品的色泽及风味。利用预煮，还可除去骨原料中的大部分微生物，使之在随后的酶解过程中，产品不会发生腐败变质。

2）酶解

在酶解过程中，需开启搅拌，使酶解反应均匀。也可采用水循环的模式，利用水流自身的剪切力，使酶解罐内液体浓度均匀，酶解反应得以顺利进行。

(1) 温度对水解度的影响。蛋白酶随水解温度上升，酶活性随之上升，在温度 50～55 ℃，酶活性达到最大。然后，随着温度继续升高，酶活性则下降，直到酶完全失活为止(图 12.3)。碱性蛋白酶在 50 ℃时酶活性最大，水解度可达 23.02%，50 ℃之后，随着温度的上升，水解度下降。木瓜蛋白酶随着温度升高其水解度也随之增大，当温度达到 55 ℃时，水解度达到最大 17.47%，55 ℃之后随着温度的上升，水解度下降。复合蛋白酶也是随着温度的升高，酶活性逐渐增大，在 55 ℃时达到最大。而中性蛋白酶和风味蛋白酶都在 50 ℃时酶活性最大，之后开始逐渐下降。木瓜蛋白酶、复合蛋白酶的最佳酶解作用温度为 55 ℃，中性蛋白酶、碱性蛋白酶和风味蛋白酶的最佳酶解温度为 50 ℃。

(2) pH 对水解度的影响。每种蛋白酶都有最适 pH，只有在最适 pH 环境下，才能发挥蛋白酶的最佳水解效果(图 12.4)。通过实验可知，中性蛋白酶的最佳酶解的 pH 为 7 左右，而对于木瓜蛋白酶、碱性蛋白酶、复合蛋白酶和风味蛋白酶最佳酶解的 pH 为 8 左右。经测定，预处理后的骨溶液 pH 为 7.0～7.9，酶解反应终止后溶液的 pH 约为 7.6，对碱性蛋白酶、木瓜蛋白酶、风味蛋白酶、复合蛋白酶的最佳酶解 pH 差别不大，并且为了避免调节 pH 时引入杂质，因此在生产上，对酶解液的 pH 均不作调整。

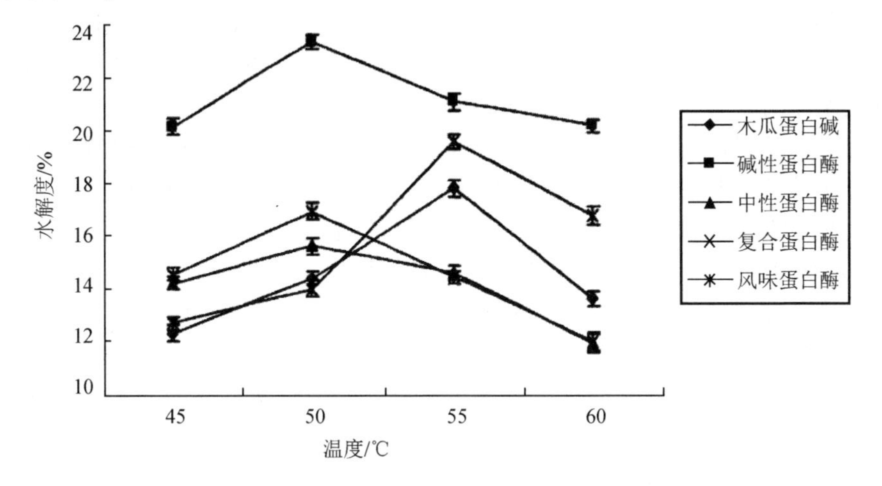

图 12.3　温度对酶水解度的影响

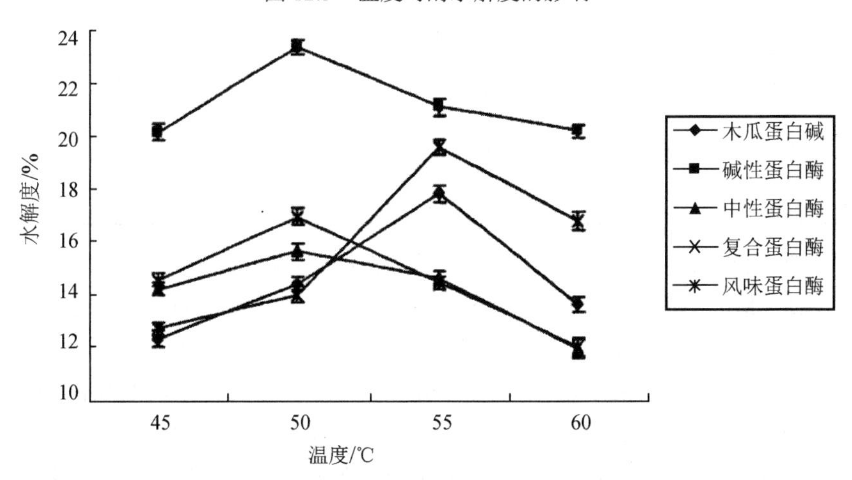

图 12.4　不同蛋白酶对酶水解度的影响

（3）料液比对水解度的影响。在实际生产过程中，料液比对酶活性的影响也比较大。料液比过小会导致水解不彻底，蛋白质提取率低；料液比过大虽有助于水解的进行，提高蛋白质提取率，但导致产物浓度过低，浓缩时能耗过大。故生产中控制合适的料液比十分重要。目前，在实际生产过程中，骨原料与水的比例一般控制在 1∶1.5～1∶3。

（4）加酶量对水解度的影响。在酶解过程中，随着加酶量的增加，酶的水解度也随之增加，但达到一定浓度后，增加非常缓慢，基本维持平衡。木瓜蛋白酶的水解度随着加酶量的增加而逐渐增加，当加酶量达到 5000 u/g 时，上升趋势缓慢，确定其最佳加酶量为 5000 u/g。风味蛋白酶、碱性蛋白酶和中性蛋白酶均有相似趋势，在猪骨粉酶解过程中最佳加酶量均为 5000 u/g。复合蛋白酶的水解度在加酶量 4000 u/g 时达到最大水解度，之后随着加酶量的增加，其水解度增长趋势十分缓慢。

（5）水解时间对水解度的影响。蛋白酶在水解过程中，随着酶解时间的增加，水解度也有所增加，但到一定时间后，增长缓慢甚至有所下降。因为随着水解时间的延长，酶作用的底物减少，酶活性出现下降。碱性蛋白酶水解时间 4 h 时水解度达到最大，之后开始逐渐下降。木瓜蛋白酶也在 4 h 水解度达到最大值。中性蛋白酶和风味蛋白酶都随着酶解时间的延长，水解度增加，当酶解时间 5 h 时水解度达到最大，之后开始降低。而复合蛋白酶的水解度在酶解 3 h 时达到最大。故对于骨素酶解，各酶的最佳水解时间为：木瓜蛋白酶 4 h，碱性蛋白酶 4 h，中性蛋白酶 5 h，复合蛋白酶 3 h，风味蛋白酶 5 h。根据相关实验，各种酶的最佳酶解条件见表 12.7。

表 12.7 各种酶的最佳酶解条件

项目	木瓜蛋白酶	碱性蛋白酶	中性蛋白酶	复合蛋白酶	风味蛋白酶
最适温度/℃	55	50	50	50	50
最适 pH	8.0	8.0	7.0	8.0	8.0
最适料液比/%	7	7	7	7	7
最佳酶解时间/h	4	4	5	3	5

五种酶中在同等水解条件下，碱性蛋白酶水解物的水解度最大，即碱性蛋白酶的活性最高，水解能力最强，复合蛋白酶次之，中性蛋白酶、风味蛋白酶和木瓜蛋白酶较弱，以水解能力作为选择蛋白酶的评价指标时，应选择碱性蛋白酶，因其水解能力最强，酶的水解速度快，能满足实际生产的要求。在实际生产过程中，还要考虑水解产物的风味。风味蛋白酶的水解产物风味最佳，木瓜蛋白酶次之，所以，在实际生产过程中以木瓜蛋白酶加风味蛋白酶的组合应用最为广泛。

3）过滤

酶解反应完毕，将酶解液泵入离心过滤机进行过滤，滤液泵入暂存罐。过滤可以有效除去酶解液中的骨渣及其他不溶性固形物，方便后面的浓缩、乳化工序。工厂在生产过程中，可采用多种离心机进行过滤。最常用的是利用离心过滤机进行过滤。离心过滤机转鼓壁上有许多孔，转鼓内表面覆盖过滤介质，一般为 60～120 目的滤网。加入转鼓的悬浮液随转鼓一同旋转产生巨大的离心压力，在压力作用下悬浮液中的液体流经过滤介质和转鼓壁上的孔甩出，固体被截留在过滤介质表面，从而实现固体与液体的分离。悬浮液在转鼓中产生的离心力为重力的千百倍，使过滤过程得以强化，加快过滤速度，获得含湿量较低的滤渣。固体颗粒大于 0.01 mm 的悬浮液一般可用离心过滤机过滤。

4）浓缩

酶解液过滤后，由于其固形物比较低(因水解的底物及工艺参数不同，刚过滤完的水解液的固形物含量一般为 1%～10%)，一般需要进行浓缩处理。浓缩一般采用蒸发的方法进行。常用的浓缩方法有常压浓缩以及真空浓缩。

(1) 常压浓缩。常压浓缩可在夹层锅或反应釜内直接进行，开启搅拌可加快浓缩速度。常压浓缩设备简单，操作方便。但常压浓缩比较耗能，且浓缩的骨汤风味不佳。在浓缩过程中，很多风味物质与空气中的氧气接触，在高温下氧化，导致产品风味不佳。

(2) 真空浓缩。在实际生产过程中，较多利用真空浓缩工艺。真空浓缩具有很多优点。液体物质在沸腾状态下水分的蒸发速度很快。因为水的沸点受压力影响而变化，压力增大，沸点升高，压力小，沸点降低。例如，牛奶在 101 kPa 下，沸点为 100 ℃，而在真空度 82.7～90.6 kPa 下，沸点仅为 45～55 ℃。由于在较低温度下蒸发，物料不受高温影响，避免了热不稳定成分的破坏和损失，更好地保存了原料的营养成分和香气。特别是某些氨基酸、黄酮类、酚类、维生素等物质，可防止受热而破坏。而一些蛋白质、糖类、胶原蛋白等黏性较大的物料，低温蒸发可防止物料因温度过高出现的焦化。

5）调配

经过浓缩工艺的骨素，是一种粗提的原料，可以用于肉味香精及调味料的生产，但不能直接用于餐饮产品及预包装食品的生产。酶解的骨素要做到商品化，还需要经过一定的调配。

调配是调整产品的状态、口味、口感、风味，并对产品的防腐保鲜做一定的处理。表 12.8 为骨素生产常用配料。

表 12.8　骨素生产常用配料

主要原料	说明
变性淀粉	乳化骨素中的脂肪，增加产品黏度，调整产品状态，增加固形物含量
黄原胶	乳化骨素中的脂肪，增加产品稠度，调整产品状态
瓜尔豆胶	乳化骨素中的脂肪，增加产品稠度，调整产品状态
食盐	调整味道与口感，当食盐含量高于 10%，还可起到防腐作用
白砂糖、葡萄糖	调整味道，消除苦味肽带来的不良影响
味精、I+G、干贝素	调整产品的鲜味，提升味道，消除不良味道
水解植物蛋白(HVP)	增加产品鲜味，提升口感
酵母抽提物(YE)	增加产品鲜味，提升口感
香辛料粉/精油	香辛料可以消除产品中腥味，并为产品带来特殊风味。用香辛料粉，操作简单，成本低，但会给产品带来小黑点，采用香辛料精油可以避免以上缺点
香精、香料	调整产品风味

续表

主要原料	说明
维生素 E	抗氧化、增加产品营养
D-异抗坏血酸钠	抗氧化、保鲜
山梨酸钾、乳酸链球菌素、双乙酸钠等	防腐、抗氧化

在实际生产过程中，将得到的浓缩骨素滤液，按比例加入食盐、白砂糖、味精、I+G 等辅料，加热至 90℃，保温 30 min，保温时要不断搅拌。保温可以使白砂糖等辅料充分溶解，使各种风味物质风味融合，还可以对产品进行灭菌。最后加入 D-异抗坏血酸钠、乙基麦芽酚、变性淀粉等辅料，搅拌均匀后均质。

6）均质

均质是食品及化工行业生产中常用的一项技术。食品加工中的均质就是指料液在挤压、强冲击与失压膨胀的三重作用下使物料细化，从而使物料能更均匀地相互混合，如骨素制品加工中使用均质机使骨素中的脂肪破碎得更加细小，从而使整个产品体系更加稳定。骨素会看起来更加洁白。均质主要通过均质机、胶体磨等设备来进行，对于固形物较少的产品，也可采用高速剪切罐进行均质。

在骨素加工中，骨素中的脂肪在强力的机械作用下，大的脂肪球破碎成小的脂肪球，使之均匀一致地分散在骨素中，可有效防止脂肪球上浮。在骨素生产过程中，由于骨素本身含盐量比较高，不需要单独进行灭菌，所以均质一般安排在调配之后。均质不仅可以防止脂肪球上浮，还具有其他一些优点：经均质后的骨素脂肪球直径减小，使风味更佳，易被人体消化吸收。

7）灌装

酶解骨素经过浓缩、调配、均质等工序，变为比较黏稠的膏体，所以灌装机主要为膏体灌装机。目前国内常用于盛装的容器有塑料桶、铝箔袋、马口铁罐、马口铁桶等，对应不同的包装容器，灌装机也不相同(表 12.9)。

表 12.9 骨素主要灌装方式

包装机	包装材料	说明
给袋式膏体灌装机	铝箔袋、多层复合袋	采用卷膜现场塑封，自动计量，自动灌装，自动封口
喂罐式膏体灌装机	马口铁罐	喂罐式设计，自动计量，自动灌装，自动封口
膏体灌装机	马口铁桶	自动计量，自动灌装，自动封口

均质后的产品要及时用管道送入灌装间进行灌装。灌装间为一个相对独立封闭的车间，灌装机及包材均设在其中。因为在灌装前产品完全在封闭的管道中运行，只有在此工序与空气接触，所以灌装间的卫生要求非常高，在灌装生产过程前及生产过程中，要严格消毒。

12.3.2　热压法生产骨素

目前在国内，除了酶解法生产骨素，还有热压抽提骨素。热压抽提包括加压抽提和常压抽提。加压抽提时需要在密闭的加压容器中反应，反应温度在 100 ℃以上，一般在 120 ℃左右反应，产品得率也比较高，单产品的风味稍差。常压抽提一般在敞口的容器中进行反应，不需加压。反应时的温度在 100 ℃左右，反应条件相对温和，产品风味也比较好，但产品得率比较低。

目前，利用热压抽提骨素，一般的生产工艺见图 12.5。

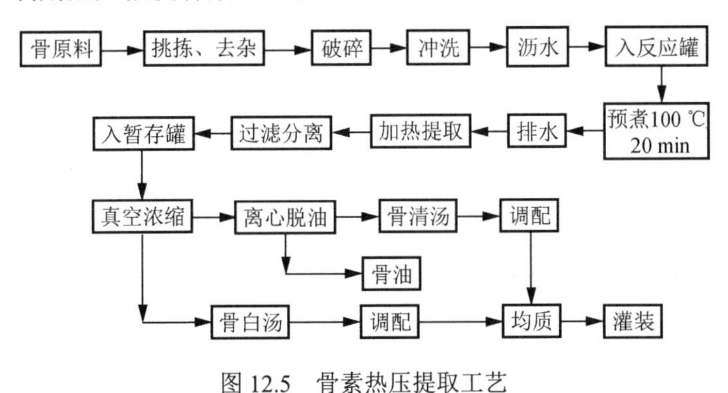

图 12.5　骨素热压提取工艺

1. 预处理

制骨素的骨原料可以采用解冻或新鲜的畜禽骨。采用新鲜的畜禽骨，制得的骨素风味更佳，但原料的供应要有足够的保障。采用冷冻的畜禽骨，原料供应有保障，但产品的风味比以鲜骨为原料制得的骨汤稍差。各工厂可以根据实际情况进行选择。鲜骨可以直接加工，冻骨需要解冻后才能加工。目前采用的解冻方式有 0~4 ℃自然解冻，也有净水解冻，以及高压蒸汽解冻。鲜(冻)禽骨如需骨肉分离可先进行骨肉分离，骨渣用清水浸泡清洗，除杂去血水，用清水冲洗一次后投料。不需要骨肉分离时，直接用清水浸泡清洗，除杂去血水，用清水冲洗一次后投料。

大块的畜骨，如猪骨、牛骨、羊骨等宜先进行破碎，破碎时可在室温下进行，碎骨后用清水浸泡清洗，除杂去血水，用清水冲洗一次后投料。原料骨经清洗除杂后，将畜禽骨加入提升机，提升至骨破碎机进行破碎。破碎后的畜禽骨加入吊笼，然后用水冲洗吊笼中的畜禽骨，将血水沥干。不需破碎的骨(如鸡骨、鱼骨)时可直接用清水浸泡清洗，除杂去血水，用清水冲洗一次后投料。

在反应罐内加入适量水，骨与水的比例一般为 1∶1，加水后液面不超过罐体的 2/3。将反应罐通入蒸汽，使水温升至 100 ℃，预煮 20～30 min。预煮完毕，将反应罐内的血水排出。禽畜骨不溶于水，如果直接进行加压抽提，水与骨中蛋白质不能充分接触，影响抽提效果。在实际生产过程中，常用骨破碎机对禽畜骨进行破碎处理。骨进行破碎处理后，骨的表面积增大，从而加快骨的抽提速度。

对禽畜骨进行预煮处理，会使蛋白质发生变性，保持蛋白质结构的肽键断裂，使蛋白质分子溶解于水中。由于热压水解过程是在水中进行的，蛋白质溶于水中可使其分子内部的非极性基团暴露于分子表面，增加水解部位，利于热压抽提。因此要使骨蛋白高度致密的结构松散开来，溶于水中，提高骨蛋白的水解度就必须对骨进行预处理。骨原料经过预煮，还可去除残余在骨内部的血水并减少腥膻味，从而改善产品的色泽及风味。利用预煮，还可除去骨原料中的大部分微生物，使之在随后的酶解过程中，产品不会发生腐败变质。

2. 常压提取

提取前，先将预煮产生的泡沫去除，再将预煮的水放掉。然后按 1 : 1 加水淹没物料，加水后液面不超过抽提罐的 2/3。加水时开始升温，温度升至水沸腾后开始恒温，恒温时间为 180 min 以上，恒温结束后缓慢移液，根据实际需要选择是否二次抽提。

常压提取时，要保证水蒸气的回流，以防止水分蒸发剧烈，造成煳锅。在提取过程中，为了使骨素提取均匀，可以开启搅拌，可以利用料液的循环代替搅拌。如搅拌比较剧烈，会产生自然乳化，可以得到白汤。如要制取清汤，应降低加热的功率并减少搅拌，使骨油自然分层，方便后面的离心脱油工艺。

3. 加压提取

利用热压法生产骨素，热压抽提的压力、温度以及时间是关键。提取前，先将预煮产生的泡沫去除，再将预煮的水放掉。然后按 1 : 1 加水淹没物料，加水后液面不超过抽提罐的 2/3。加水时开始升温，温度升至水沸腾后继续加压。加压至 0.13 MPa，温度 121 ℃时开始恒温，恒温时间为 60 min 以上，恒温结束后缓慢移液，根据实际需要选择是否二次抽提。也有的工厂采用 0.15 MPa、135 ℃的工艺参数进行提取。

在加压提取过程中，为了使骨素提取均匀，可以开启搅拌，可以利用料液的循环代替搅拌。如搅拌比较剧烈，会产生自然乳化，可以得到白汤。如要制取清汤，应降低加热的功率并减少搅拌，使骨油自然分层，方便后面的离心脱油工艺。

4. 过滤及分离

对抽提完的料液过 60～120 目滤网，除去料液中的骨渣。对过滤后的料液进行油水分离，先放下层汤液进入浓缩罐，油水层用离心分离机进行油水分离，上面油层直接放入储油罐中得到骨油产品，料液脱脂后得到骨素(骨抽提物)原液。

5. 浓缩

成品为液态骨素(骨抽提物)的直接把骨素(骨抽提物)原液移液至下道工序，或浓缩至固形物含量小于 10%后进入下道工序。

骨素原液可采用真空浓缩进行浓缩，浓缩温度保持在 45～60℃。浓缩时应控制料液进液速度，以防止出现大量气泡时降低真空度，并防止跑料。根据实际需求浓缩至固形物含量为 45%～55%，得到半固态骨素(骨抽提物)半成品。停机前应复测一次，确保达到要求后进入下道工序。

6. 调配

按实际需要选择加盐或不加盐。如需加盐，按骨素配方要求缓慢加入食用盐及其他辅料，搅拌至充分溶解。在调配时，也可将分离出的骨油重新回填到骨素产品中，也可加入调味油进行乳化调配，使产品风味更佳。

7. 均质

在骨素加工中，骨素中的脂肪在强力的机械作用下，大的脂肪球破碎成小的脂肪球，使之均匀一致地分散在骨素中，可有效防止脂肪球上浮，同时将脂溶性的风味物质乳化到骨素中，使骨素产品的风味更好。均质不仅可以防止脂肪球上浮，还具有其他一些优点：经均质后的骨素脂肪球直径减小，风味更佳，易被人体消化吸收。

8. 包装

在包装前，应对包装车间及设备进行消毒，以保证产品不会受到污染。包装材料应符合 GB 9683、GB 9687、GB 9688 的规定，将成品骨素装入无菌包装容器中，密封后再装入外包装容器中，如纸箱、铁桶、塑料桶容器等，并防止无菌包装袋被划伤和破损。

12.4　骨素衍生物的生产

12.4.1　骨油的生产

在骨素加工过程中，经过离心分离，分离出的副产物就是骨油。骨油大多数情况下作为骨素提取的副产物，用于食品、化工等行业，而专门提取骨油作为食用油生产企业比较少。根据提取骨素用的原料，我国的骨油主要为猪骨油、牛骨油及鸡骨油。

1. 骨油的生产工艺

1）工艺流程

骨原料→预处理→骨油提取→离心分离→水化处理→碱炼→成品

2）操作要点

骨油生产前期同骨素的生产，在离心分离后可以得到粗提的骨油产品。粗提的骨油再经过水化、碱炼等工序，即可得到精炼的骨油。

水化可以使残留在骨油中的骨胶原蛋白等物质随水相一起除去，是骨油纯化的关键工艺。经过水化分离后的骨油，油体纯净，色泽更明亮。在水化时先将骨油熔化加热至 85 ℃，边搅拌边加入 85 ℃左右的热水，热水的加入量一般为骨油质量的 5%。然后加入骨油质量 0.12%食盐，慢慢搅拌。待有细小胶粒析出后停止搅拌，然后利用离心机将水层分离。水化一般需要重复进行 3 次。

碱炼是用碱中和游离脂肪酸，并同时除去骨油中的其他杂质的一种精炼方法。碱炼所用的碱有多种，如石灰、有机碱、纯碱和烧碱等。国内应用最广泛的是烧碱。

碱炼的原理是碱溶液与骨毛油中的游离脂肪酸发生中和反应。反应式如下：

$$RCOOH + NaOH \longrightarrow ROONa + H_2O$$

碱炼除了发生中和反应外，还有某些物理化学作用。烧碱能中和骨毛油中游离脂肪酸，使之生成钠皂(通称皂脚)，它在油中成为不易溶解的胶状物而沉淀。皂脚具有很强的吸附能力。因此，相当数量的其他杂质(如蛋白质、黏液、色素等)被其吸附而沉淀，甚至机械杂质也可吸附。在碱炼工艺中，碱的用量直接影响碱炼效果。碱量不足，游离脂肪酸中和不完全，其他杂质也不能被充分吸附，皂粒不能很好地絮凝，致使分离困难，碱炼成品油质量差，得率低。用碱过多，中性油被皂化而引起精炼耗损增大。

骨油的碱炼在生产时一般采用如下步骤：取水化后的骨油，水浴加热到 70 ℃(碱炼初温)，再迅速加入 5%浓度的 NaOH 溶液，快速搅拌，待皂粒形成良好时停止搅拌，缓慢升温至预定温度(碱炼终温)，恒温静止 5 min，然后离心分离，取上层清油。

2. 骨油产品介绍

1）猪骨油

猪骨油生产时选用优质猪骨或猪骨粉为原料，经高压蒸煮、离心分离等工艺，再经过精炼精制而成的纯天然调味料，是生产猪骨素的副产品。猪骨油最大限度保留了猪骨风味，具有天然浓郁的猪骨髓香味，口感圆滑真实，细腻柔和，是制作调味品的优质原料。

猪骨油中脂肪酸主要包括饱和脂肪酸(如棕榈酸和硬脂酸)、不饱和脂肪酸(如油酸和亚油酸等)，其中亚油酸是人体需要的必需脂肪酸。猪骨油饱和脂肪酸和不饱和脂肪酸的比例接近 1∶1，与国际膳食营养协会推荐人体的摄入脂肪酸组成比例一致。因此，将骨素生产时生产的骨油提取出来，可作为优质的食用油。

猪骨油保存了猪油及猪骨的自然香气，用于肉制品，可为肉制品增香，利用猪骨油可以生产各种调味料包，如红烧排骨酱、烤肉汁等。

2）牛骨油

牛骨油生产时选用优质牛骨或牛骨粉为原料，经高压蒸煮、离心分离、精炼等工艺，再经过精炼精制而成的纯天然调味料，是生产牛骨素的副产品。牛骨油最大限度保留了牛骨风味，具有天然浓郁的牛骨髓香味，是制作牛肉香精及调味品的优质原料。

3）鸡骨油

鸡骨油生产时选用优质鸡骨为原料，经高压蒸煮、离心分离、精炼等工艺制成纯天然调味料，是生产鸡骨素的副产品。鸡骨油最大限度保留了鸡骨风味，具有天然浓郁的鸡骨香味，口感圆滑真实，细腻柔和，是制作调味品的优质原料。

鸡骨油的耐低温比猪油、牛油好。同在 5 ℃时，鸡骨油还有流动性。猪油已凝固，牛油早已结成硬块。鸡骨油有效保留了天然鸡脂香味，是生产中高档鸡粉、鸡精、鸡汁调味品最理想的鸡肉风味原料，其浓郁的天然鸡脂香、鸡肉香，是其他香精香料不能替代的。鸡骨油可明显改善鸡肉汤料的香气，给鸡汤真实、浓厚的烹调香气，是一种最受调味品行业厂家欢迎使用的原料。

3. 骨油加工研究进展

田安民介绍了骨油的萃取工艺，介绍了萃取溶剂应具备的条件、对料的要求、影响萃取的因素等重要的工艺条件；徐德林等介绍了以骨油制备油酸的工艺过程和最终产品油酸的理化性质，深入研究了骨油产品的深加工，为提高骨油的经济价值提供了一条较可行的利用途径；李云龙于 1999 年介绍了水力脱脂法加工鲜牛骨的副产品——牛油。牛油的质量和得率反映出所采用的生产工艺先进、成熟，工艺参数可靠，所选用的设备性能安全、理想。陈申如等对复凝聚法制作的鳗骨油微胶囊的质量特性进行了研究，结果表明这种工艺能较好地保持原有的鱼骨油品质，这对于扩大骨油的应用范围提供了条件；欧光南进行了微波萃取鳗骨油的研究，摸索出鳗骨油微波萃取的工艺，并拓宽了骨油制备的思路；邱澄宇对以加热法、热碱法和酶解法提取鳗骨油的方法及其产品的品质进行了比较研究。通过对酸价、碘价和过氧化值等品质指标的分析研究，结果表明酶解法可获得品质较高的鳗骨油，交酯化和冬化处理可使酶解鳗骨油的不饱和度显著提高；吕生华和俞从正利用猪、牛、马等动物的骨头在熬炼骨胶时所得到的油脂制备了硫酸化骨油、硫酸化含硅骨油及亚硫酸化骨油加脂剂，确定了骨油皮革加脂剂的制备工艺路线，并得出性能优良的硫酸化加脂剂，适合各类皮革的加脂，同时开辟了骨油深加工利用的新途径。

12.4.2 肉味精香精的生产

骨素在初期生产时，并不是直接用于食品的生产，而是作为肉味香精的反应基料。随着食品及调味技术的不断发展，骨素产品已经可以作为调味品的原料，广泛应用于方便面、肉制品、餐饮等行业，有些骨素产品还可以直接食用，但骨素作为肉味香精的反应基料仍然广泛应用于咸味香精的生产。

咸味香精不同于甜味香精，核心主要以肉类风味为主，如鸡肉、牛肉、猪肉、海鲜等。热反应只是制作咸味香精的一种方法。国际上食品用香料工业国际组织(IOFI)关于反应香料的定义：反应香料是指为了食品香味的需要而制备的一种产品或一种混合物。它是由食品工业允许使用的一种原料或多种原料的混合物。这些原料或是天然存在的，或是在反应香料中特许使用的。咸味香精制造包括纯调配型、热反应或抽提或浓缩或萃取等加后期调香。所以，咸味香精有多种形式，包括液体、膏体和粉末。粉末型香精是经过热反应后，经过调香，再通过真空干燥、喷雾干燥或拌和制成的粉末型的香精。微胶囊的包埋型：热反应或前期特殊处理经后期调香或包埋或拌粉而成。反应型咸味香精结合了反应的特点和调香的优点。

1. 反应型咸味香精产生机理

肉类在烧烤、烹调时能发出诱人的香气，这些肉香成分的形成通过以下 3 条途径形成：①脂肪经过氧化、降解、脱水及脱羧等反应，生成芳香醛、酮、内酯类化合物；②肉中的糖、氨基酸发生反应，生成挥发与不挥发性的香气成分；③以上产物之间也可以互相反应生成香气成分。肉中的含硫氨基酸如半胱氨酸和糖之间先发生美拉德反应，而后进行 Strecker 降解，可生成硫化氢、氨和乙醛。这些化合物以及美拉德反应中产生的二羰基化合物，为进一步的风味合成反应提供了丰富的中间产物来源，最终产生很多重要的风味成分。

除此以外，维生素(如硫胺素、维生素 C 等)的热降解也是肉味形成的一条重要途径。

特征香味的形成主要是脂肪及类脂类物质的热降解作用，如动物油脂、植物油脂、卵磷脂、三甘油酯、脂肪酸或酯等。上述物质在加热过程中发生氧化反应，生成过氧化物，继而进一步降解为香气阈值非常低的酮、醛、酸等挥发性羰基化合物或羟基。脂肪酸水解为羟酸，经过加热脱水，环化生成具有肉香味的内酯化合物。

香辛料的烹调加工是其香味化合物的热浸提及其浸提成分相互作用产生香味

的过程。香辛料通过合理的搭配在烹调加工时可以掩盖肉的不良气味，并产生烹调香味化合物。对肉香味的形成来说，前体的主要类别和反应类型可以按图 12.6 来表示。

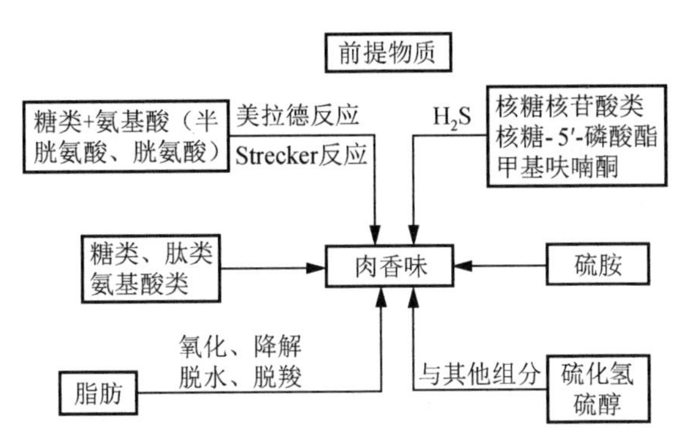

图 12.6　肉香味形成图

美拉德反应是一个比较复杂的反应过程，是羰基化合物和氨基化合物间的反应。美拉德反应一般分为三个阶段：①起始阶段：糖中的羰基与蛋白质中的自由氨基发生缩合反应形成席夫碱(Schiff's base)，席夫碱经过重新排列形成共价结合，形成稳定的阿马道里产物。②中间阶段：阿马道里产物在中间阶段发生反应，主要分三种：一是在碱性条件下发生的 2,3-烯醇化反应，产物为脱氢还原酮及还原酮；二是在酸性条件下发生的 1,2-烯醇化反应，产物为呋喃醛或羟基甲基呋喃醛；三是继续发生反应生成含双羰基或羰基的化合物，或与氨基发生反应产生醛类。③最后阶段：各种羰基化合物一方面进行裂解反应生成挥发性化合物，另一方面进行缩合聚合产生褐色的类黑精物质，从而完成整个美拉德反应。

2. 热反应香精的生产原料

反应型咸味香精制备时常使用的原料包括：蛋白质类、糖类、脂肪类以及其他类原料，详见表 12.10。

表 12.10　热反应香精常用原料

分料	原料	说明
蛋白质类	猪肉、牛肉、鸡肉、酵母提取物、猪骨素、牛骨素、鸡骨素、水解植物蛋白、酱油	为美拉德反应提供氨基
糖类	木糖、核糖、葡萄糖、蔗糖	为美拉德反应提供羰基
脂肪	猪骨油、牛骨油、鸡骨油、猪油、牛油、鸡油、大豆油、花生油等	为产品提供特征香气
香辛料类	花椒、大料、白芷、丁香、大葱、大蒜、姜、白胡椒、肉豆蔻、陈皮、桂皮、香叶、辣椒、草果、香茅、白蔻、砂仁、高良姜等	掩盖不良气味，提供特殊风味
其他类	食盐、味精、I+G、蛋白酶、瓜尔豆胶等	

3. 热反应香精的基本工艺

原料肉→解冻→绞肉→酶解→添加辅料→反应→调配→均质→灌装

1）原料处理

热反应香精的主要原料一般为肉，辅以骨素、骨油、HVP等辅料。原料肉可以采用鲜肉，所以生产热反应香精的第一步为解冻。解冻可以采用0～4℃自然解冻或静水解冻。肉解冻后用绞肉机绞碎，葱、姜、蒜等原料清洗后绞碎备用。

2）酶解

绞碎后的肉加入反应釜，然后加入蛋白酶进行水解。目前生产常用的蛋白酶包括胃蛋白酶、胰蛋白酶、木瓜蛋白酶等。生产上常选用胰蛋白酶与木瓜蛋白酶的混合物，比例为3∶1，添加量为2.0%，酶解温度一般控制在50～52℃，酶解时间约90 min。

3）热反应

水解完毕，加入骨素、骨油、木糖、HVP等辅料，然后升温。反应的温度根据不同风味的需要，温度也不同。反应型咸味香精制备时反应温度一般控制在100～140℃。一般来说，反应温度和反应时间成反比例，即反应温度越高，反应时间越短，反之，反应温度越低，反应时间越长。反应的温度越高，生成的香精烤香风味更浓郁；反应温度越低，炖煮风味越浓。目前，反应温度常控制在121℃，时间120 min。

在反应过程中，需要不断搅拌使反应物之间充分接触，同时还要防止接近加热面附近的物料产生过热，从而发生不均匀反应现象。反应过程中，pH一般不超过8，以5～7为宜，水分活度A_w在0.65～0.75范围内最好。食品添加剂的加入要符合GB 2760的要求。反应终点控制非常严格，到达反应终点时，反应物要立即冷却降温，否则它会继续反应，影响香味化合物的变化。

热反应香精在生产时要注意加料顺序及方法，如氨基酸和糖类均为水溶性，均须先溶于水中，然后加入反应锅反应。若反应中需要制成油剂加入动、植物油时，最好将动、植物油先加入反应锅内，然后将溶有氨基酸和糖类的水在搅拌下，缓慢地加入。

在工业化反应型咸味香精制备工艺流程中，反应釜应设窥镜、加料口、抽样口、出管、回流管，回流管连通冷凝器，冷凝器通大气，反应釜底设有测定口、抽样口。从釜底和抽样口处抽取反应产品样品，检验香味、色泽并快速测定有关质量指标，确认质量是否符合要求。

4）调配

经过热反应后，还要添加剩余的辅料，以完成产品的生产。因为热反应的温度非常高，热敏性的物料(如各种头香)需要在降温后加入。调配是调整产品的状态、口味、口感、风味，并对产品的防腐保鲜做一定的处理。表 12.11 为调配用的主要配料。

表 12.11　热反应香精常用配料

主要原料	说明
变性淀粉	乳化热反应香精中的脂肪，增加产品黏度，调整产品状态，增加固形物含量
黄原胶、瓜尔豆胶	乳化热反应香精中的脂肪，增加产品稠度，调整产品状态
食盐	调整味道与口感，当食盐含量高于 10%，还可起到防腐作用
香辛料精油、香精	香辛料精油及香精可以消除产品中腥味，并为产品带来特殊风味
D-异抗坏血酸钠、维生素 E	抗氧化、增加产品营养

在实际生产过程中，将得到的热反应基料，按比例加入食盐、瓜尔豆胶、黄原胶等辅料，加热至 90℃，保温 30 min，保温时要不断搅拌。保温可以使辅料充分溶解，使各种风味物质风味融合，还可以对产品进行灭菌。然后加入 D-异抗坏血酸钠、乙基麦芽酚、香辛料精油、头香香精等辅料，搅拌均匀后均质。

5）均质

添加完辅料后，需要对热反应香精进行均质处理。均质可以使香精在保存过程中不分层、不沉淀，在食用过程中更易溶于水，并能有效地使风味融合。

6）灌装

热反应香精经过浓缩、调配、均质、降温等工序，变为比较黏稠的膏体，所以灌装机主要为膏体灌装机。目前国内常用于盛装容器有塑料桶、铝箔袋等，对应不同的包装容器，灌装机也不相同。

12.4.3　骨素粉、粉状香精及粉末油脂的生产

目前，在国内，骨素粉、粉状香精及粉末油脂均可以采用微胶囊包埋技术，然后利用喷雾干燥的方法生产出来，因此，这种物料的生产，放在一起介绍。

微胶囊造粒技术，或称微胶囊技术，就是将固体、液体或气体物质包埋、封存在一种微型胶囊内成为一种固体微粒产品的技术。微胶囊技术可以最大限度地保持骨素、骨油产品原有的色香味和生物活性，防止营养物质的破坏与损失，是一项比较高的新技术，在国内外发展非常迅速，应用也越来越广泛。国外对微胶囊产品的研究较多，在食品行业，微胶囊技术已应用到各类香精、乳清蛋白、酸味剂、甜味剂、防腐剂、维生素的生产中。我国虽然起步晚，但现在广泛应用于鱼油、香精、香辛料、β-胡萝卜素的微胶囊包埋。

采用微胶囊技术将骨素、骨油以及热反应香精由液态变成固体粉末，可以保护芳香物质免造外界因素的影响，有效控制香味物质的释放，从而扩大在食品工业的应用范围。微胶囊的方法有很多种，如包结法、凝聚法、喷雾干燥法等。其

中喷雾干燥法属于物理方法，是目前最常用、最成熟、使用最广泛、最适宜于大规模工业化生产的微胶囊包埋方法。喷雾干燥法易于实现连续化、工业化生产，操作方便。喷雾干燥法的产品具有粒度均匀、易溶于水等特点，是一种理想的微胶囊包埋方法。

1. 喷雾干燥的原理

喷雾干燥是系统化技术应用于物料干燥的一种方法。调配好的喷粉液经雾化后，分散成像雾一样的微粒(增大水分蒸发面积，加速干燥过程)，与热空气接触，在瞬间将大部分水分除去，使物料中的固体物质干燥成粉末。该法能直接使溶液、乳浊液干燥成粉状或颗粒状制品，可省去蒸发、粉碎等工序。

根据雾化的原理不同，喷雾干燥又分为压力式喷雾干燥、离心式喷雾干燥以及气流式喷雾干燥。

1）压力式喷雾干燥法

利用高压泵，以7～20 MPa的压力，将物料通过雾化器(喷枪)，聚化成直径10～200 μm的雾状微粒，然后与热空气直接接触，进行热交换，短时间完成干燥。通过压力式喷雾干燥法得到的产品，产品颗粒比较大，易溶于水，乳粉、豆粉等产品多使用压力式喷雾干燥法。压力式喷雾干燥塔塔体高达，设备占用空间大，整体造价较高。

2）离心式喷雾干燥法

利用水平方向作高速旋转的圆盘给予喷粉液以离心力，使其以高速甩出，形成薄膜、细丝或液滴，由于空气的摩擦、阻碍、撕裂的作用，随圆盘旋转产生切线加速度与离心力产生径向加速度，液体被抛出后就分散成很微小的液滴，以平均速度沿着圆盘切线方向运动，同时液滴又受到地心吸力而下落，由于喷洒出的微粒大小不同。上述微粒在喷雾干燥塔内与热空气接触，进行热交换，短时间完成干燥。

利用离心式喷雾干燥塔生产的产品颗粒细腻，但在溶解时易结团。离心式喷雾干燥塔塔体较低，设备占用空间小，整体造价较低，在骨素行业得到广泛的应用。

3）气流式喷雾干燥法

湿物料经输送机与加热后的自然空气同时进入干燥器，二者充分混合，由于热质交换面积大，在很短的时间内即可达到蒸发干燥的目的。干燥后的成品从旋风分离器排出，一小部分飞粉由旋风除尘器或布袋除尘器得到回收利用。

2. 喷雾干燥法的生产过程

(1) 喷雾干燥用的物料，见表12.12。

表 12.12　喷雾干燥常用配料

主要原料	说明
变性淀粉	乳化骨素、骨油及热反应香精中的脂肪，增加产品黏度，调整产品状态，作为微胶囊包埋壁材
阿拉伯胶	乳化骨素、骨油及热反应香精中的脂肪，作为微胶囊包埋壁材
蔗糖酯	乳化剂，乳化其中的脂肪
食盐、白砂糖、淀粉	微胶囊包埋的填充物，兼有调味的作用

(2) 喷雾干燥生产

物料→调整→均质→喷雾干燥→分离→包装

a. 喷粉液的调配。要喷雾干燥的物料首先加入合适的壁材及乳化剂，并经过均质，使物料均匀地乳化，并防止物料堵塞喷嘴。喷雾干燥工艺要求由微胶囊的壁材配制成的乳化液具有良好的稳定性，不能有分层。黏度低有利于喷雾干燥过程的顺利进行。

当干物质含量递增时，喷粉液中各种物质的相互作用增强，使得乳化液稳定性增加和黏度上升。根据喷雾干燥工艺的要求，当干物质与水的比例增加时，由于黏度不断增大，在喷雾干燥过程中难以分散成均匀的颗粒，不利于喷雾干燥进行，得到的微胶囊颗粒不均匀。

随着心材占干物质的量逐渐增加，心材的包埋率也不断提高。当心材占干物质的比例由 20%提高到 25%时，包埋率有较大的提高。但随着心材占干物质比例的进一步提高(由 25%到 30%)，包埋率有所下降。这说明在心材含量低时，随着心材比例的提高，包埋率也相应升高，但当心材比例达到最佳比例之后，再进一步提高心材的比例，包裹在心材外面的壁材相对较薄，心材易挥发，所以包埋率也有所下降。故选择心材占干物质比例为 25%比较适宜。

b. 均质。均质次数的增加有利于提高乳化液的黏度，增加乳化液的稳定性，三次以后乳化液的黏度和稳定性基本不再增加，所以乳化液的均质以三次为宜。

c. 喷雾干燥。当进风温度较低时，物料无法得到彻底的干燥，形成的微胶囊比较湿，所以形成严重的黏壁现象，物料损耗较大。当进风温度适当提高后，物料在喷雾过程中得到了很好的干燥，形成的微胶囊含水量较小，没有黏壁现象，包埋率也比较高。随着进风温度的进一步提高，喷雾干燥的过程更加迅速，喷雾干燥的效果也好，但是随着温度的升高，心材的挥发也进一步加剧，喷雾干燥设备内壁黏有大量挥发的精油，微胶囊的包埋率也相应不断下降，包埋效果越来越差。所以综合考虑，喷雾干燥进风口温度一般控制在 160～190℃。

料液经过喷雾干燥后，产品颗粒落在塔底，其他未分离的颗粒进入旋分分离器或布袋分离器进行分离。

d. 包装分离出的粉状物料，经过振动筛分选，然后进入粉状物料包装机进行包装。

12.5　其他产品开发

我国民间一直流行用新鲜猪骨、牛骨或羊骨炖汤的习俗，骨汤不仅可以作为营养丰富的食品，还能利用里面的胶原蛋白和钙质滋养身体。随着人们对骨认识的加深和对营养学研究的增多，出现了许多以鲜骨为原料的加工食品，如骨肽口服液、骨多糖、骨粉、骨泥、骨胶原蛋白等。

12.5.1　骨肽口服液

骨肽口服液是一种保健食品，服用骨肽口服液可以补充多种氨基酸。

1. 鲜骨的处理

以鲜骨(新鲜猪骨或牛骨)为原料，处理工艺流程可表示如下：

鲜骨→清洗→粗碎→细碎→蒸煮→离心分离→骨渣(生产骨粉原料)
↓
料液（生产骨肽的原料）

工艺中需要注意的问题是：作为原料使用的鲜骨必须来自经检疫的健康的牛或猪。从降低生产成本的经济角度考虑，以选新鲜牛骨作生产原料为宜。选用的新鲜牛骨中，要剔除头骨和脊骨。

2. 骨肽口服液的生产工艺

以鲜骨处理所得的离心后的料液为原料生产骨肽口服液，其生产流程表示如下：

料液→过滤→油液分离→浓缩 $\xrightarrow{\text{酶}}$ 水解 $\xrightarrow{\text{活性炭}}$ 脱色去异味
↓
油

$\xrightarrow{\text{中草药液}}$ 混合→过滤→均质→除菌精滤→灌装→灭菌→成品

在生产工艺过程中，水解后的料液 pH 调节范围是 6.2～8。生产骨肽口服液所加的中草药液需根据保健目标自行制作，选配的中草药可根据产品设计的需要来确定。中草药液制备的方法是先将备选的中草药粉碎，再用浸提罐加热蒸煮后，用 40～60 目筛网过滤，取其滤液备用。

值得注意的是，骨肽口服液是食品而非药品，选择中草药应严格局限在卫生部批准的“药食同源”的中草药范围内，如大枣、淮山药、桑葚等品种。骨肽口服液的生产，应严格按食品生产的规范进行。严格执行消毒，杜绝污染，确保产品质量。

12.5.2　骨多糖

近年来，国际上对糖及糖复合物的研究已成为热点，糖类结构测定和生物活性研究取得了明显的进展。

多糖是由糖苷键结合的糖链，一般指超过 10 或 20 个以上的单糖分子缩合而成的高分子碳水化合物，可用通式 $(C_6H_{10}O_5)_n$ 表示。由相同的单糖组成的多糖化合物称为多糖，如淀粉、纤维素和糖原；以不同的单糖组成的多糖称为杂多糖，如阿拉伯胶是由戊糖和半乳糖等组成。多糖不是一种纯粹的化学物质，而是聚合程度不同的物质的混合物。多糖广泛存在于动植物中。

在动物中存在较多的是软骨多糖，可以从猪、牛、羊、鱼的软骨中提取。近些年来，软骨的研究很多，其活性成分也较多。而这些动物软骨组织中的重要酸性黏多糖为硫酸软骨素。

1.软骨

1）活性成分

软骨是一种酸性黏多糖复合物，含蛋白质、氨基葡聚糖、硫酸软骨素等成分。其抗肿瘤成分主要是多糖和一些活性蛋白因子。根据作用机制的不同，软骨中的抗肿瘤活性物质可分为 5 类：肿瘤新生血管生成抑制因子、免疫调节因子、抗入侵因子、肿瘤细胞抑制因子、前列腺合成抑制因子等。

2）软骨的生理功能

(1) 很多软骨多糖具有抗肿瘤作用。国外在 20 世纪 70 年代初进行了许多关于动物软骨多糖抗肿瘤的研究，研究认为软骨的有效成分可通过抑制血管生成从而抑制肿瘤的增殖，或直接杀伤肿瘤细胞，进而实现抗肿瘤的作用。软骨活性成分的抗肿瘤机制可能是由于其含有大量黏多糖、胺基糖及丰富的活性蛋白，并含有多种对抗肿瘤的有效成分，如血管生成抑制因子、抗入侵因子和肿瘤细胞抑制因子等，这些有效成分可通过阻止肿瘤周围毛细管网的形成而抑制肿瘤的生长。

据报道，软骨可抑制人乳腺癌和恶性胶质瘤的生长，阻止乳腺癌和 Lewis 肺癌的转移。软骨的作用可能与其抑制金属蛋白酶和丝氨酸蛋白酶的作用有关。MMPs 超家族是一种锌离子内切酶，许多研究表明，MMPs 参与血管的生成，其活性受到转录调节因子和翻译后剪切的调节。软骨中含有金属蛋白酶组织抑制剂(TIMPs)，它可通过阻止 MMPs 的剪切和与 MMPs 结合两种方式抑制 MMPs 的活性。

另外，软骨中的有效成分还具有内皮细胞特异性，可以使微血管内皮细胞表面血管生长因子(VEGF)及其受体表达减弱，抑制 VEGF 的作用。研究表明，软骨血管生成抑制因子(SCAIF)，其抑制作用主要是在细胞周期的 S 期，可抑制内皮细胞 DNA 的合成，有抑制新生血管形成的作用。并且，SCAIF 对内皮细胞产生 IL-6 有抑制作用，且与剂量呈依赖趋势，推断其产生可能与内皮细胞受抑制有关。

软骨肿瘤细胞还有直接的杀伤作用。它能够使细胞骨架的形成受到抑制或使细胞骨架发生凝聚和固缩，破坏其结构完整性。*Bel*-12 是抑制细胞凋亡的基因，可抵抗和抑制多种因素诱导的细胞凋亡。研究显示，软骨制剂可通过下调 *Bel*-12 表达水平从而诱导人肝癌细胞凋亡。Simjee 等发现，软骨还能刺激细胞产生肿瘤坏死因子。

(2) 软骨多糖对免疫系统具有重要的调节作用，表现为免疫增强或免疫刺激。大量药理试验说明，多糖可以激活 T 淋巴细胞、B 淋巴细胞、巨噬细胞(M ϕ)、自然杀伤细胞(NK)、细胞毒细胞(CTL)、淋巴因子激活的杀伤细胞(LAK)、树突状细胞(DC)等免疫细胞，还可以促进细胞因子生成，激活补体系统，促进抗体产生，从而对免疫系统发挥多方面的调节作用。

软骨活性物质抗肿瘤的另一原因是其可以激活机体的免疫系统，活化自然杀伤细胞及巨噬细胞以增强攻击癌细胞的能力。活性物质通过抑制致敏红细胞，刺激 CIM 和 CD8 渗入肿瘤细胞增强迟发型超敏反应，从而增强免疫应答。

(3) 降血脂作用。从软骨中提取的软骨黏多糖(AMPSS)给大鼠连续口服 30 天，能明显降低具有高脂血症大鼠的血清总胆固醇(TC)和低密度脂蛋白胆固醇(LDL-C)，但对甘油三酯或三酰甘油(TG)没有显著影响。这说明其具有明显的降血脂的作用。

(4) 抗氧化作用。Felzenszwa 通过研究发现软骨制剂能保护质粒 DNA 免受 $SnCl_2$ 引起的单链断裂。Gomes 也发现软骨制剂能保护大肠杆菌细胞免受 H_2O_2 引起的致死作用，保护 DNA 免受自由基损伤，有抗氧化、抗诱变的功能。

3) 主要软骨制剂

软骨有活性成分的提取工艺为：以软骨为原料，将其粉碎，进行反复冻融，然后离心去沉淀，再进行超滤、真空干燥后即可得到其活性成分。

目前，市场上的常见软骨制剂商品名有 Cartilate、Cartilade、BeneFin、AE-941、U-995/新伐司他、Better Shark MC 等。

软骨制剂常用的剂型有胶囊、口服液、灌肠剂或注射剂。

2. 硫酸软骨素

1) 结构及理化性质

硫酸软骨素是由 D-葡萄糖醛酸和 *N*-乙酰-D-氨基半乳糖以 1，3-苷键连接形成二糖，而二糖单位之间以 β-1，4-苷键连接而成，分子质量为 25 000～30 000 Da，是一种高分子化合物。由于硫酸基团在半乳糖上的位置和多少的不同而分为 CSA(硫酸基团在半乳糖的第 4 位 C 上)、CSC(硫酸基团在半乳糖的第 6 位 C 上)。结构见图 12.7。

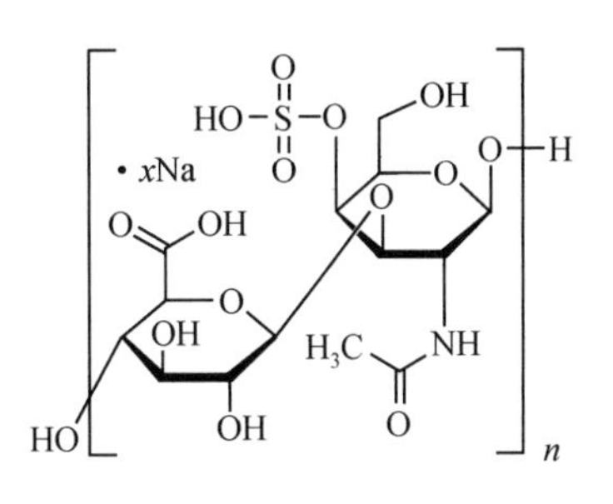

图 12.7　硫酸软骨素钠盐结构式

硫酸软骨素是一种白色或微黄色粉末，吸水性强，易溶于水而形成黏稠液体，不溶于乙醇、乙醚、丙酮和氯仿等有机溶剂。由于其分子中含有多个硫酸基和羧基，故呈酸性反应，可与钠、钾、钙离子结合成盐，其盐类对热较稳定。

2）生理功能

其药用制剂主要含有硫酸软骨素 A 和硫酸软骨素 C 两种异构体，不同品种、年龄等动物的软骨中硫酸软骨素的含量不同。其药理作用表现为：

(1) 硫酸软骨素可以清除体内血液中的脂质和脂蛋白，清除心脏周围血管的胆固醇，防治动脉粥样硬化，并增加脂质和脂肪酸在细胞内的转换率。

(2) 硫酸软骨素能有效地防治冠心病。对实验性动脉硬化模型具有抗动脉粥样硬化及抗致粥样斑块形成作用；增加动脉粥样硬化的冠状动脉分支或侧支循环，并能加速实验性冠状动脉硬化或栓塞所引起的心肌坏死或变性的愈合、再生和修复。

(3) 能增加细胞的信使核糖核酸(mRNA)和脱氧核糖核酸(DNA)的生物合成以及具有促进细胞代谢的作用。

(4) 抗凝血活性低。硫酸软骨素具有缓和的抗凝血作用，每 1 mg 硫酸软骨素 A 相当于 0.45 U 肝素的抗凝活性。这种抗凝活性并不依赖于抗凝血酶III而发挥作用，它可以通过纤维蛋白原系统而发挥抗凝血活性。

(5) 硫酸软骨素还具有抗炎、加速伤口愈合和抗肿瘤等方面的作用。

3）硫酸软骨素的提取工艺

将动物的软骨洗净，在电动绞肉机上绞碎，然后放入烘箱中，60 ℃烘干。称取软骨碎末 0.5 kg 左右，按照软骨质量以 1∶3 的比例加入 20%的 NaCl 浸提，用 10% NaOH 调节 pH 为 12～13，加热至 40 ℃，用电动搅拌机不断搅拌，恒温浸提 12 h，其中随时校正 pH，使其为 12 左右。然后用双层纱布过滤，滤液待用。滤渣再在相同条件下提取一次，用四层纱布过滤，弃滤渣，合并两次滤液，滤液用 2 mol/L HCl 调节 pH 为 7.8。迅速升温至 90 ℃，恒温保持 20 min，速降温至室温，遂得盐解液。将其放置 2 h，以 3000 r/min 离心 5 min，弃沉淀，留取上清液，用 1.5 倍的去离子水稀释，稀释液中加入 95%的乙醇，搅匀，放置 12 h，吸去上清液，沉淀物再用 1.5% NaCl 溶液溶解，再离心，过滤除去沉淀，其上清液再用 95%的乙醇沉淀，所得到的沉淀物即为硫酸软骨素。沉淀物用丙酮浸泡脱水一次，乙醚浸泡脱脂一次，最后将沉淀物放入 60 ℃的烘箱中直接烘干得成品。其工艺流程如下：

动物软骨→洗净→粉碎→烘干→称重→20% NaCl 浸提→HCl 调 pH，90 ℃盐解→离心，过滤→滤液→水稀释 1.5 倍，乙醇沉淀→1.5% NaCl 溶解→过滤得滤液→乙醇沉淀→沉淀物烘干

4）国内产品

硫酸软骨素是从动物软骨中提取的黏多糖类物质，主要分为硫酸软骨素钠盐和硫酸软骨素钙盐等，其中以硫酸软骨素钠盐最为常见。在防治心血管疾病、关节病、神经痛、偏头痛等很多方面具有重要的作用，是目前市场上较为重要的生化产品。

近年来，随着硫酸软骨素的用途不断扩大，国际市场需求旺盛，我国硫酸软骨素的产量和出口量快速增长，市场前景开好，2009 年，欧洲的销售额达 3.4 亿美元。目前，美国市场的年销售额估计达 10 亿美元。这与硫酸软骨素对改善老年退行性关节炎、风湿性关节炎有一定的效果有关。

我国是全球硫酸软骨素产量最大的国家。占全球产量的 80%以上，2006～2009 年的平均产量为 3300 t，年复合平均增长率为 24%。主要出口美国、欧洲、日本等地，其中美国为我国硫酸软骨素第一出口市场，约占 50%的份额。

全球大约有 3.55 亿人患有多种关节病，我国的骨关节炎患者也有 1 亿人以上，并且发病率还在增加。2920 万元转让费用，虽然生产厂家较多，又不在医疗保险中；但是，基于此药原有的适应征，加上新用途的不断扩大，值得关注。国内产品剂型明细见表 12.13。

表 12.13　硫酸软骨素的国内产品剂型明细

名称	国产药品	进口药品
硫酸软骨素片	38	0
硫酸软骨素(原料)	18	0
硫酸软骨素注射液	15	0
硫酸软骨素滴眼液	14	0
复方硫酸软骨素片	6	0
注射用硫酸软骨素	5	0
复方硫酸软骨素滴眼液	4	0
硫酸软骨素 A 钠胶囊	4	0
硫酸软骨素胶囊	3	0
硫酸软骨素钠(原料)	3	0
硫酸软骨素(供注射用)(原料)	2	0
硫酸软骨素 A 钠注射液	2	0
复方硫酸软骨素眼用凝胶	1	0
硫酸软骨素 A 钠(原料)	1	0

12.5.3　骨粉

调查数据显示，从 1995 年起，我国城市居民在营养保健方面的支出，每年都以超过 30%的速度递增。2007 年，我国营养素补充剂(矿物质、维生素)和保健食

品的市场容量已超过 400 亿元(补钙制剂市场实现销售收入 70 亿元)。大量有关补钙的专题报道以及各种广告宣传使得消费者认识到补钙的重要性，人们不停地尝试各类补钙产品。利用动物骨骼为原料生产的补钙产品是较为廉价的钙补充剂之一。骨骼中含有丰富的蛋白质、脂肪和矿物质；大量的钙、磷盐、生物活性物质、镁、钠、铁、钾、氟盐和柠檬酸盐。骨骼中有大脑不可缺少的磷脂质、磷蛋白等，还有能加强皮层细胞代谢和防止衰老的骨胶原蛋白和酸性黏多糖(软骨素)，促进肝功能的蛋氨酸及各种氨基酸、维生素 A、维生素 D、维生素 B_1、维生素 B_{12} 等，因而是一种名副其实的营养宝库。若将动物骨头加工成骨粉同样具有丰富的营养成分，主要为蛋白质、脂肪和矿物盐等。蛋白质含量较高，脂肪含量相对较低，属典型的高营养、低热能食品。此外，骨粉中的矿物质含量显著高于其他食品，这也是发挥其补钙作用的原因。

1. 骨粉的营养

1) 丰富的矿物质

骨粉中含有丰富的矿物质，最主要的是羟基磷灰石晶体[$Ca_{10}(PO_4)_6(OH)_2$]和无定形磷酸氢钙($CaHPO_4$)，在其表面还吸附了 Ca^{2+}、Mg^{2+}、Na^+、Cl^-、HCO^-、F^-及柠檬酸根等离子。更为重要的是，骨粉中丰富的 Ca 和 P 是人体必需的常量矿物元素，而且它们的比例(Ca : P=2 : 1)是体内吸收钙磷的最佳比例。杨桂苹用大白鼠做代谢试验，发现大白鼠对骨粉中钙的吸收优于市售的活性钙[$Ca(OH)_2$]。骨粉中还有人体所必需的微量元素，如 Co、Cu、Fe、Mn、Si、Zn 等。

2) 优质的蛋白质

骨粉中含有 12.0%～35.0%的蛋白质，其中含量最高的是组成胶原纤维的胶原蛋白。杨桂苹对骨粉中组成蛋白质的氨基酸进行了分析，发现骨粉中含 17 种氨基酸，包括 8 种人体所必需的氨基酸。其中，含量较多的为 Gly、Glu、Pro、Ala 和 Asp。通过与其他食品中的必需氨基酸(EAA)比较，可以看出，骨粉中的蛋白质属优质蛋白质。此外，氨基酸及其衍生物既是重要的活性物质，又是食品中主要的风味成分，如谷氨酸钠具有鲜味，赋予骨粉鲜美的味道。

3) 合理的脂肪酸比例

骨粉中含有合理的脂肪酸比例，主要的饱和脂肪酸有棕榈酸和硬脂酸，不饱和脂肪酸有油酸和亚油酸。饱和脂肪酸与不饱和脂肪酸的比例接近 1 : 1，与营养协会推荐人体摄入脂肪酸的组成比例相符。另外，骨粉中还含有微量的豆蔻酸(14 : 10)、豆蔻油酸(14 : 1)、棕榈油酸(16 : 1)、亚麻酸(18 : 3)等脂肪酸。

4) 其他营养成分

骨粉中还含有脑组织发育不可缺少的磷脂质、磷蛋白以及被认为有加强皮下细胞代谢、防止衰老的软骨素、骨胶原蛋白。此外，还有多种维生素，如维生素 A、维生素 D、维生素 B_1、维生素 B_{12} 等。

2. 加工工艺

1) 传统加工工艺

骨粉的传统制备方法主要采用低温冷冻法、常温法、蒸煮法和高温高压法。

(1) 低温冷冻法。将鲜骨在−25～−15℃以下充分冷冻脆化，然后粉碎、磨细等加工。

(2) 常温法。无需冷冻或高温蒸煮，在常温下加工。

(3) 蒸煮法。蒸煮法是将新鲜骨经高温蒸煮，去除油脂、肌肉、肌腱、骨髓等，然后洗净烘干，再粉碎细化制得极细的干骨粉。由于高温蒸煮脱去了绝大部分有机成分，鲜骨的营养成分丢失严重，能利用的仅是骨钙。

(4) 高温高压法。高温高压法是将鲜骨经过高温高压(0.1 MPa，40 min)蒸煮，使骨组织酥软，然后烘干，再通过胶体磨、斩拌机细化成骨泥后干燥成粉。

常用的高温高压法加工工艺：

→骨渣→脱色脱臭→烘干→粉碎→过筛→鲜骨粉
→骨鲜→清洗破碎→蒸煮骨油
→骨汤→水解→过滤→浓缩→配料→干燥→骨精汤料

彭辉等对高温高压法加工骨粉的最佳工艺条件进行了初步探讨，先将骨头烫漂 2～3 min，110℃，预煮 30 min，再根据选用不同部位的骨头在 121℃下蒸煮不同的时间：肋骨 45 min，肩胛骨 60 min，腿骨 90 min。

高温高压法加工的骨粉如用适当的蛋白酶消化酶解，其蛋白质大部分可转化为易被人体吸收的可溶性蛋白、短肽和氨基酸，而且色、香、味俱佳，可进一步开发营养强化剂和保健食品。

由于高温蒸煮很难使动物腿骨骨干变酥软而磨细，因此骨粉粒度较粗，影响食用；高温高压也会使鲜骨许多营养成分遭破坏，还存在能耗大、成本高的缺点。

此外，可通过生化法加工骨粉。如将鲜骨粗碎，通过化学水解法使之分解再干燥制得。该法产品粒度细，营养物质吸收率高，缺点是通过化学处理，引入新的杂质，破坏了鲜骨营养成分的全天然性及完整性，生产成本也很高。生物学酶解法则是通过酶解使骨钙、蛋白质、脂肪等营养物质分解为易于人体直接吸收的营养成分，是骨高效利用的有效途径。

猪骨粉是食品添加剂之一，呈灰白色细小颗粒粉状，常用于汤料、方便面、营养米粉等食品或调料。经过蒸煮、乳糜化、酶解和微粒化过程的骨粒平均直径是 2.26 μm，可做成各种流行饮品、可溶活性骨钙粉或制成新塑的补钙胶囊、片剂。

2）改进工艺

（1）超微细磨骨粉。在骨粉加工中，用超微细粉碎替代常规粉碎，利用强冲击力、挤压力、研磨力，使刚性的骨骼粉碎及细化，可得到超细骨粉，其粒径比一般骨粉的粒径小得多，很容易被人体吸收，能更好地利用骨粉中的营养元素。加工过程节约能耗，物理变化没有引进其他杂质，也保持了骨中天然的营养成分。

刘玉德利用复合材料超细破骨机制备超细骨粉，其产品从粒度分布、微观形貌及营养成分等方面与高温高压法制取的骨粉相比，具有粒度细、能耗低、营养全的优点。

这种加工方法过程是：将清洗烘干的骨头通过强冲击力，使其破碎成 10～20 mm 的骨粒团；再粗粉碎，通过剪切力，研磨力使韧性组纵被反复切断，通过挤压力、研磨力使刚性骨粒进一步粉碎到 1～2 mm 的骨糊；接着通过剪切、挤压、研磨的复合力场的作用，使骨料得到细粉碎或超细粉碎。

南京理工大学超细粉体与表面科学技术研究所，经过研究，实现了鲜骨的超细化加工，可制得粒径<5～10 μm 的超细低脂鲜骨粉。该技术主要是根据鲜骨的构成特点，针对不同组成部分的性质，采用不同的粉碎原理、方法，进行粉碎及细化，从而达到超细加工的目的。对刚性的骨骼，主要通过冲击、挤压、研磨力场作用使之粉碎及细化；对肉、筋类柔韧性部分主要通过强剪切、研磨力场作用，使之被反复切断及细化，整个粉碎过程是通过一套具有冲击、剪切、挤压、研磨等多种作用力组成的复合力场的破骨机组来实现的。考虑到鲜骨中含有丰富的脂肪及水分，对保质、保鲜不利，为此，该技术中还包含一套脱脂、脱水装置，因而可直接制得超细脱脂鲜骨粉，其工艺流程如下：

鲜骨→清洗→破碎→粗碎→细碎→脱脂→超细粉碎→干燥灭菌→成品

通过对骨进行加工，可以制得不同粒度的骨粉(泥)，并将其应用于食品中。但是为了提高人体对骨粉(泥)营养成分的充分吸收利用，骨粉(泥)在被应用于食品加工之前，还有必要进行改造或处理，提高其食用价值。

这种物理破碎的骨粉虽然保留了矿物质等营养物质，但风味不佳、没有口感，不能引起人们的关注。对风味骨粉的生产的研究是加强骨粉产品市场的重要方法。

在超细骨粉加工研究中，叶明泉等介绍了一种全新超细鲜骨的制备方法，根据骨的构成特点，对鲜骨不同性质的组成部分，采取有效的粉碎原理及方法，制得超细低脂鲜骨粉，克服了传统加工方法上出现的问题以及产品的不足。罗宾等利用超细粉体技术解决了牛鲜骨加工中的难题，并确定了应用于方便食品和汤料包中的较佳方案。袁玉燕等的研究表明，超细鲜骨粉更利于人体的吸收，净颗粒外包裹着大量的柔性有机营养物质，如蛋白质、脂肪等，因此包含均衡的无机、有机营养成分，具有比其他类似产品更优异的营养价值。唐勇等利用人体肠道有益菌发酵超细猪骨粉，再通过氨基酸分析仪测定及电子显微镜扫描，结果表明发酵后骨粉结合钙的最大转化率为 36.9%，骨粉蛋白质的最大水解率 63%，骨粉粒径越小，发酵时产生的游离钙越多，蛋白质的水解率也随骨粉粒径的减小而升高。

超细骨粉可广泛应用于方便、休闲、膨化、餐饮、保健食品，以及调味香精等中，如儿童的补钙食品，快速膨化的鸡咪圈、烤牛排饼及馍片、锅巴、薯片，骨泥挂面、骨泥香。

(2) 酸解法。利用酸的作用破坏骨粉中胶原纤维中蛋白质的盐键、酯键，使蛋白质变性，从而与胶原纤维有机结合的羟基磷灰石裸露出来。然后酸作用于羟基磷灰石，让骨钙转化为可溶性钙。此法可以提高骨粉中可溶性钙和可溶性蛋白的含量。连喜军等比较了乙酸、磷酸、柠檬酸和乳酸水解骨粉的不同效果，四种酸转化骨钙的百分率分别为 19.3%、28.8%、30.7%和 22.8%。可见，用柠檬酸效果最佳。

(3) 碱解法。用碱处理的主要目的是除去骨粉内外包围缠绕的蛋白质、脂肪，进一步减小骨粉的粒度，从而有利于人体对钙的吸收。但是碱解法会将组成蛋白质的 L-氨基酸部分转变为 D-氨基酸，且水解过程中破坏的氨基酸比较多。所以，此法用得相对较少。

(4) 酶解法。采用合适的酶分解骨粉中残留的蛋白质，使骨钙充分分离出来，并与氨基酸作用生成可溶性氨基酸钙，促进钙的利用。杨桂苹等确定了用木瓜蛋白酶水解骨粉的最佳工艺条件（pH=7.0，T=50～60℃，t=8 h），得到的骨粉粒径明显小于未酶解前的骨粉粒径。赵瑞香等比较中性蛋白酶、胰酶和碱性蛋白酶作用于骨粉的效果，发现用胰酶可获得最大的钙转化率，钙溶出率为2.56%，骨钙转化率为16.0%，并确定了胰酶最佳用量为骨粉：胰酶（质量比）=1000：1～2000：1，时间为 9～10 h。宋俊梅等用中性蛋白酶水解鸡骨粉和大豆粉（3：1）的混合粉，通过正交试验，确立的工艺条件为酶：混合粉=1：100，T=50℃，pH=7.0，水解度=8%，得到的制品基本无苦味，蛋白质溶出率 83.6%，钙溶出率 16.2%，平均粒径由 8.45 μm 降为 2.61 μm，时间为 42 min。

(5) 微生物发酵法。猪骨中含钙丰富，但主要以羟基磷灰石[$Ca_{10}(PO_4)_6(OH)_2$]的形式存在，直接食用利用率不高。在国外，许多学者很早就使用超微粉碎的动物作为人体的补钙食品，但结合态的钙质品要消耗胃中一定量的胃酸，从而引起胃的不舒适感。同时，医学界一致认为钙吸收和利用与钙的摄入形态以及适宜的钙磷比和氨基酸的存在有一定的密切关系。利用乳酸菌发酵新鲜猪骨粉，不仅可以利用乳酸菌代谢产生的酸将结合态的钙变成游离的钙离子，还水解了骨蛋白，获得大量氨基酸和小肽，同时乳酸菌是肠道益生菌，若加工成的骨粉补钙制品同时含有益生菌，则可改善肠道的消化吸收功能。

a. 猪骨的预处理。将新鲜猪骨洗净，放入沸水中煮 1 min，以去除骨上的肉和油脂，然后用温水将猪骨洗净。

b. 骨粉的制备。将预处理的猪骨在 100℃下蒸煮 45 min，料液比为 1∶4。蒸煮后，烘干至含水量<6%，进行超微粉碎，得到超微骨粉。

c. 发酵工艺

① 种子培养基：鲜骨粉 15%，蔗糖 5%，加入蒸馏水至 50 mL，调节 pH 为 6.5，将上述成分混匀后装瓶，在 121℃下灭菌 21 min。将分离纯化得到的乳酸菌接种到种子培养基中，在发酵温度 36℃、骨粉浓度 15%、接种量为 3%的条件下发酵 24 h。

② 发酵培养基：鲜骨粉 15%，加入适宜的蔗糖量，加入蒸馏水至 100 mL，调节 pH 为 6.5，将上述成分混匀后装瓶，于 121℃条件下灭菌 21 min。按照 3%的接种量将种子培养液接种到发酵培养基上，按照不同接种比例、初始 pH 和蔗糖加入量等对其进行发酵，并测定发酵液的三氯乙酸氮溶解指数（TCA-NSI）和质量分数 5%磷钨酸水溶性氮含量（PTA-SN）。

3. 风味骨粉加工新技术

广西农业科学院农产品加工研究所对风味鸡骨粉的制备进行了研究，工艺流程如下：

原料预处理→高温蒸煮→破碎→酶解→三级胶磨→均质→美拉德反应增香→喷雾干燥→振荡筛选

将鸡骨架去包装，除尽皮毛及杂质，装入推车。将装好原料的推车推入杀菌锅，进行高温熬煮及杀菌（从 70℃升温至 125℃，10 min；恒温 128～131℃，45 min；从 131℃降温至 121℃，45 min），然后降压排气自然冷却至 90℃以下，开锅取出原料。将熬煮后的原料分离骨肉和油水，将骨肉送入混合破碎机进行破碎，同时加入分离出的油水，使油水与骨肉一起混合破碎成浆。将破碎后的浆液泵入反应缸，加入木瓜蛋白酶，进行酶解，酶解后在 90℃下恒温 10 min，灭酶。将酶解后的浆液，按配方加入辅料，搅拌均匀后，将缸内浆液泵入胶体磨进行三级胶磨（一级粗磨间隙为 50 μm，二级精磨间隙为 30 μm，三级精磨间隙为 20 μm）。将精磨后浆液泵入高压均质机，在 20～40 MPa 下均质处理 1～2 次。将均质后浆液泵入反应缸，在 90～92℃下，进行美拉德反应 0.5～2 h。将反应后的浆液通过喷雾干燥塔进行喷雾干燥（进风温度 220℃，出口温度 85℃）。喷雾干燥后的鸡骨粉输送至振荡筛选机，进行筛选。

产品颜色为浅黄色或灰黄色粉末，无肉眼可见杂质；颗粒均匀细腻、无黏结现象；有浓郁的鸡肉香味，无异味，溶于水后有着浓郁的鸡肉香味和鲜味。

4. 应用前景

动物骨头含有丰富的矿物元素、优质的蛋白质、脂肪酸、黏多糖等营养成分，它蓄积了人体所需的精华。我国自古就把喝骨汤作为食之大补，它不仅可以强骨、增高、益寿，还可美容、健肤。将鲜骨制成骨粉，既有效地保存了骨的营养成分，又便于储藏、运输、包装，而且可以更大地扩大其应用范围。随着纳米技术、骨粉粉碎技术的发展，我们将更容易获得最有利于人体吸收的骨粉颗粒。酶工程、发酵工程在提高骨粉利用价值方面也将起到越来越大的作用。骨粉不仅可作为添加物加到其他食品中，生产出众多的骨食品，还可以制成不同剂型的保健食品，如咀嚼片、口含片、胶囊，袋装骨粉茶，冲剂等。相信在不久的明天，骨系列食品市场将更加琳琅满目。

目前，我国加工骨粉的单位有四川夸克科技发展有限公司、江苏友联生物制品有限公司、汉中骨粉厂、南京理工大学国家超细粉体中心、中国人民解放军六九一超微细设备厂等。

12.5.4 骨泥

食用鲜骨泥的研究始于20世纪70年代，由丹麦、瑞典等发达国家首先研制成功，而后很快在东南亚各国、日本、美国、德国等国家得到推广，尤以日本发展最快。我国对食用鲜骨泥加工方法及加工设备的研究始于80年代，主要是在引进设备的基础上，自行研制骨泥加工机组，并形成了多种加工方法。但由于我国对骨泥加工研究的认识不足，加工技术落后，以及产品的储存、保鲜等一系列问题，食用鲜骨泥在我国一直未能得到推广。利用禽畜骨生产骨泥系列食品是近年来国际市场上出现的一种新型营养食品。骨泥既充分利用了骨上附着的肉，又能获得骨中的蛋白质、钙以及骨髓中对人体有益的磷脂质、软骨素、丰富的氨基酸和维生素A、维生素B_1、维生素B_2等多种人体所必需的微量元素。骨泥系列食品是一种营养价值非常高的食品。

根据对原料骨处理过程的不同，食用鲜骨泥的加工方法可分为三种：低温冷冻磨碎加工、常温磨碎加工、高温高压蒸煮后磨碎加工。一般而言，低温冷冻后较常温易加工，如日本采用的冷冻后加工，我国采用的低温冷冻后加工及常温加工等，故仍以低温冷冻加工为主，通常称为冷冻法，是将鲜骨在－15～－25℃以下充分冷冻脆化，然后切成碎块，绞碎，再经多次(低温或常温下)磨碎，制成鲜骨泥。工艺如下：

骨泥冷冻加工工艺：鲜骨→清洗→冷冻→粉碎→粗磨→细磨→成品

骨泥热加工工艺：鲜骨→清洗→高压蒸煮→细粉碎→粗磨→细磨→加酶水

解→成品

华南理工大学轻工与食品学院蔡蕊、李汴生等采用湿法超细粉碎方法制备鸡骨泥，并对该方法进行了优化及设计。工艺如下：

鸡骨原料→切块→高温高压蒸煮软化→骨汤、骨渣分离→绞肉机粗磨骨渣→胶体磨细磨骨浆→超细粉碎鸡骨泥→装瓶→储存

(1) 高温蒸煮软化：将鸡骨架按比例加入一定量的清水，用压力蒸汽灭菌器在 121 ℃进行高温高压蒸煮，以软化原料。

(2) 骨汤、骨渣分离：蒸煮后的原料捞出固形物(骨渣)，将骨汤另行放置。

(3) 骨渣粗磨：用绞肉机将骨渣粗绞成泥状。

(4) 骨渣细磨：用胶体磨将泥状骨渣进一步微粒化，得到细腻均匀的骨泥。

实验发现：

(1) 蛋鸡鸡骨中蛋白质、脂肪、钙、磷等营养成分含量显著高于肉鸡鸡骨，熟制过程会使鸡骨的营养成分有部分损失，损失不大，制成鸡骨泥后营养成分含量也会有降低，降低幅度不大，仍然具有很高的营养成分，值得进行加工和再利用。

(2) 高温高压蒸煮可以显著降低不同原料鸡骨的硬度，软化效果显著。在保证蒸煮时骨头全部没入水中的前提下，骨水比对软化效果的影响差异不显著。蒸煮时间对原鸡骨的软化有显著影响，随着蒸煮时间的延长而增大，但是 60 min 以上继续延长蒸煮时间对鸡骨的软化效果无显著影响，因此，选择 60 min 为最佳蒸煮时间，节约能耗。

(3) 随着胶体磨磨片间隙变小，超细粉碎鸡骨泥的平均粒径变小，最小可达到 51.722 μm，研磨开始时稍有管道堵塞现象，随着磨制的进行，堵塞现象缓解。实际生产中可以根据需要设定不同的磨片间隙，从而得到不同粒径水平的骨泥。

(4) 胶体磨磨制时添水量减少，鸡骨泥粒径变小，但是鸡骨泥浓度过高时易堵塞管道，不利于回流研磨，而且机器能耗加大。实际生产中应根据加工物料的特性和生产实际需要选择合适的加水量，在粉碎效果良好的前提下有效地节能。

(5) 胶体磨磨制鸡骨制备鸡骨泥随着磨制时间的延长，颗粒的细化度最终会趋于一个稳定平衡，当微细化时间达到颗粒物料的微细化极限后，增加时间也不会增加颗粒的细化度。

(6) 熟制鸡骨泥的感官得分比生鲜鸡骨泥高，肉鸡骨泥和蛋鸡骨泥的感官评定得分差别不大。随着鸡骨泥粒径变小，感官评定得分增大，在平均粒径为 50 μm 左右时，鸡骨泥基本无颗粒感，感官比较容易接受。鸡骨泥的浓度对感官影响不大。

1. 超微粉碎骨泥加工关键技术

超微粉碎一般是指将直径 3 mm 以上的物料颗粒粉碎至 10～25 μm 的过程。由于颗粒向微细化发展，物料表面积和孔隙率大幅度地增加，因此超微粉体具有独特的物理和化学性质，如良好的溶解性、分散性、吸附性、化学活性等，应用领域十分广泛。它能够使产品颗粒达到人体所能吸收利用的程度，并且保留所有的营养成分。

食用骨泥是我国近年新开辟的食物源，在动物罐头、高温肉制品等运用较广泛。根据畜禽骨的构成特点，针对不同的组分，采用不同的粉碎原理，进行粉碎及细化，主要通过冲击、挤压、研磨(针对骨骼)和剪切、研磨(针对碎肉、筋类)等多种复合力场超微粉碎。

2. 骨泥生产工艺流程

选骨→清洗→去皮去油→冷冻→绞碎→加冰搅拌→粗磨→细磨→超微粉碎→包装→冷冻保存

通过粗磨、细磨、超微粉碎可使骨由 1020 μm 的骨粒团达到 5～10 μm 的骨微粒。

超微粉碎骨泥加工的关键技术是前期处理及加工过程的温度控制，主要有以下三种方法。

1）冷冻法

将动物骨在－25～－15℃以下充分冷冻脆化，然后经破碎、粗粉碎、细粉碎成骨泥，即全价营养骨泥。由于采用纯物理加工，保存了鲜骨中各种营养成分，且这个加工过程中始终保持低温状态，避免了营养成分的流失和变化，产品粒度细、表面积和空隙率大，使超微粉碎骨泥具有较好的溶解性、吸附性、流动性。我国一般冷冻到－15℃左右，国外多冷冻到－40℃。

2）高温高压蒸煮

将骨破碎之后加水升温、加压保温 6 h，直至骨酥汤浓。该法水解彻底，pH 高，产品中富含小分子肽和游离氨基酸，胶原蛋白高温不变性，具有胶黏性和较好的持水性、持油性。

3）常温常压蒸煮

将骨清洗后在常压下长时间炖煮。传统的煲汤即用此法。费时费力，水解程度不高，抽提的物质浓度低。常温法是无需冷冻或高温蒸煮，在常温下加工。

3. 提高骨泥食用价值的方法

通过对畜禽骨进行加工，可以制得不同粒度的骨泥，可以将其应用于食品中。但是为了提高人体对骨泥营养成分的充分吸收利用，骨泥在被应用于食品加工之前还有必要进行改造或处理，提高其食用价值。现在，主要有以下几种方法。

1）酸解法

利用酸的作用破坏骨泥中胶原纤维中蛋白质的盐键、酯键，使蛋白质变性。从而，与胶原纤维有机结合的羟基磷灰石裸露出来。然后，酸作用于羟基磷灰石，让骨钙转化为可溶性钙。因此，此法可以提高骨泥中可溶性钙和可溶性蛋白的含量。

2）碱解法

用碱处理的目的主要是除去骨泥内外包围缠绕的蛋白质、脂肪，进一步减小骨粉的粒度，从而有利于人体对钙的吸收。但是碱解法会将组成蛋白质的 L-氨基酸部分转变为 D-氨基酸，且水解过程中破坏的氨基酸比较多。所以，此法用得相对较少。

3）酶解法

采用合适的酶分解骨泥中残留的蛋白质，使骨钙充分分离出来，并与氨基酸作用生成可溶性氨基酸钙，促进钙的利用。

4）微生物发酵法

利用微生物的作用降解骨泥中的蛋白质、黏多糖，使部分钙从结合态游离出来。该法兼有酸解、酶解、生物转化的共同作用，是一种比较先进，而且效果好的方法。李少英用乳酸菌发酵骨泥，含 10%骨泥的发酵液中游离钙达 38.8 mg/mL，含 20%骨泥的发酵液中游离钙达 52.6 mg/mL。连喜军等用纯种发酵骨粉，得到骨钙转化率达 47.8%。唐勇等利用肠道有益菌——乳酸菌发酵超微骨粉，得出骨粉的直径大小与发酵产生游离钙离子量和氨基酸的生成量存在显著相关性，骨粉结合钙的最大游离转化率为 36.9%，骨粉蛋白质的最大水解率为 63.0%。郝永清等在不同温度下，利用乳酸菌对不同浓度的骨泥进行发酵实验，发现发酵后骨泥液中离子钙的含量明显提高，总结出在一定温度、一定骨泥浓度下乳酸菌发酵骨泥产生离子钙的最佳条件。

4. 骨泥食品研究进展

1）全骨利用概述

作为食品应用的全骨利用产品主要是鲜骨泥添加，它不仅可替代肉食或作为营养剂添加到肉制品、仿肉制品或肉味食品中改善上述食品的营养，而且开辟了一条被国内外营养专家认为是目前世界上极为有效的补钙捷径，堪称肉类食品中脱颖而出的新贵族。目前在欧洲、美国、日本等国家和地区已被广泛用于制作肉丸、肉饼、肉馅、肉松、灌肠等，或作为营养添加剂添加到饼干、面条、糕点等食品中。我国主要把骨泥添加在高温肉制品、罐头食品等产品中，或直接用于生产调味料。被西方人誉为21世纪的新食品和新资源，汤风霞等报道了将骨泥与面粉混合做成骨泥营养饼干的加工工艺。王云峰等将骨泥与米粉和其他配料一起制成富钙骨泥膨化营养米果。罗宾等将超细红牛骨粉加入方便面的料包中，以达到补钙增味的效果。余华用15%的骨泥、0.3%的羧甲基纤维素（CMC）与面粉混合生产富钙骨泥挂面，品质良好。宋俊梅等用鸡骨粉和大豆粉为原料，加工制作高效同补钙肽糜，既利用了骨粉含钙量，又利用了大豆含丰富的优质蛋白质的特点。王淑珍用鲜骨泥，配以复合调味料、明胶液制成型、味类似腐乳的“钙方”。卢晓黎等以骨泥和奶粉为主要原料研制出营养骨奶，其中骨泥添加量为20%。花金东等分析了超细鲜骨粉的营养价值及其粒度，并以超细鲜骨粉（骨粒粒度≤100 μm）作为钙源，按0.5%、1%和2%添加到四种西式肠类制品中，对产品进行感官评定分析，结果表明：添加 2%的超细鲜骨粉（骨粒粒度≤100 μm）对产品的各项感官指标无影响；同时产品的钙含量增加了 151 mg/100 g。刘可春针对当前儿童普遍缺钙的现象，将深受儿童喜爱的火腿肠的配方进行了改进，添加了富含钙质的鸡骨泥，制成一种具有浓郁骨香味的高钙鸡骨泥火腿肠，使儿童在食用的同时自然补钙。王奎明、陈大鹏探讨了肉松中添加超细骨粉的工艺流程，研究了不同剂量的超细骨粉添加到肉松中后，对制品感观品质的影响。结果表明，在正常补钙范围内，添加高、低不同剂餐的超细量粉，不影响肉松制品的感观品质。徐幸莲等采用正交试验法探讨了鸡脯肉、鸡骨泥、猪肥膘以及生粉对鸡骨肉丸的影响，确定了鸡骨泥肉丸的最佳配方。尚永彪以卤制全鸡和新鲜鸡肉等为原料，经粉碎、斩拌混合、抹片、烘烤等工艺制成重组鸡肉脯。结果表明，主要成分最佳配比为：卤鸡肉58%、新鲜鸡肉29%、卤鸡骨糜8%、大豆分离蛋白2%、胡萝卜2%，调味品适量；最佳烘烤条件为：55～60℃，3～4 h，130～150℃，5～10 min二次烘烤。国外研究了用骨粉作为固定化酶的载体，把β-半乳糖苷酶和淀粉酶固定于骨粉上，应用于食品工业，生产糖浆，达到非常好的效果。卢晓力等将鲨鱼骨与碎米制成方便鲨鱼骨羹，工艺配方为鲨鱼骨，用80～100 ℃热水冲调时，复水快，口感细腻，黏稠适宜，具有浓郁的海鲜风味。

2）鸡骨泥酱的制作

在众多的骨泥食品中，鸡骨泥是营养成分高、易被人体吸收的优质动物性蛋白资源，且钙磷比合理，易被人体消化吸收。下面介绍一款鸡骨泥酱的制作方法。

生产工艺流程如下：

牛肉→腌制→切丁→过油 ┐
鸡骨架→骨酱　　　　　│　　　糊精↓　　　　　　　　　　　　　　熟芝麻↑
破碎各种调料→过油　　├ 混合→蒸煮→混合→混合→包装→杀菌→出售
豆瓣酱　　　　　　　　┘

将新鲜鸡骨架用冷水浸泡 5 h，使骨骼表面残留的鸡肉吸水膨胀，然后用沸水煮 5 min，取出，去除脂肪、筋膜等及残留鸡肉。粉碎鸡骨，可以冷冻后粉碎。鲜骨泥酱中主要成分的最佳配比为：鸡骨泥 15%，豆瓣酱 25%，牛肉 15%。

3）骨泥牛肉丸的制作

随着人们生活节奏的加快，肉丸作为一种方便、营养、快捷的休闲食品深受人们的喜爱和青睐。现在介绍一种猪骨泥牛肉丸的制法。

(1) 基本配方：牛肉 500 g，植物油 50 g，糖 10 g，味精 1.5 g，胡椒粉 0.75 g，姜 2.5 g，卡拉胶 2.5 g，葱 10 g，花椒 0.75 g，大料 0.75 g，淀粉、大豆蛋白、骨泥、水适量。

(2) 主要工艺：将检疫合格的新鲜黄牛肉(精选牛腱、胸脯等弹性部位)洗净，剔除筋膜和脂肪及其他不可食部分。用绞肉机绞 3 次，使牛肉的肌肉组织受到最大破坏，扩大肌肉中蛋白质与水的接触面，增加持水量。加入骨泥、精盐、味精、白糖、胡椒粉等辅料，用搅拌机混拌均匀并搅拌至胶状；淀粉加水(此部分水包括在总加水量中)调匀，然后分数次倒入牛肉中搅匀。淀粉的添加经加热，会吸水糊化膨胀，黏度增大，可增加牛肉蛋白的强度，利于丸子成型，并增加弹性。最后将姜和葱末加入肉馅中，搅拌起胶且用手感觉有弹性为止。将搅拌好的肉馅加盖在 0～4℃下腌制 4 h 以上，使调味料有充足的时间发挥作用。将腌好的牛肉馅用手挤成重约 15 g 的丸子(手上提前蘸些水，以保证丸子表面光滑)，使丸子大小保持均匀，形状一致。

骨泥牛肉丸的主要工艺流程如下：

加辅料↓
原料牛肉进行处理→绞碎→搅拌 →→ 腌制→成型→煮制→冷却→包装→速冻
加骨泥↑

(3) 技术要点：大豆蛋白可结合脂肪和水分，并与牛肉蛋白配合形成稳定的乳化系统，提高得率，其添加量不能高于 10%，否则有腥味，口感不好。骨泥的添加增加了肉丸中钙、蛋白质、脂肪等营养素，骨泥添加量不能大于 16%，否则肉会粗糙，有骨渣味。淀粉的加入提高了肉馅的保水性和附着力，增加弹性，使制品组织切面平滑有光泽，其添加量以小于 15%为宜，否则肉丸较硬，弹性小，口感差。水的添加可使牛肉丸硬度降低，改善口感，但水的添加量大于 30%时，制品易碎，组织状态不好，弹性小，口感差。综合以上因素，付丽等研制出最佳添加比例为：大豆蛋白 8%，骨泥 12%，淀粉 9%，水为 20%。

4）骨泥肉脯的制作

肉脯作为我国的传统美食，由于其携带方便、味香、色美、口感好等特点，深受消费者的喜爱。随着人们生活水平的提高及对健康的日益关注，开发有保健作用的肉脯具有重要意义。

本品的制作颠覆了传统肉脯只有以单一肉为原料，加入营养丰富的骨泥，并添加淀粉、大豆粉等辅料。制成后的骨泥肉脯不仅满足现代人追求健康的潮流，又增添了肉脯的营养价值和功能性。

(1) 主要制作工艺：将检疫合格的新鲜或解冻猪腿瘦肉去除碎骨、软骨、筋、脂肪膜、淋巴等物质，肥瘦以 1∶5 进行搭配，均分割成小块，混匀，冷藏备用。将鸡蛋取蛋清备用。将冷藏好的肉放入绞肉机中绞成肉泥，绞肉过程应保持肉温低于 10 ℃。加入骨泥、淀粉、大豆粉等一起搅拌至混合均匀，并发黏；再将各调料按一定比例与肉泥混合均匀，放于 0～4 ℃条件下腌制 12 h。然后在－18 ℃下冷冻 24 h。将腌制好的骨肉泥在烤盘上制成 2 mm 左右厚度的薄层，使表面光滑平整。预先将干燥箱升温至 70～75 ℃，将骨泥肉脯表面均匀涂抹蛋清液后放入烘干箱中，2 h 后取出，翻面。烘烤后，取出自然冷却，再根据需要切成不同形状。真空包装。

工艺流程如下：

加骨泥
↓
原料猪肉→预处理→绞碎→搅拌、调味腌制→预冻→抹片→烘烤→冷却压平→包装→成品

(2) 技术要点：骨泥肉脯在 0～4 ℃下腌制 12 h，采用肉糜和骨泥一起腌制，有助于骨泥和肉糜混合均匀，风味更佳，同时低温腌制可以抑制微生物的生长，腌制后的色泽改变不会太大；当骨泥肉脯烘干过程采用 70～75℃温度下烘干 2 h 时，成品品质最佳。骨泥肉脯在添加骨泥时，骨泥量在 10%以内时色泽、口感等最好。

5）富钙骨泥膨化营养米果的制作

目前，骨泥系列食品许多需经冷藏才能保鲜，给普及应市造成一定的困难，而骨系列食品是一种变废为宝、食味鲜美、营养丰富、价格低廉、具有经济效益和社会效益并举的新食品，为了使更多的人尤其是少年、儿童得到乐于接受的骨泥食品，下面介绍一下以骨泥作为辅料生产富钙骨泥膨化米果的制作新技术。

(1) 工艺配方：骨泥 300 g，米粉 700 g，食糖 150 g，奶粉 50 g，蜂蜜 50 g，食油 50 g，盐 10 g，香料 10 g。

(2) 主要制作工艺：用畜禽和水产动物的新鲜骨头，以畜骨含钙量最高可附有骨筋、骨髓，选择的鲜骨不混有杂质，并将鲜骨用水冲洗除去黏附的异物杂质。变质变味骨不能采用。将净骨放入蒸锅蒸煮 1 h 左右，然后将骨料捞出冷却，骨料液可浓缩另用。将冷却后的骨料冷冻到-20 ℃，这样经低温冷冻的骨料可变得松脆，易于粉碎。用破碎机将冷冻后的大骨料经 2～3 次破碎成骨渣。用破骨机将骨渣粗磨至口感微有粗糙的骨粉，再用胶体磨将骨粉研磨成适于加工膨化营养米果的骨泥。将骨泥、米粉及其他配料混合搅匀。将上面的混合料放入双螺杆挤压膨化机中挤压膨化成各种形状的骨泥膨化营养米果。

主要工艺流程如下：

原料骨→精选→清洗→蒸煮→冷冻→粉碎→粗磨→细磨→骨泥→加入米粉、糖、奶粉、油、盐、蜂蜜、香料→混合搅拌→挤压膨化→成品包装

(3) 技术要点：膨化前先将膨化机预热至 150 ℃左右，控制恒温。若温度低，无法使水分充分汽化，成品的膨化体积减少，膨化效果减弱。

混合原料水分最好为 15%～16%，可得最佳膨化效果。若水分高，可适当提高膨化温度，以控制能量，否则能量不足会造成膨化效果下降。若水分低，应降低膨化温度，如果仍采用高温，会使膨化米果烧焦。

骨泥的添加量宜掌握在 30%以内，若添加量太，将会影响口感。

6) 骨泥软糖的制作

将不带肉的鲜猪骨(以排骨、脊骨为佳)冲洗干净，放入不锈钢夹层锅，加水上盖，在 100 ℃下蒸煮 1 h，然后将骨捞出冷却(骨汤可加工成浓缩汤料)。将冷却后的猪骨入冷库在－20～－18 ℃下冷冻，然后粉碎 1～3 次，得到约 5 mm 的颗粒。在骨粒中加入 0～2 ℃的无菌水搅拌，再用超微粒破骨机研磨至口尝微有粗感，再用胶体磨细磨 1～2 次，使骨泥达到细腻的满意口感。

将琼脂放入 20 倍的冷水中，加热到 85～95 ℃，溶化后过滤。熬糖时，砂糖与淀粉糖浆的比例按照制成形状的不同而不同。采用浇模成型法时砂糖用量最多，淀粉糖浆可用饴糖代替。先将砂糖加水熔化，加入已熔化的琼脂。熬糖温度一般掌握在 105～106 ℃，这时再加淀粉糖浆或饴糖熬至浓度为 78%时即可出锅。出锅后，按口味加入骨泥、色素和香料，待糖液温度降至 80 ℃时加入柠檬酸(先加入 1/5，再加入 4/5)，酸度调节在 pH 4.5～5.0。在浇模成型前，需将糖浆在冷却台凝结 0.5～1 h，浇模温度 32～35 ℃，糖浆温度不低于 65 ℃，浇注后 4 h 凝结，凝结温度约 38 ℃。成型的软糖还需送入烘干房干燥以脱除多余水分，烘干温度以 30～43 ℃为宜。当干燥至不黏手，含水量不超过 20%为佳。烘干后的软糖应注意防毒

防尘，然后包装待售。

鲜骨泥粒径为 70～80 μm，其优点是低温加工保存了鲜骨中全部营养成分；缺点是：对原料骨有一定要求，需剔除坚硬的腿骨及骨骼上附着的骨膜、韧带、碎肉等不易磨碎的成分，成品骨泥含水、含油量高，不易保鲜，储存、运输、使用均有不便；生产成本高、产品粒度粗，影响吸收利用。高温高压蒸煮后磨碎法在骨泥加工中应用也较多，如前苏联采用此法，但高温高压蒸煮会使鲜骨中许多营养成分遭到破坏，从食品营养角度来看，此法有一定局限性。由于食用鲜骨泥的储存、保鲜问题，在一定程度上制约其推广。

12.5.5 骨蛋白

骨中的蛋白质含量很高，可与鲜肉媲美，而且骨蛋白是较为全价的可溶性蛋白，生物效价高，是优质的蛋白源。我国的蛋白质资源一直比较紧张，这种资源的开发利用对缓解我国的蛋白质资源紧张有重要意义。在骨蛋白的利用上，国外许多研究者致力于应用酶解技术：如 Suroukat 和 Fic 采用猪的胃蛋白酶进行了酶解鸡头骨蛋白的研究，确定了最佳酶解条件，并测定了酶解物氨基酸成分含量；而国内在骨蛋白的利用方面起步较晚，但研究人员也做了不懈的工作：赵胜年等进行了酶法水解鲜牛骨的研究，采用胰酶进行水解反应，确定了最适酶解条件；何建军以小杂鱼和鲢鱼下脚料为原料，加酶分解蛋白质，并进行恒温发酵，研制了淡水鱼露，比传统方法生产周期短，产品盐分低，产品得率高；周涛等运用木瓜蛋白酶酶解鲐鱼头骨等加工废弃物，确定了最佳水解条件，并运用不同颗粒大小的活性炭对水解液进行脱色，制得营养价值高、水溶性好的蛋白质水解物，可作为理想的蛋白质强化剂；余杰，陈美珍运用中性蛋白酶和木瓜蛋白酶，对酶解鳗鱼头的最适工艺条件进行了详细研究，采用粉末状活性炭进行脱苦、脱色，并研制出一种味道鲜美的高级海鲜风味调料；王朝旭等采用了胰蛋白酶对鲜猪骨进行了酶法水解的研究，确定了酶解最佳工艺条件；赵霞，马丽珍介绍了酶解利用骨蛋白的主要工艺以及蛋白质水解物的脱苦方法。牛骨蛋白的水解研究过去多集中在纯酶生产上，钟秋平等另辟蹊径，利用固体曲法结合低度盐对牛骨蛋白进行了水解，由于食盐的防腐作用，防止了水解液在水解过程中的腐败，通过研究确定了固体曲法水解牛骨蛋白的最佳方法，也探索出一条能应用于工业化生产的最佳工艺途径。固体曲法水解牛骨蛋白所得的产物是一种纯天然的氨基酸调味料，以此基料可调制各种风味独特的复合调味料。骨蛋白食品还可用于美容保健品，满足生长期儿童、恢复期患者、老年人及高体能消耗的运动员等特殊人群的营养需求。王显伦、杨桂苹等分别进行骨蛋白水解研究，并对其水解液中的氨基酸含量进行测定；李泰等开发了骨参饮料这一动植物蛋白复合的营养型饮料。

水解动物蛋白加工工艺流程如下：

鲜骨→清洗→破碎→高压蒸煮→脱脂→加酶水解→酶灭活→脱苦→过滤→清液浓缩→喷雾干燥或真空冷冻干燥→杀菌→成品

酶解条件的控制是关键。选择适合的酶、酶解反应的温度、pH、时间，并严格控制。酶法回收骨蛋白的特点是：蛋白质的提取率高；酶解反应温度低，有利于营养成分保存，且无环境污染；酶解产生大量的肽类物质，使风味更加丰富，产品速溶性好，易于人体消化吸收；产品热稳定性、溶解性高并且具有低黏度的优点，有利于加工工艺的实施。高蛋白、低脂肪，其氨基酸模式更接近人体需要，还含有丰富的多肽物质。骨中富含胶原蛋白，胶原蛋白水解成多肽后，可最大程度地发挥出胶原蛋白的几种功能：

(1) 蛋白质营养效果：其消化吸收率高。

(2) 有保护胃黏膜及抗溃疡作用。

(3) 抑制血压上升作用。

(4) 促进骨形成作用，增强低钙水平下的骨胶原结构，从而提高骨强度，预防骨质疏松。

(5) 促进皮肤胶原代谢(美容功效)。因而它的用途很广，可作为天然调味料，也可作为具有美容、保健功能的食品或运动型饮料的原料。

明胶在食品上是重要的添加剂，可作为胶凝剂、增稠剂、发泡剂等；医疗上明胶作为止血剂和胶囊的材料；高级明胶是 E 光片等的感光层中银盐乳剂的主要成分。酶法生产明胶的工艺：原料切碎→脱脂后洗净→蛋白酶水解→稀酸溶解→加入丙酮、硫酸钠沉淀出明胶→明胶。

第 13 章　骨素在食品中的应用

骨素以及用骨素为基料生产的复合调味品，都适合在方便面、调味料及肉制品中应用，但值得注意的是，骨素中含有 12%～15%左右的食盐，所以一定要控制好食盐的添加量。

13.1　骨素在方便面中的应用

方便面被誉为“20 世纪最伟大的发明之一”。目前全世界的年产量已到 600 多亿包，其中我国生产 300 亿包以上。我国的方便面行业自 90 年代以来迅速发展，现已成为方便食品中产量最大的品种，其生产和消费在我国食品工业中占有越来越重要的地位。

方便面问世之初，由于产品形式新颖、价格便宜、食用方便、口味多样而受到消费者欢迎。但是近年来，随着人们生活水平的提高，追求健康、营养已成为人们生活新的追求，而传统方便面的营养成分单一、油脂含量高，不能给消费者提供蛋白质及维生素等营养成分。大多数情况下，消费者是由于工作、学习紧张或外出而把方便面当作正常餐的代用品，如长期食用势必造成营养不良。

从事方便面生产的食品专家也意识到了这个问题，特别是一些大型方便面企业逐渐开发出了营养型的方便面如骨汤拉面、骨汤弹面等。在面体上，应用非油炸的蔬菜面、绿色杂粮面等，还强化添加了维生素 B_2、赖氨酸等营养素；在配料方面，增加脱水蔬菜、组织蛋白、脱水肉块、卤蛋配料；在调味粉技术上，逐渐摆脱传统方便面中使用肉味香精的香气浓郁的特点，转而追求有丰富营养和宽广味阈的骨汤的感觉。

调味就是将各种调味料按不同的性能和作用进行调配，通过加工复合到一起，以形成所需求的风味。调味料应以咸、鲜味为中心，以甜味料、香辛料、填充料为辅料，以风味化骨素原料(如骨汤粉、高汤粉、肉味香精)、酵母粉等形成产品的特征风味。在方便面调味料的研制中，主要注意各种原料的搭配和营养强化物质的添加，要根据方便面风味类型来综合考虑。

1. 骨素在方便面调味中的应用

1) 骨素用于方便面粉包

骨素用于方便面粉包生产，首先要将骨素、骨油等产品制成骨汤粉和分泌油脂等粉状物料，以方便产品的应用。

骨汤精粉以鲜牛骨为原料，将其破碎后经预煮和高温蒸煮，用蛋白酶进行酶解。然后将过滤除渣后的骨汤蒸煮液进行真空浓缩，最后进行适当的口感调理再喷雾干燥而成。骨汤精粉最大限度保留了骨髓中的无机盐、氨基酸、天然呈味多肽、油脂和胶原蛋白，添加到方便面调味粉中，既可以补充钙质，又可以补充多肽、蛋白质等营养物质，还可以给方便面汤料带来浓郁、醇厚的炖煮骨汤的香气和口感。粉末油脂以骨素加工时的副产品——骨油为原料，经过乳化后再经喷雾干燥而成。粉末骨油保留了骨油中的全部营养，并且可以给方便面汤料带来浓郁醇厚的香气。

骨素应用在方便面上，主要将骨白汤(或清汤)用于酱包，骨素粉用于粉包，以增强方便面的自然醇厚风味。骨素在方便面中应用时，应注意粉包与酱包的配合使用，使方便面的风味更加醇厚自然(表 13.1)。

表 13.1　方便面料包配方举例

名称	配方/g
普通调味粉包	粉包：盐 60，味精 10，骨汤精粉 16，白砂糖 6.4，I+G 0.6，酵母粉 2，姜粉 0.4，大茴粉 0.5，小茴粉 0.3，花椒粉 0.2，白胡椒粉 0.2
	菜包：脱水香葱，辣椒片等
高汤牛肉风味	粉包：盐 60，味精 7，高汤粉 20，白砂糖 7，I+G 0.5，酵母粉 4，大茴粉 0.2，黑胡椒粉 1.0，肉桂粉 0.1，花椒粉 0.4，姜粉 0.5
	蔬菜包：脱水牛肉粒 30、脱水香葱 50、辣椒片 20
高汤鸡肉风味	粉包：盐 63，味精 8，高汤粉 20，白糖 8，I+G 0.8，酵母粉 2，香菇粉 2，黑胡椒粉 0.8，白胡椒粉 0.4，丁香粉 0.01
	菜包：脱水鸡肉粒 30，脱水香葱 30，脱水香菇 20、大豆组织蛋白 20
香菇牛肉面	酱包：棕榈油 45、鲜牛油 9、牛肉 6.5、青葱 10.2、生姜 3.8、大蒜 3、食盐 6、鸡皮 4、味精 5、料酒 0.6、干香菇 1.7、I+G 0.3、干贝素 0.3、香菇粉 1.0、牛骨汤 2.4、牛骨高汤 2.7
	粉包：食盐 50、白砂糖 6、味精 13、麦芽糊精 17.1、焦糖色素 1、大蒜粉 2、姜粉 1、大茴粉 0.3、黑胡椒粉 0.2、辣椒粉 0.3、I+G 0.5、干贝素 0.2、抗结块剂 0.2、高汤牛肉粉 3.0、香菇香精 2

骨汤调味粉包：骨汤风味的营养型方便面要突出家常炖煮骨汤的香气和口感，可从粉包和脱水菜包予以考虑。

在生产粉包时，目前常采用自动粉料包装机。目前生产上用的粉料包装机适合各类均匀颗粒、各类粉体的全自动计量包装，可自动完成混料、计量、制袋、包装、封口、打印、计数等整套包装流程。配备自动料位控制，可除静电、灰尘，使生产环境更加整洁。广泛应用于方便面、调味料等诸多行业。可与配料及自动装箱设备连接组成配料包装生产流水线。配套螺旋提升机、皮带输送机、封包装置，人工套袋，自动夹袋、计量、填充、落袋、输送，人工辅助入封合工位，热封内袋或缝制外袋，完成粉包的自动包装过程。

2) 骨素在方便面酱包中的应用

在生产酱包时，要严格控制产品的生产工艺，以香菇牛肉酱包为例，其工艺流程如下：

棕榈油→加热→鲜牛油、鸡皮→鲜葱→牛肉→姜、蒜→骨汤→食盐→香菇→味精、干贝素→冷却→调配→降温→包装

要选择符合要求的原料。棕榈油、牛油一定要严格控制酸价及过氧化值，随季节不同选择不同熔点的棕榈油。牛肉要保持新鲜，否则影响香菇风味与牛肉味的搭配。牛肉、牛油斩切成细小颗粒，鸡皮斩切成小颗粒状备用。牛肉、鲜蒜、鲜姜、水发香菇用斩切机斩切成细小颗粒备用。

香菇牛肉酱包的炒制过程如下：棕榈油加热至 120 ℃时加入牛油、鸡皮。牛油、鸡皮颗粒炸至金黄色，然后加入鲜葱。鲜葱炸至金黄色，此时立即加入适量水，用来软化葱颗粒，并收集青葱的香气。加入牛肉粒炸至金黄色。所有原料添加完毕，加热搅拌至无大量蒸气溢出，停止加热，此时锅内温度控制在 104～108 ℃。最后加入热敏性的辣椒红色素以及抗氧化剂，继续搅拌。降至适合的温度后下要立即包装，不能在空气中暴露时间过长，以避免氧化变质。

2. 骨素在方便面面块中的应用

目前国内生产的方便面是以小麦面粉为主要原料制成。小麦的主要营养成分——小麦蛋白氨基酸构成中存在着赖氨酸不足而亮氨酸过剩的特点，而赖氨酸是人体必需氨基酸之一。小麦胚芽含有丰富的维生素 E，糊粉层中除含有维生素 E 和较多的蛋白质外，还有少量的维生素 C，并含有一定量的 B 族维生素和泛酸。小麦中的维生素以及可食性膳食纤维等营养物质主要存在于小麦的表皮(麸皮)中。小麦在加工面粉过程中采用碾磨和筛分的方法去掉麸皮，同时将维生素、可食性膳食纤维等营养成分去掉了。另外在传统油炸方便面的生产过程中，经过高温油炸后，营养成分不可避免损失一部分，特别是维生素 C 和 B 族维生素，经 130 ℃以上的高温后被完全破坏。

在营养型方便面的开发中，可以选用一些杂粮面如绿豆面、玉米面等。玉米具有低脂肪、富含维生素及氨基酸的特点，但玉米粉中色氨酸的含量较低，而色氨酸也是人体必需氨基酸之一，因此在生产时可与富含色氨酸的大豆组合，通过氨基酸互补来提高其营养价值。为了提高方便面面块的营养价值，还可在和面时添加骨汤等营养成分，以改善面块的味道与口感。

13.2　骨素在调味料中的应用

13.2.1　骨素在调味料中的作用

骨素应用在调味料，可用于调味酱料及调味粉包的生产，可以增强调味料的自然醇厚风味。用骨素作基料生产的复合调味品，富含天然呈味物质，具有很强的风味增强效果，早已风靡日本、韩国、东南亚及西方发达国家。随着国内调味技术以及消费者对调味料要求的不断提高，使骨素在调味料中的应用越来越广泛。

目前，在调味品中添加骨素的生产厂家越来越多，它改善了调味料的口感，提高了调味品的档次，其作用归纳起来主要有以下几点：

(1) 可赋予调味品自然的香气。在加工过程中，为了提高调味品的出品率，工厂一般都使用大豆蛋白、麦芽糊精等一些辅助材料，使产品风味不够真实、自然。原料肉在解冻过程中，由于肉汁的流失，鲜度下降。加入适量骨素后，骨素与肉制品中的糖类物质在高温下发生美拉德反应及其他一些复杂的热化学反应，从而产生自然醇和的香味物质，不但提升调味品的肉香味，还可以纠正和掩盖不良气味的产生，从而使调味品味道鲜美，香味浓郁醇厚。

(2) 热稳定性强，营养无损失。骨素热稳定性较强，在 120 ℃高温情况下，各种营养物质仍然能保持稳定状态。而调味品加工温度一般为 80～120 ℃，所以不会造成骨素营养物质的损失。

(3) 可以改善调味品的弹性。骨素内含有骨胶原蛋白，它可以改善调味品的内部组织结构，增加肉制品的弹性和保油性，改善调味品的口感。

(4) 可降低肉制品的成本。由于调味品中添加骨素可以增加肉感，改善风味，所以在添加骨素的情况下，适当减少肉类原料的添加量，既可以保证产品的品质，又可降低肉制品的成本。

13.2.2　应用举例

1) 韩式烤牛肉酱

原料：韩式酱油 1000 g，清酒 100 g，白砂糖 500 g，牛骨汤粉 200 g，牛骨高汤 200 g，胡椒粉 150 g，味精 100 g，大蒜 100 g，生姜 200 g，洋葱 500 g，梨 500 g，香油 50 g，熟芝麻 50 g，清水 4000 g。

制法：

(1) 将汤酱油、清酒、味精、白砂糖、清水放入一容器中搅拌均匀后，再加入牛骨汤粉、味精、胡椒粉等调匀，静置备用。

(2) 将生姜、大蒜、梨、洋葱洗净后，用斩拌机斩成茸状，再倒入静置的汤汁中，最后放入香油和熟芝麻搅匀，然后灭菌包装。

注意：掌握好汤酱油、水、白糖的用量，若水过多则腌制出来的牛肉颜色不好，若白糖过多则易使牛肉在烤制时变焦煳。

2）烤肉汁的制作

调味汁由于其新潮的口味、广泛的用途，已成为调味品中的上乘佳作，也是高档酒楼和家庭餐桌上的必备之品，深受广大消费者的喜爱。调味汁的种类很多，有水果调味汁、蔬菜调味汁、肉类调味汁、粮食、淀粉调味汁等。

烧烤汁是以多种天然香辛料的浸提液为基料，添加骨汤等多种辅料调配而成。具有咸、甜、鲜、香，能增加和改善菜肴的口味，还能提升菜肴的色泽，除去肉类中的腥膻等异味，增添浓郁的芳香味，刺激人的食欲。

原料：料酒 105 kg，酱油 25 kg，食盐 21 kg，味精 1.2 kg，饴糖 25 kg，黄原胶 230 g，焦糖色素 1.3 kg，大茴 260 g，桂皮 530 g，花椒 160 g，豆蔻 150 g，小茴香 158 g，丁香 50 g，姜 1.5 kg，葱 2 kg，蒜 1500 g，水 10 kg，葱油 5 kg，鲜蒜牛骨汤粉 200 g，牛骨白汤 5000 g。

工艺流程：

香辛料→浸提→过滤→滤汁→调配→杀菌→检验→装瓶→封口→成品

制作方法：

(1) 香辛料的提取。首先选取合格的原料，不能有污染及霉变现象。先挑出原料中的杂质及变质的原料，然后清水漂洗去除杂质，分别进行粉碎(最好低温粉碎，以免香辛料的香气香味损失)。按配方中的配比混合后，放入浸提罐中，加入60～65 ℃的热水 100 kg 浸泡 4 h。然后升温至 100 ℃抽提 30 min，过滤，定容滤汁至 100 L。滤渣进行二次煮提，滤汁用于下批新的原料的浸泡。

(2) 调配。黄原胶提前用水浸泡溶解。其余原料用 10 kg 左右的水溶开，过滤，加入配料缸中。混合搅拌均匀。

(3) 杀菌。将料液放入夹层锅中，夹层锅升温至 100 ℃，对料液进行煮沸杀菌，保温 5 min。

(4) 罐装。保持料液在 70 ℃以上进行罐装。

3）香菇肉酱

原料：五花肉 60 kg、大豆油 20 kg、猪皮 10 kg、猪骨白汤 5 kg、老抽酱油 2 kg、香菇 4 kg、食盐 3 kg、白砂糖 1 kg、味精 600 g、生姜 400 g、大葱 300 g、I+G 0.02 kg。

做法：

(1) 原料处理猪皮下锅，水开后煮 5 min 捞出。用镊子拔掉残留的猪毛，用刀刮掉猪皮里层的油脂。然后用切丁机将猪皮斩成细粒备用。香菇泡发后，切丁备用。把五花肉用刀剁成肉馅备用。

(2) 把剁好的五花肉放入燃气夹层炒锅，小火煸炒，肉馅炒至出油，发散。倒入切好的肉皮丁，翻炒均匀。加入老抽酱油，为产品上色。然后倒入切好的香菇丁。倒入足够的水，调入适量食盐，大火煮开后，改小火煮 1.5 h。炒制完毕，把煮好的香菇肉酱盛到干净容器里，需要时挖出即可。

13.3　骨素在肉制品中的应用

13.3.1　骨素在肉制品中的作用

目前，在肉制品中添加骨素的生产厂家越来越多，它改善了肉制品的口感和风味，提高了肉制品的档次。骨素在肉制品中的作用如下：

(1) 可赋予肉制品肉香气。在加工过程中，为了提高肉制品的出品率，生产厂家一般都使用卡拉胶、大豆分离蛋白、淀粉等辅料，会带来一些不良气味。使用冻肉作为原料，在解冻过程中会造成肉汁的流失，使鲜度下降。加入适量骨素，骨素与肉制品中的糖和其他物质在高温下进行美拉德反应及其他一些复杂的热化学反应，从而产生自然醇和的香味物质，不但能赋予肉制品肉香气和提升肉制品的肉香味，还可以纠正和掩盖不良气味的产生，从而使肉制品味道鲜美，香味浓郁醇厚。

(2) 热稳定性强营养损失少。骨素热稳定性较强，在 120 ℃高温情况下，各种营养物质仍然能保持稳定状态。而肉制品加工温度一般在 80～120 ℃之间，不会造成骨素营养物质的损失。

(3) 可以改善肉制品的弹性。骨素含有骨胶原蛋白，它可以改善肉制品的内部组织结构，增加肉制品的弹性和保油性，改善肉制品的口感及切片性，可以弥补乳化型肉制品易黏皮、出油，内部结构松散无弹性、口感差的缺陷。

(4) 可降低肉制品的成本。肉制品中添加骨素可以增加肉感，改善风味，所以在添加骨素的情况下，适当增加辅料的添加量，既可以保证产品的品质，又可降低肉制品的成本。

13.3.2　骨素在高温火腿肠中的应用

以高温乳化灌肠类肉制品为例，其生产工艺为：原料肉→解冻→腌制→绞肉→斩拌→搅拌→灌装→高温蒸煮→冷却→检验→包装。骨素在不同种类的高温肉制品中有两种加入方法：①拌馅阶段与其他调味料一起加入，搅拌 3～5 min，使其与肉糜充分混合均匀，然后再进入斩拌工序；②在斩拌过程中，将相应的骨素与其他原辅料一起加入斩拌锅内，在 10 ℃温度以内进行斩拌和搅拌 5～10 min，使其充分与肉馅混合均匀。根据高温肉制品口感及风味的不同，骨素在高温肉制品中的添加量一般在 0.5%～5.0%为宜。

13.3.3 骨素在低温肉制品中的应用

骨素在低温肉制品中应用，可以明显改善肉制品的风味，给低温肉制品带来自然的炖煮风味，同时提高低温肉制品的营养，改善低温肉制品的组织结构。骨汤在低温肉制品中应用时，一般配成盐水注射到肉块中，以加速肉块的腌渍入味。

以块状低温肉制品为例，介绍骨素在低温肉制品中的应用技术。盐水配制：在冰水中加入骨素→搅拌 3～5 min→充分溶解→加入食盐→搅拌 5～8 min→充分溶解→加入香辛料→搅拌 5～10 min→充分溶解，配制温度应严格控制在 4 ℃以内，放置备用。

生产工艺为：原料修整→配制盐水→注射盐水→滚揉→灌装成型→煮制→冷却→脱模→检验→包装。在低温肉制品生产过程中，骨素与盐水一同注入肉块中，经滚揉使骨素和其他调味料一同渗入肉块内。根据低温肉制品口感及风味的不同，骨素在低温肉制品中的添加量一般在 0.5%～5%。

13.4 骨素在餐饮行业中的应用

由于骨素鲜味醇正，风味浓厚自然，在传统中餐中应用非常广泛。骨素主要应用在传统中餐菜肴、火锅汤底、面汤以及水饺、馄饨等产品中。

在传统中餐的应用中，主要是给汤类菜肴增加鲜味和醇厚感。浓缩骨汤在餐饮业应用时，骨汤稀释比例可根据实际需要进行调整，一般推荐 20～50 倍稀释使用。白汤可作为白汤火锅的汤底，也可以作为肥牛火锅、鲜鱼火锅、药膳火锅、麻辣火锅的基础汤，使火锅的风味更好。清汤可作为清汤火锅的汤底，也可以作为肥牛火锅、菌汤火锅、麻辣火锅的基础汤，使火锅的风味更好，汤更加澄清。

13.4.1 猪骨高汤火锅汤底

配料：猪骨高汤 10 g，骨油 1～1.5 g，精盐 1～1.5 g，水 500 g。

辅料：姜 1～2 片，葱段 1～2 段，香葱少许，西红柿 1～2 片，大枣 1～2 个，枸杞 3～8 粒。以上辅料根据需要决定是否添加。

制作：将配料加入 80～90 ℃温开水中稀释均匀，分装到火锅容器内根据需要添加辅料后即可使用。

13.4.2 美味鸡骨高汤火锅汤底

配料：美味鸡骨高汤 10 g，骨油 1～1.5 g，精盐 1～1.5 g，水 500 g。

辅料：姜 1～2 片，葱段 1～2 段，香葱少许，西红柿 1～2 片，大枣 1～2 个，枸杞 3～5 粒。以上辅料根据需要决定是否添加。

制作：将配料加入 80～90 ℃温开水中稀释均匀，分装到火锅容器内根据需要添加辅料后即可使用。

13.4.3　肥牛火锅汤底

配料：牛骨白汤 10 g，牛骨清汤 0.5～1.5 g，骨味素 1～1.5 g，骨油 1～1.5 g，精盐 1～2 g，水 800～1000 g。

辅料：姜 1～2 片，葱段 1～2 段，香葱少许，西红柿 1～2 片，大枣 1～2 个，枸杞 3～5 粒。

制作：将配料加入 80～90 ℃温开水中稀释均匀，分装到火锅容器内根据需要添加辅料后即可使用。

参考文献

安好婷，蒋玉梅.2012. 骨汤粉末香精的生产工艺论述.中国调味品，(8)：60-61.

蔡丽华，马美湖.2008. 骨蛋白酶解及风味肽分离现代技术研究进展. 肉类研究，(6)：57-61.

曹雁平.2002. 方便面酱料的工程化生产技术研究. 食品工业科技，(1)：81-82.

成晓瑜，杨巍，史智佳，等.2010. 蒸煮提取牛骨汤工艺的研究. 肉类研究，(11)：29-31.

丁小燕，张雯，陈延锋，等. 2006. 复合风味蛋白酶水解鸡骨泥工艺条件的研究. 中国食品学报，(3)：88-92.

董海英，王海滨. 2009. 畜禽骨汤及其调味料应用开发研究进展. 肉类工业，(12)：76-80.

董宪兵.2013.鸡骨副产物资源化利用与骨素(肽)风味基料开发的研究. 重庆：重庆工商大学：5.

方端，马美湖， 蔡朝霞. 2009. 畜禽骨骼降解物与特色调味品的研究进展. 肉类工业，(6)：52-55.

高连岐.2010.咸味食品香精在鸡精调味调香中的应用. 肉类工业，(3)：42.

关红艳. 2010. 猪骨蛋白的酶解及其产物的功能特性研究. 南宁：广西大学：5.

黄红卫，邱燕翔. 2005.超细粉碎酶解鲜骨粉功能性调味料的研究. 食品科技，(9) 91-93.

贾伟，董宪兵，张春晖，等. 2013. 骨素美拉德反应罐的研制. 化工机械，(2)：821-824.

贾伟，蒋玉梅，李侠，等. 2011. 畜禽骨素热压抽提设备发展现状及前景.中国食品工业，(8)：43-46.

金铁铃. 2001. 超微粉碎骨泥的研究. 肉类工业，(8)：50-51.

李光辉，钟世荣. 2007. 传统调味高汤的调料化研究. 江苏调味副食品，(2)：13-16.

李睿. 2011. 鸡骨风味物质最佳提取工艺及其产物的应用研究. 重庆：西南大学：5.

刘甲. 2010. 呈味肽的研究及其在调味品中的应用. 肉类研究，(5)：88-92.

吕永林，张留安.2008. 骨类高汤应用问题的产生机理及解决措施探讨. 肉类工业，(11)：25-26.

马振龙.2013.猪骨蛋白水解物美拉德反应产物的制备及其在肉糜中的应用. 哈尔滨：东北农业大学：6.

欧阳杰，韦立强，何帅，等.2009 中式高汤和日式骨汤的比较研究.中国调味品，(7)：22-23.

欧阳杰，翟俊杰，吴永元.2005. 营养型方便面中营养素的强化及调味粉的研制.中国调味品，(5)：48-50.

彭小红，赵谋明，吴肖，等.2008. 金华火腿酶解过程中产物呈味特性的变化趋势研究.中国调味品，(7)：88-91.

孙宝国. 2007. 肉味香精的制造理念与核心技术. 中国食品学报，7(5)：1-5.

邱朝坤，范露，李蕊江.2013. 猪骨油的提取及碱炼工艺研究.安徽农业科学. (19)：8307-8309.

孙红梅，贾伟，张春晖，等.2013. 骨加工多功能反应罐. 轻工机械，(10)：74-76.

孙红梅，李侠，张春晖，等.2013. 鸡骨素及其酶解液的美拉德反应产物挥发性风味成分比较分析.分析测试学报，(6)：661-667.

孙晓明，吴素玲，张卫明，等.2008.高汤工业化生产中相关工艺试验研究. 中国调味品，(5)：48-52.

文鹏程.2009.微胶囊营养骨粉加工工艺及品质的研究. 石河子：石河子大学：6.

吴丽，梁剑锋，刘婷婷，等.2007.方便面汤料的现状及发展趋势. 江苏调味副食品，(1)：6-9,41.

吴素玲，孙晓明，张士康，等.2008.高汤工业化生产中基本原料的选择. 中国调味品，(8)：60-64.

武彦文，欧阳杰.2001.氨基酸和肽在食品中的呈味作用. 中国调味品，(1)：21-24.

夏秀芳.2007. 畜禽骨的综合开发利用. 肉类工业，(5)：23-25.

夏杨毅.2005. 超微粉碎骨泥的流变学加工特性研究. 重庆：西南农业大学：5.

尹礼国，徐洲，于颖，等.2008. 鸡骨酶解物的制备与应用.中国调味品，(5)：88-92.

于长青，孙星星，薄俊稳.2006. 鹅骨泥在红肠中的应用研究. 黑龙江八一农垦大学学报，(4)：76-79.

袁世保，秦冬丽，刘学荣.2010.骨汤的工业化生产及其前景. 江苏调味副食品，(5)：38-41.

张春晖，张德权，贾伟，等. 骨素加工技术规范，农业行业标准，NY/T2653—2014.

张根生，李杭，杨春艳，等. 2008. 猪骨油微胶囊包埋技术及快餐汤料包的研究.食品科学，(8)：379-382.

张进.2012.传统羊骨汤营养特征及其加工工艺优化研究. 重庆：西华大学. 5.

张留安，吕永林.2008.骨类高汤生产工艺及应用探讨. 肉类工业，(4)：45-46.

张留安，闰学明，王俊霞，等.2004.骨素及其在肉制品中的应用技术. 肉类工业，(2)：34-35.

赵电波，陈茜白，艳红，等. 2010. 骨素的开发利用现状与发展趋势. 肉类工业，(1)：9-12.

赵谋明，周雪松，林伟锋.2006. 鸡肉酶解过程中呈味成分变化规律研究.食品科学，(6)：68-72.

赵永敢，代建华，李超敏. 2011. 猪骨素提取工艺研究.中国调味品，(1)：81-82.

朱俊.2009. 基于酶解脱苦技术的猪肉热反应香精研究. 石河子：石河子大学：6.

Dong X B， Li X，Zhang C H，et al.2014. Development of a novel method for hot-pressure extraction of protein from chicken bone and the effect of enzymatic hydrolysis. Food Chemistry，157：339-346.